高等学校摄影测量与遥感系列教材

环境遥感模型与应用

主编 陈晓玲 赵红梅 田礼乔
编委 马吉苹 张 琍 殷守敬 叶 艺
　　 李 辉 陈莉琼 孙乐成 吴忠宜

武汉大学出版社

图书在版编目(CIP)数据

环境遥感模型与应用/陈晓玲,赵红梅,田礼乔主编. —武汉:武汉大学出版社,2008.2(2013.7重印)

高等学校摄影测量与遥感系列教材

ISBN 978-7-307-06062-3

Ⅰ.环… Ⅱ.①陈… ②赵… ③田… Ⅲ.遥感技术—模型—高等学校—教材 Ⅳ.TP7

中国版本图书馆 CIP 数据核字(2007)第 201324 号

责任编辑:王金龙　　责任校对:刘　欣　　版式设计:詹锦玲

出版发行:武汉大学出版社　(430072　武昌　珞珈山)
　　　　　(电子邮件:cbs22@whu.edu.cn　网址:www.wdp.com.cn)
印刷:武汉市宏达盛印务有限公司
开本:787×1092　1/16　印张:16.625　字数:402 千字
版次:2008 年 2 月第 1 版　　2013 年 7 月第 2 次印刷
ISBN 978-7-307-06062-3/TP·285　　定价:24.00 元

版权所有,不得翻印;凡购买我社的图书,如有质量问题,请与当地图书销售部门联系调换。

目 录

前 言 ··· 1

绪 论 ··· 1
- 0.1 遥感应用模型定义 ··· 1
  - 0.1.1 地球信息模型 ··· 1
  - 0.1.2 地球信息应用模型 ··· 2
  - 0.1.3 遥感应用模型 ··· 2
- 0.2 遥感应用模型分类 ··· 2
  - 0.2.1 经验模型 ··· 2
  - 0.2.2 半经验模型 ·· 2
  - 0.2.3 理论模型 ··· 3
- 0.3 本书的章节安排 ·· 3

第1章 遥感应用预备知识 ·· 5
- 1.1 遥感物理学基础知识 ·· 5
  - 1.1.1 大气层结构和大气成分 ·· 5
  - 1.1.2 电磁波谱与电磁辐射传输 ··· 8
- 1.2 遥感影像辐射定标与大气校正 ··· 16
  - 1.2.1 系统辐射定标 ··· 16
  - 1.2.2 大气校正 ··· 17
  - 1.2.3 太阳位置引起的辐射误差校正 ·· 22
  - 1.2.4 地形坡度坡向校正 ·· 23
- 1.3 遥感影像几何纠正 ··· 25
  - 1.3.1 遥感影像的几何误差 ··· 25
  - 1.3.2 遥感影像的几何纠正 ··· 25
- 1.4 几种常用卫星及其传感器 ·· 33
  - 1.4.1 Landsat 卫星系列及其 TM/ETM+ 传感器 ································· 33
  - 1.4.2 NOAA 卫星系列及其 AVHRR 传感器 ·· 35
  - 1.4.3 SeaStar 卫星及其 SeaWiFS 传感器 ·· 37
  - 1.4.4 Terra、Aqua 卫星及其 MODIS、ASTER 传感器 ························· 38

参考文献 ··· 44

第2章 温度反演模型 49
2.1 温度反演基础知识 49
2.1.1 热红外遥感温度反演原理 49
2.1.2 有关温度的几个概念 51
2.1.3 温度反演窗口的选择 52
2.2 海面温度反演 53
2.2.1 单通道直接反演与统计方法 53
2.2.2 多通道海面温度遥感反演 54
2.2.3 多角度海面温度遥感反演 58
2.2.4 多角度与多通道相结合的反演方法 59
2.3 陆面温度遥感反演 59
2.3.1 单窗算法(Mono-Window Algorithm) 60
2.3.2 分裂窗算法(Split Windows Algorithm) 62
2.3.3 温度、比辐射率分离算法(TES) 65
2.4 温度遥感反演结果的应用实例 72
2.4.1 海面温度遥感反演结果的应用 72
2.4.2 陆面温度反演应用 76
参考文献 78

第3章 水色遥感定量反演模型 82
3.1 水色遥感基础 82
3.1.1 水体光学特性 82
3.1.2 水体光谱测量 91
3.2 水色遥感大气校正 96
3.2.1 海洋－大气辐射传输模型 96
3.2.2 Ⅰ类水体大气校正 98
3.2.3 Ⅱ类水体大气校正 100
3.2.4 中国海岸带Ⅱ类水体大气校正研究实例 101
3.3 水色遥感参数的定量反演算法 102
3.3.1 叶绿素浓度反演算法 103
3.3.2 悬浮颗粒物浓度反演算法 107
3.3.3 黄色物质浓度反演算法 110
3.3.4 其他反演方法 110
3.3.5 反演算法对比分析 114
参考文献 115

第4章 植被指数反演模型 122
4.1 植被指数的理论基础 122
4.1.1 植物叶片结构 122

  4.1.2 植物光谱特征 …………………………………………………………… 123
  4.1.3 植被指数的影响因素 …………………………………………………… 125
 4.2 常用的植被指数及其分类 ………………………………………………………… 131
  4.2.1 简单的植被指数 ………………………………………………………… 132
  4.2.2 基于土壤线的植被指数 ………………………………………………… 133
  4.2.3 减少大气效应的植被指数 ……………………………………………… 135
  4.2.4 高光谱和热红外植被指数 ……………………………………………… 136
 4.3 植被指数应用实例 ………………………………………………………………… 137
 参考文献 ………………………………………………………………………………… 138

第5章 初级生产力遥感应用模型 ……………………………………………………… 141
 5.1 初级生产力反演的基础知识 ……………………………………………………… 141
  5.1.1 光合作用及其影响因素 ………………………………………………… 141
  5.1.2 初级生产力有关概念 …………………………………………………… 142
  5.1.3 影响因素 ………………………………………………………………… 145
 5.2 相关生物参量的遥感应用模型 …………………………………………………… 146
  5.2.1 叶面积指数遥感反演模型 ……………………………………………… 146
  5.2.2 吸收光合有效辐射遥感反演方法 ……………………………………… 148
 5.3 海洋初级生产力的遥感应用模型 ………………………………………………… 156
  5.3.1 初级生产力的遥感模型原理 …………………………………………… 157
  5.3.2 初级生产力遥感模型 …………………………………………………… 158
 5.4 陆地初级生产力遥感应用模型 …………………………………………………… 165
  5.4.1 气候相关统计模型 ……………………………………………………… 166
  5.4.2 过程模型(机理模型) …………………………………………………… 168
  5.4.3 光能利用率模型(参数模型) …………………………………………… 170
 参考文献 ………………………………………………………………………………… 180

第6章 环境灾害遥感应用 ……………………………………………………………… 188
 6.1 干旱遥感监测 ……………………………………………………………………… 188
  6.1.1 土壤热惯量方法 ………………………………………………………… 188
  6.1.2 区域蒸散量法(基于能量平衡的区域蒸散研究) ……………………… 190
  6.1.3 基于植被指数和温度的方法 …………………………………………… 196
  6.1.4 土壤水分光谱特征法 …………………………………………………… 197
 6.2 森林火灾遥感监测 ………………………………………………………………… 198
  6.2.1 火灾监测的原理及数据选取 …………………………………………… 199
  6.2.2 森林火灾监测模型 ……………………………………………………… 199
  6.2.3 火灾监测实例 …………………………………………………………… 202
 6.3 雪灾遥感监测 ……………………………………………………………………… 203
  6.3.1 积雪遥感监测原理 ……………………………………………………… 203

    6.3.2 积雪范围遥感监测模型 ·· 204
    6.3.3 积雪深度遥感监测 ·· 207
    6.3.4 雪灾判别体系的建立 ·· 209
    6.3.5 雪灾遥感监测实例 ·· 210
  6.4 赤潮遥感监测 ··· 210
    6.4.1 赤潮遥感监测原理 ·· 211
    6.4.2 赤潮的遥感监测模型 ·· 211
    6.4.3 赤潮监测实例 ·· 214
  6.5 油污监测 ··· 215
    6.5.1 激光荧光监测技术 ·· 215
    6.5.2 紫外监测技术 ·· 216
    6.5.3 可见光监测技术 ·· 216
    6.5.4 红外监测技术 ·· 216
    6.5.5 微波监测技术 ·· 217
    6.5.6 其他用于溢油监测的技术 ·· 217
  参考文献 ··· 218

第7章 土地利用/地面覆盖变化 ·· 223
  7.1 LUCC 基础知识 ··· 223
    7.1.1 LUCC 基本概念 ·· 223
    7.1.2 LUCC 计划及研究进展 ·· 225
  7.2 LUCC 检测方法 ··· 227
    7.2.1 分类前变化检测 ·· 227
    7.2.2 分类后变化检测 ·· 231
    7.2.3 变化检测方法的选取 ·· 233
  7.3 LUCC 模型 ··· 233
    7.3.1 LUCC 建模及其影响因素 ·· 234
    7.3.2 常用的 LUCC 模型及其分类 ······································· 234
  7.4 总结与展望 ··· 251
  参考文献 ··· 252

前　言

遥感科学与技术作为20世纪迅速发展的一门多学科相互渗透、相互融合的新型交叉学科，通过非接触传感器来获取有关目标的时空数据，并利用所获取的影像和非影像数据来提取客观世界的定性与定量信息，逐渐成为人们认识世界的重要途径。遥感促使了传统的定点观测拓展到全球覆盖的多尺度时空观测，特别是20世纪80年代初美国NASA发起遥感科学计划以来，遥感的发展越来越注重从整体上观测并研究地球，并以定量遥感和多学科交叉综合为标志，以地球系统科学发展为目标。

遥感科学的基础理论具有很强的多学科综合性，而遥感技术又具有很强的应用性。遥感科学的发展由技术驱动、由需求牵引，大量的遥感应用需求，对遥感技术又提出了很高的要求。因此，遥感科学、技术与应用三者之间相互促进，相得益彰。事实上，遥感已成为大气、海洋、生态环境、农业、林业、矿产等研究领域和相关行业获取时空分布与变化信息的重要手段，遥感应用已深入到经济建设、社会发展、国家安全和人民生活等诸多方面。本书试图为遥感应用的模型分析提供一个系统的知识体系，以满足培养遥感应用型人才的需求，促进遥感应用向深度与广度方向发展。

书中首先介绍了遥感应用的基础知识和遥感数据的预处理（包括辐射定标、大气校正、几何纠正）方法，在此基础上重点介绍了常用的遥感应用卫星及其传感器。然后，选择了几种具有典型性和代表性的参数：温度、水色和植被，分别详细介绍了其遥感模型分析方法。最后，给出了初级生产力、环境灾害和土地利用/地面覆盖变化的遥感应用模型。通过这样一个体系的设计，试图起到抛砖引玉的作用，使读者可以从遥感的应用基础、遥感模型以及模型应用几个方面，形成遥感模型分析与应用的完整知识体系，并通过学习和实践，逐渐具备扩展应用模型和拓宽应用领域的能力。本书可以作为高校相关专业本科生和研究生教材，对于那些试图利用遥感数据分析解决实际应用问题的自然与社会科学家，也不失为一本很有价值的参考资料。

在本书的撰写过程中，参阅了大量学者的学术著作，并引述了相关的成果，在此，对这些学者表示诚挚的敬意和谢意，谢谢你们为遥感应用做出的贡献，也希望你们的成果能够通过本书得以发扬光大。本书受以下项目的资助：

- 科技部973计划：对地观测数据—空间信息—地学知识的转化机理，项目编号为2006CB701300；
- 国家自然科学基金项目：激光雷达辅助的海岸带Ⅱ类水体水色遥感大气校正研究，项目编号为40676094；
- 863项目：数值模拟辅助的河口海岸复杂水体悬浮泥沙新型传感器反演技术，项目编号为2007AA12Z161；
- 2006/2007年度中爱科技合作研究基金：面向对象的高分辨率遥感卫星影像的城市

目标识别。

由于时间仓促,加之作者水平有限,书中难免出现错漏之处,敬请大家不吝赐教。

陈晓玲

2007 年 12 月 12 日于珞珈山

绪 论

遥感信息科学起源于20世纪80年代末期,是在遥感技术的迅速发展、集成和理论化过程中形成的,它是通过遥感地球物质系统的电磁波谱信息来模拟、反演和探讨地球表层不同尺度地学现象和过程的科学。遥感信息科学主要研究地球系统电磁波谱信息的获取、流动和转换等;所使用的技术主要包括对地观测技术、全球定位技术、遥感影像识别技术、遥感数据处理技术等;研究的地球物质系统主要集中于地球表面,如大气、海洋、水体、植被、地壳等。

遥感技术发展的目的是为地球科学及相关的应用提供数据及信息,但是,目前遥感信息的利用程度远远落后于信息获取的速度;遥感应用模型的研究周期较长,跟不上实际需求。本书以遥感应用模型为主线,以促进遥感人才的培养为宗旨,就海洋、水体、植被及环境灾害等各个方面遥感应用模型的理论、方法及其应用作了全面阐述。本书可作为遥感学科本科生及研究生的遥感应用模型课程的教材。

目前,遥感学界对模型的认识、概念多种多样,如,遥感应用模型、遥感分析模型、遥感模型等各种说法。一般而言,遥感应用模型是指用来解决实际问题的遥感信息模型;遥感分析模型则多以模型的数学算法为主体;遥感模型则是一个集合,它应该包括遥感理论模型、遥感分析模型、遥感应用模型等。本书以实用化的遥感信息模型为主体,统一使用"遥感应用模型"。

0.1 遥感应用模型定义

遥感应用模型是地球信息模型发展的一个重要分支,而地球信息模型又是地球信息科学发展的重要方向,所以,遥感应用模型的发展最终是为了服务于地球信息科学。因此,要了解遥感应用模型,首先需要了解地球信息模型。

0.1.1 地球信息模型

地球信息科学(Geo-information Science)是20世纪90年代初期,在全球定位系统(Global Navigation Satellite Systems,GNSS 或 Global Positioning System,GPS)、遥感(Remote Sensing,RS)、地理信息系统(Geographical Information System,GIS)和信息网络系统(Information Network System)等一系列现代信息技术快速发展和高度集成的推动下,在系统科学、信息科学与地球科学的交叉领域迅速发展起来的一门信息科学。

地球信息模型就是用模型来表达地球信息的状态、结构及其属性。地球信息模型具有以下功能:①通过简化地球系统的结构来描述和认识地球系统的构造,从而提取关心的问题;②通过汇集数据来综合系统的大量具体事实,从而发现地球系统的内在规律;③通过模拟系统过程,预测系统未来变化;④通过建立逻辑关系,解释事物变化结果的必然性;⑤通过验证假说和理论,形成新的理论;⑥通过优化系统结构,设计新的方案。

0.1.2 地球信息应用模型

根据地球信息模型的定义和功能,有些地球信息模型主要用于理论研究,有些则侧重于解决现实世界中的许多实际问题。用于解决现实世界实际问题的地球信息模型,称为地球信息应用模型。

0.1.3 遥感应用模型

遥感信息模型是概念模型、物理模型和数学模型的综合集成,是应用遥感信息和地理信息影像化的方法建立起来的一种模型。

一个静态的物理模型,只有几何上的相似性问题;一个动态的物理模型除了几何上相似外,运动方式上也要相似;一个数学上的信息模型,除了几何上相似、运动方式上相似外,在数值定量上也要相似;一个遥感信息模型,除了几何上相似、运动方式上相似、数值定量上相似外,还要在影像上可视。所以,遥感信息模型由几何相似律、物理相似律和数学方程组成,还要用遥感信息中的独立变量和地理信息影像化的变量,针对像元作数学模型运算。因此,与前三类模型相比,遥感信息模型是可视化的模型,即形象模型与抽象模型结合的一类模型。用以解决现实世界中实际问题的遥感信息模型就称为遥感应用模型。

0.2 遥感应用模型分类

遥感的主要对象是地球表层。地理现象和地理过程是非常复杂的,既有必然的规律,又有偶然因素的影响,因此,建立遥感信息模型时,需要将事物发展的客观机理与试验观测结合起来,根据二者在模型中的应用情况,可将遥感应用模型分为经验模型、半经验模型、和理论模型三类。

0.2.1 经验模型

经验模型又称为统计模型,这类模型的输入主要来自遥感实验,是根据大量重复的遥感信息和其相应的地面实况统计结果所得到的模型。这类模型受一定的时空限制,缺乏对物理机理的足够理解和认识,代表性差,模型的应用受到区域实用性的限制。但这类模型所需参数较少,在缺乏理论模型或理论模型的参数要求过于复杂而难以获得的情况下,经验模型往往成为唯一可用的选择。

0.2.2 半经验模型

半经验模型又称为统计物理模型,它综合了统计模型和理论模型的优点,既考虑模型的定性物理含义,又采用经验参数建模。由于自然界的有些事物影响因素太多,从一定时空尺度衡量,变化是随机的,因此,必须将物理机制与随机统计有机地结合起来,这种方法是解决某些问题的有效途径。比较有代表性的"统计物理模型"有 Rahman 的地表二向反射模型等。

0.2.3 理论模型

理论模型以事物发展的机理为基础,研究遥感信息源与传输介质、目标相互作用的定量过程和结果,它是基于物理定律的确定性模式。然而,对于复杂的自然表面来说,理论模型存在误差,必须以实验(或试验)验证模型的灵敏度和精度。因此,遥感实验不可缺少。

理论模型通常是非线性的,方程复杂、输入参数多、实用性较差,为了求解,通常忽略或假定多个非主要因素。遥感中常见的理论模型有植被二向性的辐射传输模型、几何光学模型等。

0.3 本书的章节安排

随着遥感应用的深入及遥感定量反演需求的日益增加,遥感应用模型已广泛应用于生态与环境参数的反演,如陆地及海洋初级生产力估算中有关植被的各种参数(叶面指数、植被指数、绿度指数等)、作物估产模型、温度以及水色等参数的反演等。全书可分为三大篇:基础篇(第1章),参数反演篇(第2～4章)以及综合应用篇(第5～7章)。有关遥感应用模型及其具体应用将在有关章节中详细阐述,具体章节安排如下:

第1章:遥感应用预备知识

该章介绍遥感数据采集过程中产生误差的原因及其校正方法,主要包括大气校正和几何纠正两部分。在该章的最后,简要介绍了本书所涉及的卫星及传感器数据,目的是使初学者有概要性的认识。

第2章:温度反演模型

该章首先介绍热红外遥感温度反演的基本原理及相关术语,然后,将地表温度反演分为海面温度反演和陆面温度反演两部分,详细介绍地表温度反演的各种方法。最后,简要给出了地表温度反演的应用。

第3章:水色遥感定量反演模型

该章按照"原理—参数反演模型"的结构,首先,详细介绍了水体的组分及光学特征,同时,就水体的光谱测量规范和操作流程作了简要说明,从而为水体中水色要素:叶绿素、悬浮泥沙及黄色物质等的遥感反演奠定理论和验证基础;然后,详细介绍了水色定量遥感中的关键问题——大气校正;最后,给出了各水色参数的遥感定量反演模型。

第4章:植被指数反演模型

陆地植被作为陆地生态系统的重要组成部分和核心环节,对气候变化具有调节与反馈作用,是人类调节气候、减缓大气 CO_2 浓度增加的主要手段。植被指数是目前发展最为成熟、种类最多的遥感生态学参数之一。该章首先简要介绍了植被叶片的结构及影响植被指数反演的诸因素;然后,详细介绍了常用的植被指数及其发展趋势;最后简要介绍了植被指数的应用并举例说明。

第5章:初级生产力遥感应用模型

在具备了第4章中描述的植被指数反演知识的基础上,本章详细介绍了海洋及陆地初级生产力反演的基础知识、相关生物参量的反演模型及方法、海洋和陆地初级生产力反演模型及方法,并就常用海洋初级生产力反演模型(VGPM)和陆地初级生产力反演模型(CASA

和 GLO-PEM)的应用作了详细说明。

第 6 章：环境灾害遥感应用

该章详细介绍了不同类型灾害的遥感监测方法，主要包括干旱、森林火灾、雪灾监测、海洋赤潮及油污的遥感监测方法，并简要给出了不同灾害类型遥感监测的实际应用。

第 7 章：土地利用/地面覆盖变化

全球土地利用和地面覆盖变化(LUCC)已经被公认为是人类活动影响全球环境变化的主要因素。该章首先概要介绍了 LUCC 研究背景及相关知识；然后，系统介绍了 LUCC 检测方法；最后对 LUCC 模型进行了重点叙述，在总结各类模型的基础上，选取典型模型进行了具体阐述。

第1章 遥感应用预备知识

遥感是通过对不直接接触地物目标所获取的地物电磁辐射信号进行处理分析与解译，来提取地物的定性定量特征并进行专题分析研究。理想的遥感影像应该能够真实地反映地物的辐射和几何特性，但传感器在接收来自地物的电磁辐射能时，由于电磁波在大气层传输和成像过程中受到传感器本身特性、地物光照条件（地形和太阳高度角等）以及大气散射、吸收等因素的影响，使传感器的测量值与地物实际的光谱辐射并不一致，发生辐射失真，从而使光谱特征很难在时空域上拓展，特别是当大气衰减影响在一景影像内部发生明显变化时，还会严重影响遥感影像分类精度；另一方面，由于传感器成像方式、外方位元素变化、地形起伏、地球曲率、地球自转以及大气等因素的影响，遥感影像往往会产生几何畸变。为了使影像尽可能地反映遥感目标的真实信息，必须针对以上两个问题，对影像进行辐射校正和几何纠正预处理。本章首先介绍了遥感物理学的基本常识；然后，具体介绍了辐射校正和几何纠正方法；最后，简述本书中涉及的几种常用遥感卫星及其传感器。

1.1 遥感物理学基础知识

遥感是以电磁波为媒介进行的。遥感过程中，电磁波要经过层层包围着地球的大气，并与大气中的成分发生交互作用，使遥感卫星影像不可避免地受到大气散射和吸收、地形衰减等方面因素的影响，因此，遥感影像处理需要了解电磁波在大气中的辐射传输机理。本节以大气的结构、成分和电磁波辐射基本理论为基础，介绍了电磁辐射大气传输基本理论，并给出了电磁波谱、大气窗口等基本概念。

1.1.1 大气层结构和大气成分

1. 大气层结构

地球被厚厚的一层大气包围着，大气层没有一个确切的界限，其厚度一般取 1000km。由于地球自转以及地心引力的作用，地球大气在水平方向上比较均匀，而在垂直方向呈明显的层状分布。按大气圈内的温度结构和气流运动特征，大气层在垂直地表方向上可分为：对流层、平流层、中间层、暖层（也称增温层）和散逸层。不同高度上的大气层的主要成分和物理性状存在差异，它们对大气辐射的影响也各不相同。

1）对流层

对流层（Troposphere）最接近地球，由于地球引力的作用，地球大气质量的81%集中在对流层中，接近地表的大气主要由氮气（78.1%）、氧气（20.9%）和少量氩气（0.9%）及二氧化碳（0.03%）组成，该层中还含有水汽和极少的"微量气体"，如甲烷、一氧化碳、氢气和臭氧等。虽然这些气体的绝对含量很少，但它们使大气层像一个温室一样包围着地球，为地球生物的生存提供了适宜的温湿条件。对流层厚度随纬度不同而不同,纬度越高,厚度越小:在低纬地区为15~18km,中纬地区为10~12km,高纬地区则只有8~9km。水汽主要分布在该层中,所以,云和降水等气象变化都主要在该层发生,但是,由于对流层深受下垫面特性的影响,气象特征的空间分布并不均匀。遥感的气象应用特别侧重于研究电磁波在该层内的传输特性,现代航空遥感活动也主要集中于该层。

2) 平流层

平流层(Stratosphere)位于对流层顶向上到50km左右的高度,又称为"同温层"。该层主要特点是:

(1) 水汽、杂质很少,云雨现象少见;

(2) 大气主要是水平方向的运动,没有明显的上下混合作用,气流平稳,有利于飞机的安全飞行;

(3) 存在着薄薄的一层臭氧(O_3)气体,主要集中在20~40km的高度范围,该层常常被称为臭氧层,是太阳紫外辐射的主要吸收区;

(4) 大气温度在该层的底层随高度的增加而降低,约30km以上开始微弱上升,形成逆温分布。

3) 中间层

中间层(Mesosphere)分布在平流层顶到85km左右的高度。该层内,温度随高度增加而迅速递减,大约在80km处气温降到大气圈中最低温度——约170K。由于温度梯度的影响,大气又出现自上而下的对流现象,因此,该层也被称为上对流层。该层水汽很少,仅在高纬地区黄昏偶尔出现夜光云。该层80km高度处,存在一个白天出现的电离层。目前,也常将平流层和中间层统称为平流层。

4) 暖层

暖层(Thermosphere)位于中间层以上到800km的高度,也称为增温层,该层的大气密度很小,但对太阳紫外辐射吸收强烈:波长小于$0.15\mu m$的紫外辐射能量,几乎全部被吸收,因此,气温随高度增加而急剧递增,其顶部气温可达1000℃以上。该层对遥感采用的可见光、红外直至微波波段的影响较小,基本上是透明的。由于该层大气十分稀薄,处于电离状态,对无线电波绕地球的远距离传递作用很大,故又称为电离层(Ionosphere)。暖层受太阳活动影响较大,是人造卫星绕地球运行的主要空间。

5) 散逸层

散逸层(Escape Layer)位于800km以上,又称大气外层,它是地球大气圈的最外层,也是从地球大气层进入宇宙太空的过渡区域。层内空气极为稀薄,并不断地向星际空间散逸,该层对卫星运行基本上没有影响。

上述各层中,对太阳辐射影响最大的是对流层和平流层。

2. 大气成分

地球大气由多种气体分子、固态及液态悬浮的微粒混合组成。

1) 气体分子

在85km以下的各种气体成分中,一般可以分成两类:一类是常定成分,即各成分之间的比例大致固定,这类气体主要是氮(N_2)、氧(O_2)、氩(Ar),此外,还有微量的惰性气体如氖(Ne)、氪(Kr)、氙(Xe)等,N_2和O_2约占99%;另一类是可变成分,这类气体在大气中所占的比例随时间、地点而改变，其中以水汽（H_2O）最为重要，它的变化幅度很大。二氧化碳（CO_2）和臭氧（O_3）虽然所占比例很小，但其含量的变化可以影响气候，很受人们重视，此外，还有一氧化碳（CO）、甲烷（CH_4）等。85km以下除H_2O、O_3等少数可变气体外，各种气体均匀混合，所占比例几乎不变，所以，这层大气通常被称为均匀层，该层中大气物质与太阳辐射相互作用，是使太阳辐射衰减的主要原因，是遥感辐射传输重点研究的部分。

臭氧是遥感研究中一个不可忽略的成分，它作为氧的一种存在形式，主要存在于平流层中。在距地面大约25km的高空，聚集了地球上约90%的臭氧，构成"臭氧层"。臭氧在地球生物活动和遥感大气校正研究中发挥着重要作用：一方面太阳辐射透过大气层射向地面时，臭氧层几乎吸收太阳辐射中波长300nm以下全部的紫外辐射，从而起到保护地球上的生命免遭短波紫外辐射伤害的作用，成为生物在地球上得以生存繁衍的保护伞；另一方面太阳辐射特性的改变会随着臭氧层光学厚度的改变而变化，使之成为定量遥感研究中大气校正需要考虑的一个重要因素。因此，大气臭氧分布状况一直是备受关注的问题，观测结果表明，在1950～1970年的20年间，地球大气的臭氧水平一直处于稳定状态，但是，20世纪70年代以来，全球臭氧总量在逐渐减少，并且，减少的趋势越来越明显，这种减少可能主要发生在臭氧层，南极"臭氧空洞"的观测是一个突出的表现。联合国环境署（United Nations Environment Programme, UNEP）于1985年3月在奥地利首都维也纳召开了"保护臭氧层外交大会"，21个国家政府代表参加并通过了《关于保护臭氧层的维也纳公约》，标志着国际上开始统一行动起来保护臭氧层。

2）气溶胶

气溶胶是悬浮于地球大气中，直径介于10^{-3}～$10\mu m$的分子团、液态或固态粒子所组成的混合物，它主要分布在距地表面5km以内的大气层，具有一定稳定性，沉降速度小。气溶胶能在大气中滞留至少几个小时，主要具有以下特性：

（1）从生命周期来看，对流层气溶胶的寿命只有几天到几周，它对辐射的影响集中在排放源附近。气溶胶的影响主要集中在北半球；

（2）从时间来看，主要是影响白昼的太阳辐射，而且夏季低纬度影响较大；

（3）从与下垫面的关系看，气溶胶对辐射的影响与下垫面的光学性质关系密切，可以分为海洋型、大陆乡村型、城市型等不同的类型；

（4）气溶胶的数量可以表示为气溶胶的光学厚度，也可用能见度粗略地估计气溶胶的含量，气溶胶光学厚度随时间、地点而变，一般是陆地上空大于海洋上空，城市和工业区上空大于乡村上空；

（5）气溶胶的物理化学特性（浓度、组成、粒子尺度）与光学特性（光学厚度、单次散射反照率）相关，但是，由于光学特性还依赖于电磁辐射波长，所以，两种特性之间的关系具有很大的不确定性。

气溶胶粒子往往与环境恶化及人类活动密切相关，沙漠化、沙尘暴、酸雨、大气污染等气候与环境问题均与气溶胶有关。按其来源可分为自然和人为两种，其中，与自然活动或现象有关的有：

（1）土壤和岩石风化产生的粒子及火山喷发进入大气的尘埃物质；

（2）微生物、孢子、花粉等有机物；

（3）泡沫产生的海盐粒；

(4) 宇宙尘埃。

与人类活动有关的气溶胶微粒主要是燃料燃烧烟粒及工业粉尘。总的来看,气溶胶粒子主要是由自然现象产生的。气溶胶粒子是环境污染的重要来源,随着人类工业活动的发展,人类活动产生的粒子会越来越多地进入大气层,由此引起的环境污染会越来越严重。

气溶胶不仅可以通过散射和吸收直接影响到太阳的辐射特性,同时,还作为云或雾的凝结核,可以通过形成霾、雾、云以及改变云雾的光学性质和生存时间,进而间接影响太阳辐射特性。因此,气溶胶粒子在云、雾、降水、大气光、辐射等物理过程中都有重要的作用,已成为目前大气遥感研究的热点问题。

为了研究大气气溶胶对大气辐射传输的影响,国内外学者专家都尝试过在各种天气条件下测量大气气溶胶的尺度谱、化学成分及折射率,用数学方法来拟合大气气溶胶的尺度谱。常见的解析式为:

Junge 谱
$$\frac{\mathrm{d}N(r)}{\mathrm{d}(\ln r)} = Cr^{-v} \tag{1-1}$$

Diermendjian 谱
$$\frac{\mathrm{d}N(r)}{\mathrm{d}(\ln r)} = A^{\alpha}\exp(-br^{\beta}) \tag{1-2}$$

式中:r 为半径,$N(r)$ 为半径小于或等于 r 气溶胶的数密度,C、A、b、v、α、β 为解析式中的常数。

气溶胶特性观测最长的历史记录来自于全球大气监视网(Global Atmosphere Watch,GAW)和 NOAA 气象卫星,利用气象卫星太阳反射光通道的监测数据,可以计算出气溶胶的含量和分布,卫星遥感是目前获得气溶胶全球及区域分布的唯一手段。为得到全球趋势,很多科学家还参加针对特殊地区的短期加强观测试验,为研究气溶胶特性提供更详细的数据。

1.1.2 电磁波谱与电磁辐射传输

1. 电磁波谱

交变的电场和磁场互相激发就形成了连续不断的电磁振荡,即电磁波。电磁波用频率 f、波长 λ、波数 v 和波速 c 来描述。它们之间的相互关系为:

$$\lambda \cdot f = c, v = \frac{1}{\lambda} = \frac{f}{c} \tag{1-3}$$

波长 λ 的单位常用 $\mu m(10^{-6}m)$ 表示,在紫外和可见光波段也用 $nm(10^{-9}m)$ 表示,红外波段用波数表示的比较多,常用单位为 cm^{-1},表示 1cm 空间距离内有几个波动。

太阳不断向外发射出大量的电磁波辐射,是电磁波的主要辐射源,也是被动遥感的主要能源。若将这些电磁波根据其波长加以排列,则可以形成一个电磁波谱(Electromagnetic Spectrum)。该波谱以频率从高到低的排列顺序,可以划分为 γ 射线、X 射线、紫外线、可见光、红外线、无线电波(图 1-1)。这里仅介绍卫星遥感中的几个常用波谱:

(1) 紫外(Ultraviolet, UV)

波长为 $10nm \sim 0.4\mu m$。由于波长小于 $0.3\mu m$ 的信息被大气中的臭氧所吸收,可以通过大气传输的只有 $0.3 \sim 0.4\mu m$ 的紫外信息。它适用于紫外摄影,能监测气体污染和海面油膜污染,但由于该谱段受大气散射的影响十分严重,因此,对成像条件的要求十分苛刻,探测的成功率也较低,应用范围狭窄,在实际应用中很少采用。

(2)可见光(Visible Light)

波长为0.4~0.76μm,是电磁波谱中人眼唯一能看见的波谱区。可进一步分为紫(0.4~0.43μm)、蓝(0.43~0.47μm)、青(0.47~0.50μm)、绿(0.50~0.56μm)、黄(0.56~0.59μm)、橙(0.59~0.62μm)、红(0.62~0.76μm)七种单色光。在该波谱区内,可用胶片和光电探测器收集和记录信息。可见光是进行自然资源与环境调查的主要波谱区。

(3)红外(Infrared,IR)

波长为0.76~1000μm,位于可见光波区红端以外。按波长可细分为近红外(0.76~3μm)、中红外(3~6μm)、远红外(6~15μm)和超远红外(15~1000μm)。由于近红外是地球反射来自太阳的红外辐射,所以,也叫反射红外,其中,波长为0.76~0.9μm的辐射可以用于摄影(胶片)方式探测,所以,也称摄影红外,对探测植被和水体有特殊效果。中、远红外可以探测物体的热辐射,所以也叫热红外。热红外辐射不能用摄影方式探测,须用光学机械扫描方式获取信息。在热红外中目前主要应用3~5μm和8~14μm两个波谱区,该波谱区可以夜间成像,除用于军事侦察外,还可以用于调查浅层地下水、城市热岛、水污染、森林火灾和区分岩石类型等,具有广泛的应用价值。而波长大于15μm的超远红外辐射,绝大部分被大气层吸收。

(4)微波(Microwave)

波长为0.1~100cm,又可细分为毫米波(1~10mm)、厘米波(10~100mm)和分米波(0.1~1m)。微波能穿透云雾成像,具有全天候工作特点。在测绘制图、自然资源调查和环境监测方面应用效果较好。

应该指出的是,在任何相邻区段之间,可以作为边界的准确的波长是不存在的。

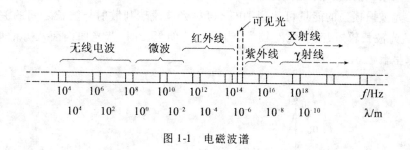

图1-1 电磁波谱

2. 大气对电磁辐射传输的影响

电磁波进入大气层之后,与大气中的不同成分发生相互作用,不可避免地会受到大气影响(散射、吸收、反射和折射)。从影响因素来看,可以将辐射所受到的大气影响分为气象参数的影响和光学参数的影响,其中,气象参数主要包括相对湿度、云量和气压,相对湿度决定水汽吸收波段的强度和气溶胶的类型、总量,云可以改变向上辐射的条件,气压会影响散射分子的总量;光学参数中最重要的是气溶胶浓度和天空光。从对辐射传输的影响来看,散射、吸收、反射使得辐射受到衰减,被合称为大气衰减,而大气的折射则改变了电磁辐射的传播方向。

1)散射

散射是辐射在传播过程中遇到小微粒而使传播方向发生改变的现象,实质上是电磁波在传输中遇到大气微粒而产生的反射、折射和衍射现象的一种综合反应。电磁辐射在均匀介质中传播时,其传播方向不变,并无散射效应,因此,散射效应是由于介质的非均匀性所引起。散射能使原传播方向的辐射强度衰减,而增加了其他各方向的辐射,并使电磁辐射的偏振状态发生改变。

大气散射主要发生在可见光波段,是太阳辐射能量衰减的主要原因,散射的性质和强度取决于大气分子或微粒的半径与散射光的波长之间的相互对比关系。散射能力的大小常用散射系数来表达。散射系数 γ 与波长 λ 之间的关系一般表达如下:

$$\gamma = \lambda^{-\varphi}, 0 \leq \varphi \leq 4 \tag{1-4}$$

式中:γ 为大气分子或微粒的半径;φ 的取值决定于 γ 与 λ 的关系。

根据 γ 与 λ 的对比关系以及散射的性质、强度,散射可分为三种情况。

第一种情况:

当 $\gamma \ll \lambda$ 时,即当大气中粒子的直径比波长小得多的时候发生的一种散射。由于这种散射主要是由大气中的原子和分子,如氮、二氧化碳、臭氧和氧分子等引起的一种选择性散射,由此,称为分子散射,为纪念瑞利(Rayleigh)在1871年首先提出来的空气分子散射定律,也称瑞利散射(图1-3(a))。大气瑞利散射主要有如下四个特征:

(1)大气中的瑞利散射能力与所遇辐射的波长 λ 的4次方成反比,与频率 v 的4次方成正比,即

$$\gamma \propto \frac{1}{\lambda^4} \propto v^4 \qquad (\gamma \ll \lambda) \tag{1-5}$$

从公式(1-5)可以看出,波长越短,散射越强,所以该散射对可见光影响较大,而对红外波谱区影响很小,对微波谱段基本没有多大影响。当太阳辐射垂直穿过大气层时,瑞利散射引起的可见光波段损失的能量可达到10%,可见光波段瑞利散射与波长之间的关系参见图1-2。由于蓝光波长较短,散射强度较大,当天空晴朗无云时,蓝光向四面八方散射,从而使天空看起来呈蓝色。

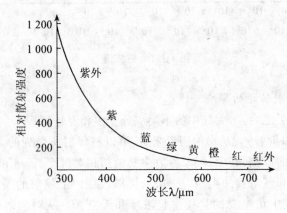

图1-2 瑞利散射与波长之间的关系

(2)散射光强与距离平方成反比。

(3)如果入射光为自然光,散射光的相位函数为 $(1 + \cos^2\varphi)$,其中 φ 为散射角。

(4)当散射角 φ 取 0 或 π 时,散射光的偏振度为 0;当 $\varphi = \dfrac{\pi}{2}$ 时,散射光的偏振度为 1(线偏振);其他角度为部分偏振光。

第二种情况:

当 $\gamma = \lambda$ 时,即当大气中粒子的直径与辐射波长相当时所发生的散射,称为米氏(Mie)散射。其散射强度与辐射波长的二次方成反比,即

$$\gamma \propto \frac{1}{\lambda^2} \propto v^2 \qquad (\gamma = \lambda) \tag{1-6}$$

这种散射主要是由大气中的微粒如烟、尘埃、小水滴即气溶胶等引起的,有时也称气溶胶散射。云、雾等悬浮粒子的大小与 $0.76 \sim 15\mu m$ 的红外波长差不多相等,它们对红外辐射的散射就是典型的米氏散射。该种散射的方向性比较明显,散射在光线向前方向比向后方向更强(图1-3(b))。通常情况下,潮湿天气的米氏散射影响较大。

第三种情况:

当 $\gamma \gg \lambda$ 时,即当大气中粒子的直径比辐射波长大很多时,发生的散射为粗粒散射。该散射的最显著特点就是散射强度与波长无关,又称无选择性散射。在符合无选择性散射条件的波段中,任何波长的散射强度相同,阴天或大气尘埃很多时天空所呈现出来的灰白色就是由这种散射所引起的。图 1-3(c)是一种常见的粗粒散射形式,其入射光方向上的散射能量分别超过与入射光线相反方向及垂直方向上能量的 2.73 倍和 2.85 倍。散射粒径越大,偏离对称的程度越大。

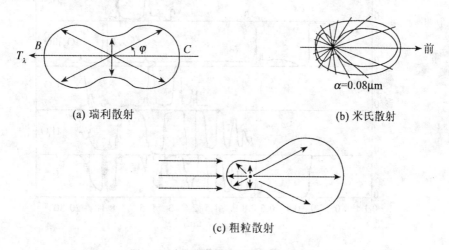

图 1-3 大气对太阳辐射的散射作用

散射通过改变太阳辐射的方向,使其以粒子为中心向四面八方传播,这是造成太阳辐射衰减的原因之一。大气中既有引起瑞利散射的分子、原子,又有引起米氏散射的气溶胶,还有引起无选择性散射的微粒。大气散射具有如下特点:

(1)群体散射强度的可加性,即,群体散射波强度是个体散射强度之线性和;

(2)大气散射系数与高度相关,对平均状况而言,4km 以下气溶胶的米氏散射占优势,4km 以上分子散射占优势;

(3)分子散射与气溶胶散射光强之比随辐射入射角度的变化呈现出一定的变化规律。

在遥感研究中,大气散射是严重的大气影响之一,大气散射校正是遥感大气校正研究的重点,特别是气溶胶散射校正更是遥感大气校正研究的难点。

2)吸收

除大气散射造成的衰减之外,大气成分对电磁波谱中某些波长的辐射能量也具有吸收作用。吸收使得辐射能量转变为分子的内能,从而引起相应波段太阳辐射强度的衰减,甚至使得某些波段的电磁波完全不能通过大气。大气中吸收太阳与地球大气辐射能的气体主要是水汽(H_2O)、二氧化碳(CO_2)、臭氧(O_3)、氧分子(O_2)等。吸收波段是某物质吸收辐射能所对应的电磁波波长(或频率)范围。下面主要介绍各种成分的吸收波段。

(1)水汽(H_2O)吸收波段

水汽对电磁辐射的吸收最为显著,对太阳辐射的吸收范围很广,其吸收带非均匀地分布在太阳辐射的可见光、红外和微波的各个波谱区,其中,以红外波谱区的吸收最强。大气中的水汽分布,随时间地点的变化幅度很大,水汽含量越大,吸收越严重。水汽吸收波段很多(参见图1-4),归纳起来可分为三种类型:

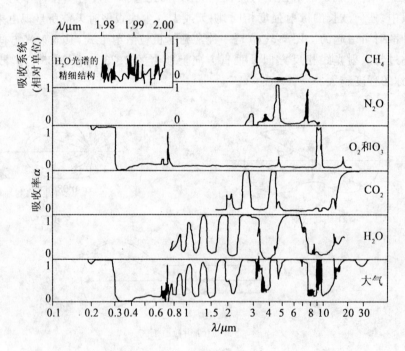

图1-4 大气吸收波谱

① 两个宽的强吸收波段:波长范围为$2.27 \sim 3.57\mu m$和$4.9 \sim 8.7\mu m$,其中,第二个吸收带宽达$3.8\mu m$。

② 两个窄的强吸收波段:中心波长分别为$1.38\mu m$和$1.87\mu m$。

③ 一个弱的窄吸收波段:中心波长为$0.9\mu m$和$1.1\mu m$。

有关红外窗区水汽吸收波段的名称和具体波段范围参见表1-1。

表 1-1　　　　　　　　　　　水汽吸收波段的波长范围

吸收波段名称	光谱区/μm	中心波长/μm
α	0.70~0.74	0.72
β	0.79~0.84	0.82
ρστ	0.84~0.99	0.93
φ	1.03~1.23	1.13
ψ	1.24~1.53	1.38
Ω	1.76~1.97	1.87
x	2.27~2.98	2.7
y	2.98~3.57	3.2
-	4.90~8.70	6.3
-	15 以上的超远红外	

（2）二氧化碳（CO_2）吸收波段

一般情况下，在低层大气中，二氧化碳的体积混合比约为0.03%。二氧化碳吸收波段主要在大于2μm的红外波谱区内，其吸收波段的波长范围见表1-2。二氧化碳吸收波段分两种类型：

①一个完全吸收波段：波长大于14μm的超远红外波谱几乎全部被吸收；

②两个窄的强吸收波段：中心波长为2.7μm的2.60~2.8μm波段；中心波长为4.3μm的4.1~4.45μm波段，其中2.7μm吸收波段与水汽3.2μm吸收波段相连。

表 1-2　　　　　　　　　　二氧化碳吸收波段的波长范围

光谱区/μm	中心波长/μm	波段
0.014~0.020	0.017	远紫外
2.60~2.80	2.7	近红外
4.10~4.45	4.3	中红外
9.10~10.9	10.0	远红外
12.9~17.1	14.7	远红外

（3）臭氧（O_3）吸收波段

在高层大气中，太阳的紫外辐射使氧气分子（O_2）分解成氧原子（O）的形式。在一定条件下，氧原子能够与氧气分子重新复合成为三个原子，从而形成臭氧（O_3）。臭氧在大气中含量虽少，但对太阳辐射的吸收很强，主要集中在0.2~0.32μm的短波部分，该部分为完全吸收波段，另外，在0.6μm附近有一宽的弱吸收带，在远红外9.6μm附近也有一个强吸收带，在长波区域臭氧的吸收很弱。

臭氧主要分布在10~40km的高度，因而，对高度小于10km的航空遥感影响不大，主要影响航天遥感。

(4) 其他气体成分的吸收

大气中氧(O_2)对电磁辐射也有吸收作用，主要在 $0.69\mu m$、$0.76\mu m$、$0.175\sim0.2026\mu m$ 以及 $0.2420\sim0.2600\mu m$ 四个波谱，但吸收能力较弱。

此外，N_2O，CO 和 CH_4 等也对电磁辐射有所吸收。应该指出的是，大气中的其他微粒如尘埃对太阳辐射也有一定的吸收作用，但大气中尘埃含量一般很少，其吸收作用可以忽略，只有当发生沙尘暴、烟雾、火山爆发等现象时，大气中的尘埃杂质急剧增加，吸收作用才比较显著。因此，占大气体积99%以上的氮和氧对太阳辐射的吸收比较微弱，特别是氮几乎不吸收太阳辐射，而含量不多的水汽(H_2O)、二氧化碳(CO_2)和臭氧(O_3)等都能有选择地吸收部分太阳辐射，见图1-4。

3) 反射

电磁波传播过程中，还可能会遇到两种介质的交界面如云顶、水面或陆面目标，这时就会出现反射现象。与散射方向无法预测不同的是，反射的方向是可以预测的。反射有两个基本特征：第一，入射辐射、反射辐射与表面的法线及其夹角都处于同一平面；第二，入射角和反射(出射)角大体相等。

反射分为三种：

(1) 镜面反射(Specular Reflection)。当反射表面相当平坦的时候(也就是平均断面高度比入射到该表面的辐射波长小好几倍时)就会发生镜面反射，如平静的水体就可以看做是近似的理想镜面反射表面。

(2) 漫反射(Diffuse Reflection)。漫反射又称朗伯反射，还称各向同性反射。当目标物的表面足够粗糙，以致它对太阳短波辐射的散射辐射亮度在以目标物中心的 2π 空间中呈常数，即散射辐射亮度不随观测角度而改变时，就产生漫反射。漫反射不产生镜像，白纸、白色粉末和其他物体都以这种漫射方式反射可见光。能发生漫反射的物体即为漫反射体，亦称朗伯体。严格说来，自然界中只存在近似意义下的朗伯体，只有黑体才是真正的朗伯体。

(3) 方向反射(Directional Reflection)。自然界还存在着很多表面既不是朗伯面，又不是镜面的物体。当太阳辐射投射到这种物体的表面时，所发生的反射不是各向同性的，而是有明显的方向性，即方向反射，也称非朗伯体反射。发生方向反射的物体有时称非朗伯体，自然界中绝大多数物体表面都是非朗伯体，即它们对太阳短波辐射的散射具有各向异性性质。非朗伯体反射是遥感定量研究中需要重点关注的一种特性。

大气中的云层和颗粒较大的尘埃对太阳辐射都有较强的反射作用，尤其是云层，反射作用最为显著，其反射能力与云状和云量有关，被反射的能量会再次辐射回到太空。应该注意到，镜面反射和漫反射原理不仅适用于云，对地面也同样适用。一般应尽量选择无云的天气接收遥感信息。

4) 折射

太阳辐射穿过大气层时，除发生吸收、散射和反射外，还会发生折射，使传播方向发生改变，折射是由于电磁波在密度不同的介质中的传播速度不同而引起的，因此，大气折射与大气密度相关，密度越大折射越强。未扰动的大气是由一系列大气层组成的，每层大气的密度都有微小的差异，这些差异会导致电磁波的折射率在传播过程中发生变化。由于能量以任何距离和非垂直的角度在大气中传播时，任何时候都会发生折射，所以，电磁波在大气中的传播轨迹是一条曲线，地面接收的电磁波方向会偏离实际太阳辐射方向一个角度。从较高处或以小角度进行观测时，折射会引入严重的几何误差，这些几何误差可以通过斯涅耳定律计算，并有效地加以消除。

在大气对太阳辐射的四种影响中，折射改变了太阳辐射的方向，但不改变辐射强度，而散射、吸收和反射的共同影响则使辐射强度被衰减，其中，反射对太阳辐射的衰减作用最大。太阳辐射在与大气层作用的过程中，约有30%被云层和其他大气成分反射回宇宙空间，17%左右被大气吸收，另有22%左右被大气散射，只有约31%的太阳辐射到达地面。当前的大多数对地遥感研究中，都只考虑无云情况下的大气散射、吸收和反射作用。

3. 大气窗口

遥感接收的电磁波信号需要穿过介于地表与高空之间厚厚的大气层，大气层中的水汽（H_2O）、二氧化碳（CO_2）和臭氧（O_3）等对某些波段的电磁波具有散射和吸收影响，其余的在通过大气层时较少被散射、吸收和反射，具有较高的透过率，这些波段称为"大气窗口（Atmospheric Window）"，见图1-5。常用的大气窗口有：

（1）可见光及近红外波段：$0.30\sim2.5\mu m$；红外波段：$3.5\sim4.2\mu m$、$8\sim14\mu m$；

（2）微波波段：1.4mm、3.5mm、8mm附近的波段以及波长大于厘米级的微波波段（参见表1-3）。

表1-3　　　　　　　　　　　　大气窗口波段及其遥感应用

波段	波长范围	特点	遥感应用
可见光和部分紫外、近红外波段	$0.3\sim1.3\mu m$	摄影成像的最佳波段	● TM第1～4波段 ● SPOT的HRV波段 ● 波长较短一端由于臭氧的强烈吸收而止于$0.3\mu m$处，波长较长一端止于感光胶片最大感光波长$1.3\mu m$处 ● 透过率大于90%，仅次于微波窗口 ● 遥感应用最广的窗口
近、中红外波段	$1.5\sim1.8\mu m$ $2.0\sim3.5\mu m$	白天日照好时扫描成像常用波段	● TM第5、7波段 ● 探测植物含水量以及云、雪，或用于地质制图
中红外波段	$3.5\sim5.5\mu m$	反射及自身热辐射都较强，昼夜成像	● NOAA的AVHRR传感器用$3.55\sim3.93\mu m$探测海面温度，获取昼夜云图 ● 透过率为60%～70% ● 可用于探测高温目标，如森林火灾、火山爆发、核爆炸
远红外波段	$8\sim14\mu m$	自身热辐射为主，夜间成像	● 透过率为80%左右 ● 常温下，地物热辐射能量最集中的波段
微波波段	$1.0mm\sim1m$	穿透云雾能力强，全天候成像，主动遥感	● Radarsat波段设置在这一范围 ● 常用的波段为0.8cm、3cm、5cm、10cm甚至还可以将该窗口扩展到$0.05\sim300cm$

对地球观测卫星遥感而言,只有选择透过率高的"大气窗口"波段,才对观测有意义,否则,物体的电磁波信息难以到达传感器;而对于大气遥感而言,则应选择"大气窗口"外衰减系数大的波段,才能收集到有关大气成分、云高、气压分布和温度等方面的信息。

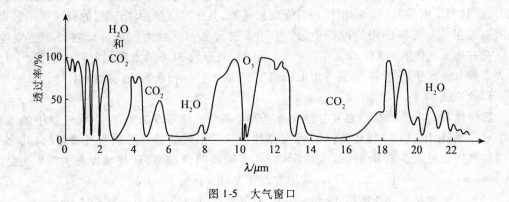

图 1-5　大气窗口

1.2　遥感影像辐射定标与大气校正

准确地提取影像中的光谱信息是建立遥感信息应用模型过程中的一项既具基础理论性意义又具实际应用价值的重要内容。然而,传感器本身的响应特性、大气散射和吸收、太阳光照条件、地物本身的反射或发射特性、地形坡度坡向等因素的影响,都会导致传感器接收的信号与地物的实际光谱之间存在辐射误差。

引起辐射误差的原因不同,所需采用的校正方法也不相同。例如:对因传感器本身的响应特性引起的辐射误差所进行的辐射定标、"散粒噪声(又称'随机坏像元')"和"条带(又称'条纹')"的判定和去除,对因大气影响引起的辐射误差所进行的大气校正,对太阳位置引起的辐射误差的校正,地形坡度坡向校正等。

本节首先介绍传感器定标,"散粒噪声"、"条带"的判定和去除;然后,探讨大气校正的必要性,并分别介绍常用的大气校正模型及算法;最后,探讨太阳位置引起的辐射误差校正、地形坡度坡向校正。对于水色遥感应用中的大气校正问题,将在本书的第3章专门介绍。

1.2.1　系统辐射定标

传感器的"增益(Gain)"与"漂移(Offset)"、传感器各个探测元件之间的差异和仪器系统工作产生的误差所造成的"散粒噪声"、"条带"等,都属于系统辐射误差。系统辐射校正主要是针对这些系统辐射误差进行的,包括"增益(Gain)"和"漂移(Offset)"的处理、"散粒噪声"和"条带"的校正,前者又称传感器定标。

定标实际上是建立卫星传感器的输出值(如电压或计数值)与相应已知的、用国际单位制表示的标准值之间联系的一系列操作。传感器定标(Calibration)包括三种:①发射前的实验室定标;②基于星载定标器的飞行中定标;③发射后的真实性检验(Validation)。这三种方法的最大区别是传感器接收到的总辐射的测定和求解方法不同。一般情况下,这三种定标的具体实现过程,都不需要遥感数据的使用者参与,用户只需要根据各方面信息了解各传感器的辐射定标质量,然后,根据遥感数据提供使用时所给出的信息,如头文件、定标文件报告获取遥感数据定标中所需的定标增益系数和偏移量,并根据这些定标系数将遥感影像的DN(Digital Number)值转换为传感器接收到的辐射值即可(参见公式(1-7))。因此,本书不再赘述传感器定标的详细过程。

假设传感器接收到的总辐射 L_i 和传感器输出亮度值 DN_i 之间有如下线性关系:

$$L_i = A_i \cdot DN_i + B_i \qquad (1-7)$$

其中,A_i 和 B_i 分别为波段 i 的定标增益系数和漂移系数。传感器定标就是要求解该式中的定标增益系数 A_i 和漂移系数 B_i,然后,利用求得的系数去对遥感数据进行定标。

除了传感器"增益"和"漂移"校正处理外,有些传感器阵列因个别探测器件工作不正常还会引入一些辐射误差,如:某个探测器未记录某个像元的光谱值会产生坏像元,坏像元出现的过程具有随机性,因此,又称"随机坏像元",也称其为"散粒噪声"。例如:在量化等级为8bit的多光谱遥感数据时,这些坏像元的值通常在单个或多个波段中为0或255。当扫描系统(如:Landsat MSS 或 Landsat-7 ETM+等)的某个探测器工作不正常时,就有可能产生一整条没有光谱信息的线。若探测器的线阵列(如:SPOT XS,IPS-1C,QuickBird 等)工作不正常,就会使整列数据都没有光谱信息,使所得影像的某行或某列的像元值为零,这种现象称为行或列缺失。在成像过程中,有时候这种单个探测器或线阵列工作不正常的现象只是随机的、暂时的,因此,会产生行或列部分缺失问题。有时,扫描系统在开始扫描时工作不正常,未能采集数据或者将数据放到了错误位置,如:一个扫描行的所有像元可能均被系统地向右平移一个像元,会产生行起始问题。当探测器还在工作的情况下,仍有可能出现没有进行辐射调整的情况,如某探测器记录的黑色深水区光谱数据可能比其他探测器同波段记录的亮度值大20左右,这样,会使影像上出现明显的比邻近扫描行更亮的扫描行,这种现象往往是系统的,一般称之为条带问题。当一景影像的"散粒噪声"和"条带"等问题特别严重时,该影像就没有进行校正的必要了。

因此,可以将传感器探测元件工作不正常所引起获取影像的辐射畸变归结为随机坏像元、行或列缺失、行或列部分缺失、行起始和条带等问题。针对不同的畸变特性,可以选择不同的方法对这些问题进行改正。出现随机坏像元、行列缺失等像元信息丢失现象的影像区域,虽然可以通过各种方法填充像元值,使影像变得美观,在遥感分类研究中还可起到一定的作用,但是,这种影像已经不具有定量遥感研究的价值。若传感器探测元件的工作不正常,仅仅只是使像元产生移位,只要了解产生移位的原因和大小,就可以采用类似于地形曲率引起的影像偏移纠正的方法进行纠正,这种处理属于几何纠正范畴,经过纠正的影像仍然可用于定量遥感或遥感分类研究。一般情况下,像"散粒噪声"和"条带"在数据生产单位生产过程中会进行校正处理,而不需要遥感影像的使用者来校正,用户主要关注的是大气校正。

1.2.2 大气校正

对遥感影像进行大气校正处理前,除了要了解大气的基本状况及其与辐射相互作用的基本物理过程外,还必须根据自己的研究目的和内容确定有没有必要进行大气校正,因为,在进行某些具体研究时,有时候可以完全忽略遥感数据的大气影响;而有时候必须考虑大气影响,进行大气校正处理。

1. 大气校正的必要性探讨

并不是所有遥感研究都必须进行大气校正处理的,因此,有必要对大气校正的必要性进行探讨。

1) 无须大气校正的情况

理论分析和经验结果都表明,如果不需要对取自某个时间或空间领域的训练数据需要进行时空拓展时,影像分类和各种变化检测就不需要进行大气校正。例如,采用最大似然法对单时相遥感数据进行分类时,通常就不需要大气校正。只要影像中用于分类的训练数据具有相对一致的尺度(校正过的或未经校正的),大气校正与否对分类精度影响很小。在利用多时相影像进行合成变化检测时,如果将两个时相所有波段的数据放在一个数据集中采用变化检测算法确定变化类别,就没有必要进行大气校正了。因此,对某些分类和变化检测而言,大气校正并不是必需的。

不需要进行大气校正的基本原则就是:训练数据来自所研究的影像(或合成影像),而不是来自从其他时间或地点获取的影像。

2) 必须大气校正的情况

一般而言,定量遥感研究需要进行遥感影像的大气校正,如:从水体中提取叶绿素 a、悬浮泥沙、温度等;从植被中提取生物量、叶面积指数、叶绿素、树冠郁闭百分比等,尤其是需要利用多时相遥感影像提取生物物理量(如生物量)进行对比分析时,必须对遥感数据进行大气校正。

这里以应用最为广泛的归一化植被指数为例,利用 Landsat TM 数据推导的归一化植被指数(Normalized Difference Vegetation Index,NDVI),其公式如下:

$$\text{NDVI} = \frac{\rho_{tm4} - \rho_{tm3}}{\rho_{tm4} + \rho_{tm3}} \tag{1-8}$$

在许多决策支持系统如非洲饥荒预警系统和家畜预警系统中,经常采用 NDVI 测度植物的生物量和功能健康。大气对 NDVI 的影响很大,在植被稀少或已被破坏的地区能引起 50% 的误差甚至更大。因此,如何去除遥感数据中的大气影响具有重要意义。

在定量遥感研究中,为了实现反演模型时空扩展,必须进行大气校正,例如,虽然通过 DN 值和地面实测值之间的关系模拟,可以建立 DN 值与地面参数之间的经验模型,但该模型却无法推广应用于多时相的遥感反演。因此,在建立反演模型之前一定要进行大气校正,然后,利用遥感反射率建立遥感反演模型。

大气校正是一个耗费资源较大的遥感处理过程,特别是基于辐射传输理论的大气校正方法,需要用户提供较多相关的大气参数,一般情况下,同步准确获取这些参数的难度比较大。因此,应该明确大气校正的原则,针对不同的应用目的和要求,确定是否需要大气校正并选择合适的大气校正模型算法。

2. 大气校正模型与算法

在传感器工作正常的条件下,所获取影像仍然存在辐射误差,这主要是由大气等因素引起的。而要定量获取地面信息,就必须采用大气校正手段建立传感器接收到的辐射与地面光谱反射之间的联系。遥感影像的大气校正方法有很多,有些相对简单,而有些基于物理理论的大气校正方法则较为复杂,需要大量辅助信息才能完成。根据不同的分类标准,大气校正方法的分类结果不同。

按照大气校正后的结果,可以分为绝对大气校正方法和相对大气校正方法两种。绝对大气校正就是将遥感影像的 DN 值转换为地表反射率或地表反射辐亮度。而相对大气校正,其结果不考虑地物的实际反射率,在校正后的影像中,相同的 DN 值表示相同的地物反射率。

根据校正过程的差异,遥感影像的大气校正方法还可以分为间接法和直接法。直接法根据大气状况对遥感影像测量值进行调整,以消除大气影响,进行大气校正。大气状况既可以是模型模拟的标准模式大气或地面实测资料,也可以是影像本身反演所得的结果。间接法是对一些遥感常用函数,如 NDVI 进行重新定义,形成新的函数形式,以减少对大气状况的依赖,从而达到尽可能避免大气影响的目的,这种方法的优点就在于不必知道大气各种参数。

在本书中,根据理论基础与所需辅助信息来源的不同将大气校正方法分为:基于辐射传输模型(Radiative Transfer Models)的大气校正算法、基于实测光谱数据的大气校正算法以及基于影像特征的大气校正算法三种。

1)基于辐射传输模型的大气校正算法

基于辐射传输模型的大气校正,又称为基于大气辐射传输理论(方程)的光谱重建,就是针对不同的成像系统以及大气条件建立的遥感反射率反演方法。其算法在原理上基本相同,差异在于假设条件和适用范围有所不同。大多数基于辐射传输模型的大气校正算法都需要用户提供以下参数:

- 遥感影像的经纬度;
- 遥感数据采集的日期和时间;
- 遥感影像获取平台距海平面的高度;
- 整景影像的平均海拔高度;
- 大气模式(如中纬度夏季、中纬度冬季,热带);
- 辐射定标后的遥感影像辐射数据(单位为 $W \cdot m^{-2} \cdot \mu m^{-1} \cdot sr^{-1}$);
- 影像各波段的均值、半幅全宽(Full Width at Half Maximum,FWHM)等信息;
- 遥感数据获取时的大气能见度(附近机场是能获取该参数的地方之一)。

当前国内外已有很多种大气辐射传输模型与算法,如 6S 模型(Second Simulation of the Satellite Signal in the Solar Spectrum Radiative Code)、针对不同空间尺度分辨率的大气传输标准码 LOWTRAN(Low Resolution Transmission)和 MODTRAN(Moderate Resolution Transmission)、大气恢复程式 ATREM(The Atmosphere Removal Program)、快速计算大气辐射 ATCOR(Atmospheric CORrection)、标准高纬度辐射码 SHARC(Standard High-Altitude Radiation Code)、紫外与可见光辐射模型 UVRAD(Ultraviolet and Visible Radiation)、SHARC 与 MODTRAN 混合的大气辐射传输模型 SAMM(Sharc And Modtran Merged)等,有一些已形成了系统软件,其中以 6S 模型、LOWTRAN、MODTRAN、ATCOR、ATREM 应用较为广泛。

(1)6S 模型

6S 模型是法国大气光学实验室和美国马里兰大学地理系研究人员在 5S(Simulation of the Satellite Signal in the Solar Spectrum)模型的基础上发展起来的。该模型具有正向和反向两种工作状态,采用了最新近似(State of the Art)和逐次散射 SOS(Successive Orders of

Scattering)算法来计算散射和吸收,改进了模型的参数输入,使其更接近实际状况。该模型对主要大气效应:H_2O、O_3、O_2、CO_2、CH_4、N_2O 等气体的吸收,大气分子和气溶胶的散射都进行了考虑。它不仅可以模拟地表的非均一性,还可以模拟地表的双向反射特性。6S 模型比 LOWTRAN 模型、MORTRAN 模型的精度要稍高一些。

(2)LOWTRAN 模型

LOWTRAN 模型是美国空军地球物理实验室(Air Force Geophysics Laboratory,AFGL)研制的。目前流行的版本是 LOWTRAN 7,它是以 20 cm^{-1} 的光谱分辨率的单参数带模式计算 0~50000 cm^{-1} 的大气透过率、大气背景辐射、单次散射的光谱辐射亮度和太阳直射辐照度。LOWTRAN 7 增加了多次散射的计算及新的带模式、臭氧和氧气在紫外波段的吸收参数,提供了 6 种参考大气模式的温度、气压、密度的垂直廓线,H_2O、O_3、O_2、CO_2、CH_4、N_2O 的混合比垂直廓线及其他 13 种微量气体的垂直廓线,城乡大气气溶胶、雾、沙尘、火山喷发物、云、雨廓线和辐射参量如消光系数、吸收系数、非对称因子的光谱分布。目前使用的 LOWTRAN 7 已经基本成熟稳定,自 1989 年以来没有大的改动,仅修改了其中一些小的错误。

(3)MORTRAN 模型

MODTRAN 是由美国空军地球物理实验室(AFGL)开发的计算大气透过率及辐射的软件包。MODTRAN 是从 LOWTRAN 发展而来的,主要是对 LOWTRAN 7 模型的光谱分辨率进行了改进,将光谱分辨率从 20 cm^{-1} 减少到 2 cm^{-1},发展了一种 2 cm^{-1} 光谱分辨率的分子吸收的算法和更新了对分子吸收的气压温度关系的处理,同时维持 LOWTRAN 7 的基本程序和使用结构。当前最新版本是 MODTRAN4。MODTRAN 的基本算法包括透过率计算、多次散射处理和几何路径计算等。需要输入的参数有四类:计算模式,大气参数,气溶胶参数和云模式。MODTRAN 有四种计算模式:透过率、热辐射,包括太阳和月亮的单次散射的辐射率,直射太阳辐照度计算。用 MODTRAN 进行大气纠正的一般步骤是:首先输入反射率,运行 MODTRAN 得到大气层顶(TOA)光谱辐射,解得相关参数;然后利用这些参数代入公式进行大气纠正。ENVI 软件提供的 FLAASH(Fast Line-of-sight Atmospheric Analysis of Spectral Hypercubes)大气校正模型就是使用了改进的 MODTRAN 模型的代码。它用 MODTRAN 4 + 辐射传输代码对影像逐像元地进行大气中的水汽、氧气、二氧化碳、甲烷、臭氧和分子与气溶胶散射校正。

(4)ATCOR 模型

ATCOR 大气校正模型是由德国 Wessling 光电研究所的 Rudolf Richter 博士于 1990 年研究提出的一种快速大气校正模型,并经过了大量的验证和评估。ATCOR 2 模型是 ATCOR 经历了多次改进和完善的产品,是一个应用于高空间分辨率光学卫星传感器的快速大气校正模型,它假定研究区域是相对平坦的地区并且大气状况通过一个查找表来描述。ATCOR 2 已经广泛应用于很多常用的遥感影像处理软件,如 PCI、ERDAS。虽然受局部地区气候的限制,新模块也需要进一步地完善,但 ATCOR 2 系列仍然是 ATCOR 的主要产品。1999 年发布的 ATCOR 3 和 2000 年发布的 ATCOR 4 模型分别用于山区和亚轨道遥感数据。

(5)ATREM 模型

ATREM 模型采用 6S 模型和用户指定的气溶胶模型来计算气溶胶;用 Malkmus 的窄波段光谱模型和用户提供或选定的标准大气模式(温度、压力和水汽垂直分布)计算大气吸收和分子(瑞利)散射。水汽总量通过水汽波段($0.94\mu m$ 和 $1.14\mu m$)和三通道比值方法从高光谱数据中逐像元获得,然后,将获取的值用于 400～2500 nm 范围的水汽吸收影响建模。最终结果为一个由折合表面反射率描述的经验辐射校正数据集。

基于辐射传输模型的大气校正算法的优点在于,能较合理地处理大气散射和气体吸收,且能产生连续光谱,避免光谱反演中出现较大的定量误差。这一方法虽然可行,但是,实际应用起来却非常困难。除计算过程复杂、计算量大之外,在利用这些模型进行光谱重建时,需要在传感器获取影像数据的同时,对一系列大气环境参数进行同步测量,比如,气溶胶光学厚度、温度、气压、湿度、臭氧含量及空间分布状况等。对于具体的研究区域而言,同步获取上述实时大气剖面数据难度较大。因此,大气模拟通常是使用标准大气剖面数据来代替实时数据,或者是用非实时的大气探空数据来代替。由于大气剖面数据的非真实性或非实时性,根据大气模拟结果来估计大气对地表辐射的影响,通常存在较大的误差,这限制了该方法的进一步推广应用。

2) 基于实测光谱数据的大气校正算法

当有近似同步的地面实测光谱时,往往采用地面实测数据与遥感影像数据之间简单的线性经验统计关系确定大气程辐射影响,以实现研究区域遥感影像的反射率转换,达到大气校正的目的,该方法又称经验线性定标法(Empirical Line Calibration, ELC)。该方法的优点是原理和计算都简单;其不足是,需进行同步实地光谱测量,且对定标点要求比较严格。此外,这种模型较适合于地面状况相差不大的地区,对起伏较大的地形,如果选择的定标点与其他位置高差较大,或者传感器扫描角较大,对偏离定标点较远的地物,就会具有不同的大气透过率和程辐射,这样一来,用该方法进行反射率转换,则重建光谱误差较大。

3) 基于影像特征的大气校正算法

基于影像特征的大气校正,是在没有条件进行地面同步测量的情况下,借用统计方法进行的影像相对反射率转换。这种方法常用于缺少辅助大气、地面参数的历史数据和偏远的研究区域遥感影像。从理论上,基于影像特征的大气校正算法都不需要进行实际地面光谱及大气环境参数的测量,而是直接从影像特征本身出发进行反射率反演,基本属于数据归一化的范畴。黑像元法(Dark-Object Methods)、不变目标法(Invariable-Object Methods)、直方图匹配法(Histogram Matching Methods)和波段比值法(Band Ratio)等都属于基于影像特征的大气校正算法,其中,黑像元法最为常用。

黑像元法的研究与应用已经有 20 多年的历史,其关键技术主要在于遥感影像中有效黑像元值的确定和大气校正模型的适当选择。该方法的基本原理就是在假定待校正的遥感影像上存在黑像元区域、地表朗伯面反射、大气性质均一,忽略大气多次散射辐照作用和邻近像元漫反射作用的前提下,反射率很小的黑像元由于受大气的影响,而使得这些像元的反射率相对增加,可以认为这部分增加的反射率是由于大气程辐射的影响产生的。利用黑像元值计算出程辐射,并代入适当的大气校正模型,获得相应的参数后,通过计算就可以得到地物真实的反射率。常用的黑像元主要有光学特性清洁的水体和浓密的植被等。

与黑像元法不同的是,不变目标法假定影像上存在不变目标(又称辐射地面控制点),它是具有较稳定反射辐射特性的像元,可确定这些像元的物理意义,并且在不同时相的遥感影像上的反射率存在一种线性关系。通过建立不变目标及其在多时相遥感影像中的像元值之间的这种线性关系,就可以实现对遥感影像的大气校正。自然界中理论上的不变目标是极少的,因此,不变目标又经常表达为伪不变特征(Pseudo-Invariant Features, PIFs),伪不变特征的选取原则为：

（1）虽然有些变化是不可避免的，伪不变特征的光谱特性应该随时间变化很小。

（2）在一景影像中，应该尽量避免选择高程很高的伪不变特征，高程大于 1000 m 处的伪不变特征对估算近海面大气条件的作用不大，因为，气溶胶主要集中在高程小于 1000 m 的大气层中。

（3）伪不变特征包含的植被应尽可能少，以减少环境胁迫和物候周期的影响而引起的植被光谱辐射特性的变化。

（4）伪不变特征应该选在相对平坦的地区，使太阳高度角的逐日变化与所有归一化目标的太阳直射光束之间具有相同的变化比例。

常用的不变目标主要有：清澈的贫营养深水湖泊、茂密的成熟红树林、平旷的沥青屋顶、无杂质的沙砾覆盖区、混凝土路面或大型停车场。

采用直方图匹配法时，需要能够确定出某个没有受到大气影响的区域与受到大气影响的区域的反射率是相同的，这样，就可以利用它的直方图对受影响区域的直方图进行匹配处理。该方法实施起来简单、容易，ERDAS、PCI 等很多遥感影像处理软件中都提供有这个功能。该方法关键在于寻找两个具有相同反射率但受大气影响却相反的区域。由于该方法假定气溶胶的空间分布是均匀的，因此，有时候将范围较大的遥感影像分成小块，分别采用这种方法可能会得到更好的效果。

在植被指数研究中，还可以采用波段比值方法来减轻大气影响。如，为了减少大气对植被指数的影响，Kaufman 等利用蓝光和红光波段大气程辐射的相关特性，提出了一种大气阻抗植被指数（Atmosphere Resistant Vegetation Index，ARVI），并将其应用到 MODIS 影像的大气校正中。

大气校正一直是定量遥感学界关注的主要问题之一，尽管经过多年的努力，已经取得了长足的进步，但要想彻底解决大气校正问题，还需要更进一步的研究。因为，已有的任何一种大气校正算法都有一定的局限性，不具有普适性。以上各种大气校正方法没有严格的区分，研究者在进行大气校正处理之前，要根据自己研究的对象、目的、要求和具有的研究条件仔细选择合适的大气校正算法。有时候还需要根据实际情况，将几种大气校正方法综合使用，以达到较为满意的大气校正结果。

1.2.3 太阳位置引起的辐射误差校正

由于太阳高度角和方位角的影响，在影像上会产生阴影而遮盖地物，从而引起辐射误差，该误差一般难以消除。在针对多光谱遥感影像处理时，可以利用两个波段数据进行比值运算，抑制阴影影响，以提高遥感影像定量分析与识别分类的精度。对单景影像进行分析时，可以采用下面的方式对太阳位置引起的辐射误差进行近似的校正处理。

太阳高度角可以根据成像的时间、季节和地理位置，采用如下公式来求得：

$$\sin\alpha = \sin\varphi\sin\delta \pm \cos\varphi\cos\delta\cos t \tag{1-9}$$

式中：α 为太阳高度角；φ 为影像对应地区的地理纬度；δ 为太阳赤纬（成像时太阳直射点的地理纬度）；t 为时角（地区经度与成像时太阳直射点地区经度的经差）。

太阳高度角引起的辐射误差校正主要是通过调整一幅影像内的平均灰度来实现的。假设太阳直射时传感器获取的影像为 $f(x,y)$，太阳斜射时实际获取的影像为 $g(x,y)$，此时，太

阳高度角为 α，太阳天顶角为 θ_s ($\theta_s + \alpha = 90°$)，则可得到如下关系：

$$f(x,y) = \frac{g(x,y)}{\sin\alpha} \text{ 或 } f(x,y) = \frac{g(x,y)}{\cos\theta_s} \tag{1-10}$$

在不考虑天空光的影响时，各波段影像可采用遥感数据头文件中提供的同一太阳高度角 α 进行校正。

太阳方位角的变化也会改变光照条件，引起遥感影像辐射畸变，并随着成像季节、地理纬度的变化而变化。一般情况下，太阳方位角引起的影像辐射误差通常只对影像细部特征产生影响，可以采用与太阳高度角校正类似的方法进行处理。

1.2.4 地形坡度坡向校正

地形中的坡度坡向也会引入辐射误差，地形坡度坡向校正的目的是去除由地形引起的光照度变化，比如，处于不同坡向的相同地物，在校正后影像中应该具有相同的亮度值。如果能有效地进行地形坡度坡向校正，那么，山区的卫星遥感影像所产生的三维地形可视化效果就会在某种程度上减弱。但是，与不进行校正的影像相比，有效的地形坡度坡向校正能改进林地分类效果。

目前公认的地形坡度坡向校正方法主要有四种：简单余弦校正、两个半经验校正方法（Minnaert 校正和 C 校正）和统计-经验校正。每种校正方法都是基于光照度的，光照度定义为太阳入射角的余弦，代表了直射到像元的太阳辐射。光照度取决于朝向太阳实际位置的相对方位角（图 1-6）。下面给出的地形坡度坡向校正方法都需要所在区域的数字高程模型（Digital Elevation Model，DEM）。校正前，DEM 和卫星遥感数据（如 Landsat TM 数据）必须进行几何配准并重采样到相同的空间分辨率（如 30m×30m）。对 DEM 进行处理后，使像元亮度值代表它应该从太阳获取的光照量，然后，用上述四种方法中的任何一种对该信息建立模型，以增加或减少遥感数据的原始亮度值。

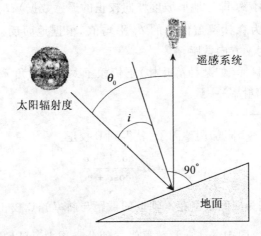

图 1-6　太阳入射角 i 和太阳高度角 θ_0 示意图（遥感系统采用星下点观测方式）

1. 简单的余弦校正

到达斜坡像元的辐照度与入射角 i 的余弦成正比，入射角 i 就是像元的法线与星下点方向的夹角。这里假定：①地表为朗伯面，②日地距离不变，③照射地球的太阳能量为常量（注意：这些假设在某种意义上是不切实际的）。到达该斜坡像元的辐照度只有总辐照度的 $\cos i$。可用下面的余弦方程进行遥感数据的地形坡度坡向简单校正：

$$L_H = L_T \frac{\cos\theta_s}{\cos i} \tag{1-11}$$

式中：L_H 为水平面的辐射率（即地形坡度坡向校正后的遥感数据）；L_T 为倾斜表面的辐射率（即原始遥感数据）；θ_s = 太阳天顶角；i = 太阳入射角（图1-6）。

该方法的不足是，仅对到达地面像元的光照度的直射部分建立模型，并没有考虑散射的天空光或来自周围山坡的反射光。因此，应用余弦校正时，地面照射较为微弱的区域会被过度校正。一般情况下，$\cos i$ 的值越小，过度校正的情况就越严重。

2. Minnaert 校正

将 Minnaert 校正引入到基本的余弦函数：

$$L_H = L_T \left(\frac{\cos\theta_s}{\cos i}\right)^k \tag{1-12}$$

式中：k = Minnaert 常量，在 0~1 之间变化，是地面接近朗伯体表面程度的测度，标准朗伯体表面的 $k = 1$，它代表简单的余弦校正。k 值可以通过经验计算得到。

3. 统计-经验校正

影像中的每个像元值可能与下列因素有关：①根据 DEM 预测的光照度（$\cos i \times 100$），②实际遥感数据。例如，在瑞士森林立地研究中，研究人员建立了 Landsat TM 已知的森林立地数据与高分辨率 DEM 预测的光照度之间的关系。回归曲线的斜率表明了常见类型的森林立地在不同坡度地面的不同表现。相反，考虑该分布中的统计关系，回归曲线可用下述公式进行转换：

$$L_H = L_T - m \cdot \cos i - b + \overline{L_T} \tag{1-13}$$

式中：L_H 为水平面的辐射率（即经地形坡度坡向校正的遥感数据）；L_T 为倾斜表面的辐射率（即原始遥感数据）；$\overline{L_T}$ 为森林覆盖像元的 L_T 平均值（根据地面反射率）；i 为太阳入射角（图1-6）；m 为斜率；b 为 y 方向截距。

该方程使一个特定目标（如某种落叶林）不依赖于太阳入射角 i 的余弦，并使整景影像中该目标的亮度值（或辐射率）一致。

4. 常用的余弦校正——C 校正

在余弦函数中引入一个附加调整因子，就得到 C 校正：

$$L_H = L_T \frac{\cos\theta_s + c}{\cos i + c} \tag{1-14}$$

式中：$c = \frac{b}{m}$（b 和 m 分别为回归模型在 y 轴上的截距与斜率），C 校正是一种余弦校正中具有代表性的线性拟合法。同 Minnaert 常数类似，c 使分母增大，可以减弱地面照射较为微弱区域的过度校正。C 校正是目前最为常用的方法，因为，它能较好地模拟影像像元值和入射角之间的关系，既能保证影像的校正，减少由于坡度产生的同种地物类型像元值的差异，又可避免由于入射角太低而引起的校正过度的情况。

一般情况下，都不对地形坡度引起的误差作校正，实在需要时采用比值处理减弱该方面的误差影响。但地形影响效果的辐射校正还在不断改进,在此过程中,下列一些因素还需要重点考虑：
- 研究区域的数字高程模型的空间分辨率应该与数字遥感数据相匹配；
- 当地形坡度坡向校正中采用朗伯面假设时,遥感数据经常被过度校正,阴坡(即北半球朝向北面的坡)比阳坡(北半球朝南面的坡)表现得亮一些；
- 多数校正算法仅考虑太阳直射光对入射的贡献,而忽略了照射到地形面的漫射成分；
- 表观反射率较强的地物的各向异性与波长有关,建模过程中应该考虑太阳、地表和传感器系统之间的成像几何关系；
- 要求的校正量是波长的函数,尤其是中红外波段受地形效应的影响非常严重；
- 在深峡谷等严重阴影区,难以完全消除地形影响。

1.3 遥感影像几何纠正

由于传感器成像方式、遥感平台运动变化、地球旋转、地形起伏、地球曲率、大气折射等因素的影响,遥感影像不可避免地存在几何误差。为了建立遥感信息与地理信息系统(Geographic Information System,GIS)或空间决策支持系统(Spatial Decision Support System,SDSS)中的其他空间专题信息之间的联系,从遥感影像中提取精确的距离、多边形面积以及方向(方位)等信息,就需要对遥感影像进行几何纠正预处理。

1.3.1 遥感影像的几何误差

引起遥感影像几何误差的因素有很多,如传感器本身、遥感平台、地球旋转、地球曲率、地形起伏、成像条件(大气折射)等引起的误差。按照几何误差特点,可以分为系统几何误差和非系统几何误差两类。识别几何误差是系统(可预测的)的还是非系统(随机的)的,对几何纠正非常重要。一般情况下,确定和校正系统几何误差要比随机几何误差容易得多。

系统几何误差是有规律的、可以预测的,所以,可以应用模拟遥感平台和传感器内部变形的数学公式或模型来预测。如产生扫描畸变时,扫描点从中心向两侧增大,原始遥感影像中间压缩,两边拉伸,可以根据遥感平台的位置、传感器的扫描范围、所用投影类型,推算出影像不同位置地物的几何位移。

非系统几何误差是没有规律的,一般很难预测,如遥感平台高度、速度、姿态等的不稳定,地球曲率及大气等的变化。

1.3.2 遥感影像的几何纠正

几何纠正(Geometric Rectification)的目的就是纠正遥感影像的系统及非系统误差引起的遥感影像几何畸变,从而达到与标准影像或地图在几何上的一致。实际上,几何纠正过程就是建立遥感影像像元坐标(影像坐标)与地物地理坐标(地图坐标)之间的对应关系的过程,该过程可以分为几何粗纠正和几何精纠正。几何粗纠正主要是针对引起畸变的因素进行的纠正,而几何精纠正则是利用控制点进行的,用一种数学模型来近似描述遥感影像的几何畸变过程,然后,利用畸变的遥感影像与标准地图或已经过纠正的标准影像之间的一些对应点(控制点点对)求得这个几何畸变模型,最后,利用该模型对遥感影像进行纠正,它并不考虑引起几何畸变的原因。遥感影像几何纠正的一般步骤包括：选择纠正方法、几何粗纠正、几何精纠正和精度分析验证。

1 选择纠正方法

在进行几何纠正时，首先需要根据影像中几何误差的性质和可用于几何纠正的数据，选择几何纠正的方法。一般来讲，对系统误差需要具体情况具体分析，需要根据不同的变形类型选择不同的数学模型。去除系统几何误差后的影像仍然还残留有非系统性几何变形，需要对影像进行几何精纠正。此时需要根据研究目的和各种算法方案的特点来选择合适的重采样和灰度插值方案。

2. 几何粗纠正

几何粗纠正仅对遥感影像进行系统误差改正，这种改正是将与传感器构造有关的校准数据如焦距等，以及传感器姿态等参数代入理论纠正公式来实现的。

几何粗校正时，根据卫星轨道公式将卫星的位置、姿态、轨道及扫描特征作为时间函数加以计算，用于确定每条扫描线上的像元坐标。这里分别针对成像几何条件、地球自转、地形起伏、地球曲率、大气折射等因素引起的几何变形，介绍几种几何粗纠正方法。

1）传感器成像方式几何变形纠正

传感器的几何成像方式主要有中心投影、全景投影、斜距投影以及平行投影等，在地面平坦的地区，竖直的中心投影和平行投影都不产生几何变形，其影像常可作为基准影像。全景投影及斜距投影所获取的影像都有几何变形，其变形规律通过与基准影像的比较来确定。斜距投影类型传感器通常指侧视雷达，由于本书主要阐述的是光学和热红外遥感应用问题，所以，此处不讨论斜距投影变形问题，仅以全景变形纠正为例来介绍传感器几何变形纠正问题。

在扫描成像过程中，扫描镜沿着扫描行方向以一定的时间间隔进行采样，采样所对应的实际地面宽度会随着扫描角的大小而变化，从而引起全景变形，图1-7给出的是地面方格网成像后的变形状况。从图1-7中可以看出，扫描视场角越大，越接近扫描行两端，每个像元所代表的地面宽度越大，成像比例尺相应缩小，变形就越大。红外机械扫描仪和CCD直线阵列作为探测器的推扫式传感器所成的影像就含有全景变形。

(a)无变形的图形　　　　　　(b)全景投影变形图形

图1-7　全景投影变形结果

如图1-8所示，地物点P在全景面MON上的像点p'具有坐标y'_p，则

$$y'_p = f \cdot \theta/\rho \tag{1-15}$$

式中：f为焦距；θ为成像角（以度为单位）；$\rho=57.295$度/弧度。

设L为等效中心投影成像面，P点在L投影面上的像点p的坐标为y_p，根据基本几何关系得

$$y_p = f \cdot \tan\theta \tag{1-16}$$

即得全景投影变形公式为

$$dy = y'_p - y_p = f \cdot \left(\frac{\theta}{\rho} - \tan\theta \right) \tag{1-17}$$

2）地球自转引起的影像偏斜纠正

对于常规框幅摄影机而言,整景影像是瞬间曝光一次成像的,所以,地球自转不会引起影像畸变。但对那种动态传感器,特别是太阳同步卫星遥感平台上的传感器而言,地球自转就会使其影像产生几何畸变。

地球绕自转轴每24小时自西向东旋转一周。当太阳同步卫星如Landsat由北向南在固定轨道上获取影像时,由于地球绕轴自转和卫星固定轨道之间的相互作用,使所获取影像存在由地球自转引起的影像畸变——向东偏斜一个可预

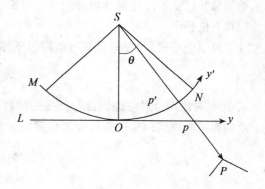

图1-8　全景投影示意图

测的量。该类型几何畸变属于系统误差,可以建立相应的数学模型对其进行纠正,将影像中的像元向西作系统的位移调整,从而改正刈幅影像中像元之间的相对位置。像元向西的位移量是卫星和地球相对速度以及影像框幅长度的函数。

几何偏斜纠正的一般步骤如下。

（1）计算地表线速度：

$$V_{\text{earth}} = \omega_{\text{earth}} \cdot r \cdot \cos\Psi \tag{1-18}$$

式中：r为地球半径（6378.16km）,ω_{earth}为地球某纬度Ψ处的自转角速度（72.72μrad·s^{-1}）。例如,位于北纬30°的武汉地区,其地表线速度为：

$$V_{\text{earth}} = 72.72\mu\text{rad} \cdot s^{-1} \times 6378.16\text{km} \times 0.86603$$

$$V_{\text{earth}} = 401\text{m} \cdot s^{-1} \tag{1-19}$$

（2）确定卫星采集一景影像数据所需的时间：

对Landsat-4、5和7而言,其角速度为：

$$\omega_{\text{Landsat457}} = \frac{(233\text{parths/cycle} \times 2\pi \times 1000\text{mrad/parth})}{(16\text{d/cycle} \times 2\pi \times 86400\text{s/d})} = 1.059\text{mrad/s} \tag{1-20}$$

TM和ETM+扫描一景影像（刈幅宽为185km）所需的时间为：

$$S_t = \frac{185\text{km}}{(6378.16\text{km})(1.059\text{mrad} \cdot s^{-1})} = 27.39\text{s} \tag{1-21}$$

（3）根据不同地理纬度区域确定向东的偏斜距离,如在北纬30°的武汉地区,采集一景Landsat ETM+影像时,地球表面向东偏斜了：

$$\Delta x_{\text{east}} = V_{\text{earth}} \cdot S_t \tag{1-22}$$

$$\Delta x_{\text{east}} = 401\text{m} \cdot s^{-1} \times 27.39\text{s} = 10.98\text{km} \tag{1-23}$$

对Landsat-4、5和7的TM数据而言,这相当于185km刈幅宽的5.9%（10.98/185=0.059）。大多数遥感卫星影像数据在提供使用前就已经对遥感影像进行过因地球旋转而引起的几何偏斜纠正。

3）地形起伏引起的几何变形纠正

当地面出现高低变化时,对于高于或低于某一基准面的地面点,其在影像上的像点与其在基准面上垂直投影点在影像上的构像点之间就会发生直线位移,这就是由地形起伏引起的影像几何变形。这里分别介绍中心投影和线阵列推扫式传感器全景投影中地形起伏引起的像点位移。

对于中心投影,在垂直基准面摄影条件下,地形起伏引起的像点位移为

$$\delta_h = \frac{r}{H}h \tag{1-24}$$

式中:h 为像点所对应地面点与基准面的高差;H 为平台相对于基准面的高度;r 为像点到底点的距离。将式(1-24)在影像坐标系中划分到 x、y 两个方向上的分量为:

$$\left.\begin{array}{l}\delta x_h = \dfrac{x}{H}h \\[2mm] \delta y_h = \dfrac{y}{H}h\end{array}\right\} \tag{1-25}$$

式中:x,y 分别为地面点对应的像点坐标;$\delta x_h,\delta y_h$ 分别为地形起伏引起的变形在 x,y 方向上的像点位移。

对于线阵列推扫式传感器全景投影,地形起伏引起的像点位移在 y 方向(扫描方向)上与中心投影相同,但 x 方向上没有投影差,即

$$\left.\begin{array}{l}\delta x_h = 0 \\[2mm] \delta y_h = \dfrac{y}{H}h\end{array}\right\} \tag{1-26}$$

也就是说,这种情况下,投影差只发生在 y 方向上。

4) 地球曲率引起的影像畸变纠正

地球曲率引起的像点位移与地形起伏引起的像点位移类似,对中心投影、全景投影、斜距投影所得的影像都有影响(斜距投影公式参见其他相关资料)。如图1-9所示,R_0 为地球半径,P 为地面点,地面点到传感器与地心连线的投影距离为 D,f 为焦距,H 为航高。

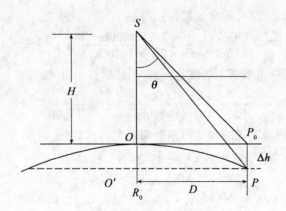

图1-9 地球曲率引起的变形

地球曲率对中心投影影像的变形公式为

$$\begin{bmatrix} h_x \\ h_y \end{bmatrix} = \begin{bmatrix} -\Delta h_x \\ -\Delta h_y \end{bmatrix} = -\frac{1}{2R}\begin{bmatrix} D_x^2 \\ D_y^2 \end{bmatrix} = \frac{1}{2R_0} \cdot \frac{H^2}{f^2}\begin{bmatrix} x^2 \\ y^2 \end{bmatrix} \tag{1-27}$$

式中：$D_x = X_p - X_s$；$D_y = Y_p - Y_s$；$H = -(Z_p - Z_s)$。

地球曲率对线阵列推扫式传感器全景投影影像的变形影响为

$$\left.\begin{aligned} h_x &= 0 \\ h_y &= -\frac{H^2 \cdot y^2}{2R_0 \cdot f^2} = H^2 \cdot \frac{\tan^2(y'/f)}{2R_0} \end{aligned}\right\} \tag{1-28}$$

式中：y 为等效中心投影影像坐标；y' 为全景影像坐标。

5）大气折射引起的影像几何畸变纠正

大气折射的影响见图 1-10，α_H 是实际光线离开最后一层大气层时的出射角；β_H 是实际光线在最后一层大气层时具有的折光角度差；δ 为来自 A 点光线与进入 S 点的光线方向间的夹角；L 为实际像点 t_1 点距像幅中心 o 的距离；H 为航高；h 为地物点高程；f 为焦距。在无大气折射影响时，地物点 T 通过直线光线 TS 成像于 t_0 点，而有大气折射干扰时，T 点通过曲线 TS 成像于 t_1 点，因此引起像点位移 $\Delta L = t_1 t_0$。根据基本几何知识可得 $\Delta L = t_1 t_2 \sec\alpha_H$，推导可得：

$$\Delta L = \frac{n_H(n - n_H)}{n(n + n_H)}L\left(1 + \frac{L^2}{f^2}\right) = K\left(L + \frac{L^3}{f}\right) \tag{1-29}$$

式中：n 和 n_H 分别为大气层底层（高程为 h）和大气高层（航高为 H）的折射率，系数 K 是一个与传感器航高 H 和地面点高程 h 有关的大气条件常数。系数 K 的确定有很多实用的表达式，其中能很方便用于影像解析处理的是：

$$K = \frac{2410H}{H^2 - 6H + 250} - \frac{2410H}{h^2 - 6h + 250} \cdot \frac{h}{H} \tag{1-30}$$

x, y 方向上的大气折射影响见公式（1-31）：

$$\left.\begin{aligned} dx &= k \cdot X \cdot \left(1 + \frac{L^2}{f^2}\right) \\ dy &= k \cdot Y \cdot \left(1 + \frac{L^2}{f^2}\right) \end{aligned}\right\} \tag{1-31}$$

需要引起注意的是，大气折射对框幅式影像像点位移的影响在量级上要比地球曲率的影响小很多，因此，在大多数情况下，影像分析都没有计算折射系数。

由于侧视雷达成像方式的特殊性，考虑本书所探讨的重点，对大气折射引起的侧视雷达影像几何畸变在此不作讨论，请参考其他相关资料。

3. 几何精纠正

卫星影像在提供使用前，一般都已经进行过部分几何粗纠正处理，如地球自转引起的几何偏斜处理等，而有的因为其变形本身较小，在几何精度要求不是很高的情况下，其他方面的几何粗纠正处理被用户忽略，如大气折射引起的影像几何畸变，还有的几何畸变因素，因为其纠正比较困难，而被用户遗留到几何精纠正处理步骤中。因此，用户得到的经过几何粗纠正处理的影像，还存在较大的几何畸变，对这类非系统误差，一般采用地面控制点（Ground Control Point, GCP）和适当的数学模型进行几何精纠正。常用的有多项式纠正法和共线方程纠正法。多项式纠正法是实践中最常用的一种方法，原理直观、计算简单，特别是对地面相对平坦的地区具有足够好的纠正精度。共线方程法虽然严密,但计算比较复杂,且需要控制点高程数据,在动态扫描影像的纠正处理上,精度并不比多项式纠正法高多少,一般较少采用。

几何精校正的流程为:选取地面控制点,建立几何纠正关系式,几何位置纠正及灰度插值处理。

1)选取地面控制点

所谓地面控制点就是以地面坐标为匹配标准的控制点,有时也用地图或遥感影像(航空相片)作为地面控制点选取的基准。地面控制点的数量、分布和控制点对本身的精度等都能直接影响几何纠正的结果精度。综合起来,地面控制点选取的标准如下:

(1)控制点数量的确定:确定控制点的数量是几何纠正的首要任务,对几何纠正精度的影响较大。以多项式几何纠

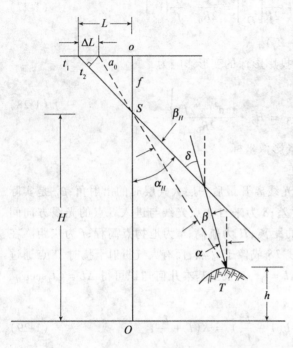

图1-10 大气折射引起的几何畸变示意图

正法为例,几何纠正所用多项式阶数(n)不同,所需的最少控制点就有所不同。一般情况下,所需的控制点数量K要满足$K \geq (n+1)(n+2)/2$。实际工作表明,选取控制点的最少数目来纠正影像,效果往往不好。若条件容许,所选控制点的数量一般应该至少比最低数(理论值$K=(n+1)(n+2)/2$)多两到三个,有时甚至为最低数的6倍。一般来讲,增加控制点数量对提高纠正精度有一定帮助,但同时也使运算量增加,而且,选取的控制点数量越多,获取控制点数据的困难就越大。因此,需要综合权衡,选择比较合适的控制点数量。

(2)控制点的分布:控制点的分布特征是影响几何纠正精度的主要因素之一。由控制点建立的几何变换系数最终会应用于整景影像的几何纠正。控制点一般应该尽量均匀地分布于整景影像中,不能太集中。若控制点分布不均匀,控制点密集区会得到较好的纠正结果,而控制点稀疏区域纠正误差就会比较大。因此,应尽可能地让所选控制点均匀地分布在整景影像上,特征变化大的区域还应多选一些,尤其是在丘陵山区选取控制点时,还应注意尽可能地选在高程相似的地段。影像边缘部分一定要选取一定量的控制点,尤其是针对几个图幅作整体纠正时,在图幅的重叠部分(也就是单景影像的边缘),一般需要选择一定数量的控制点。

(3)控制点本身的精度控制:控制点本身的精度也会影响几何纠正效果,应该尽可能地选择那些通过目视方法易分辨且较精细的特征点。一般选择容易识别和定位的明显地物点,如道路交叉点、机场、桥头等,作为地面控制点。在高分辨率影像中,控制点可选择容易分辨的明显孤立特征点,如电线杆等明显的标志点。但是,在利用人机交互设备或人工读取原本准确的控制点在影像上的相应位置时,不可避免地会产生误差,从而使控制点精度下降,而影响几何纠正的精度。特别是在利用n阶多项式进行几何纠正时,控制点的数量接近

理论值的情况下,若单个控制点的误差较大,会严重影响几何纠正精度。

下面以影像-地图的多项式几何纠正为例来说明地面控制点的选取(图1-11)。对影像-地图的几何纠正而言,选取控制点实质上就是获取地面控制同名点的两组坐标:影像坐标(i,j);以经纬度、米为单位的标准投影下的地图坐标(x,y)。

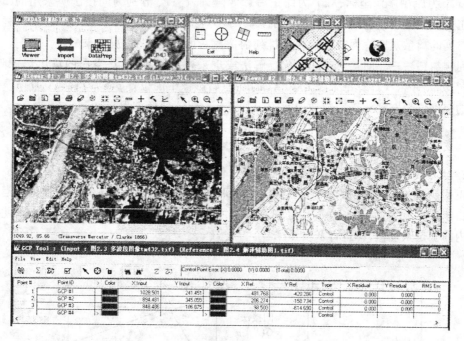

图1-11　ERDAS IMAGINE 中影像-地图多项式几何纠正控制点选取界面

2) 建立几何纠正关系

在已知多个地面控制点(如20个)的两组坐标(如(i,j)和(x,y))后,就可以通过建模求解其几何变换纠正系数,然后,用这些系数将遥感数据校正到标准数据集或地图投影上。本书选择采用多项式纠正法,一般情况下可以选择二阶多项式,其纠正变换方程为:

$$\left. \begin{array}{l} x = a_0 + (a_1 X + a_2 Y) + (a_3 X^2 + a_4 XY + a_5 Y^2) \\ y = b_0 + (b_1 X + b_2 Y) + (b_3 X^2 + b_4 XY + b_5 Y^2) \end{array} \right\} \quad (1-32)$$

式中:x,y为某像元原始影像坐标;X,Y为同名像元的地面(或地图)坐标;a_i,b_i为几何变换纠正系数($i = 0,1,2,3,4,5$)。

所选控制点数量应该在$(2+1)(2+2)/2 = 6$个以上。根据所选控制点坐标值,按最小二乘法原理求得几何变换纠正系数后,就建立起整景影像的几何纠正变换方程。

3) 几何位置纠正变换和灰度插值处理

该几何处理步骤中,包括两个部分:

第一,像元几何位置纠正变换,即利用步骤2)所建立的几何纠正变换方程对原始输入影像进行纠正。纠正方法可分为直接法、间接法两种(图1-12),这两种方法除了考虑影像坐标的出发点不一样外,纠正后影像像元的灰度赋值也不一样。

直接纠正法——直接纠正法又称正解法或直接成图法,它是从原始影像阵列出发,通过纠正公式依次对其中的每一个像元 $p(x,y)$ 求解其在新影像中的位置 $P(X,Y)$，同时把 $p(x,y)$ 的灰度值移置到 $P(X,Y)$ 位置上去。纠正方程为：

$$\left. \begin{array}{l} X = F_x(x,y) \\ Y = F_y(x,y) \end{array} \right\} \quad (1\text{-}33)$$

式中：x,y 为原始影像坐标；X,Y 为纠正后影像阵列，F_x,F_y 分别为间接法所采用的横、纵坐标纠正变换函数。经过纠正后各像元的 (X,Y) 不再按规则格网排列，必须经过重采样，将不规则排列的离散灰度阵列变换为规则排列的像元灰度阵列，也称灰度重配置。

间接纠正法——间接纠正法又称反解法或重采样成图法，它从空白的输出影像阵列出发，按行列顺序依次计算每个像元 $P(X,Y)$ 在原始影像中的位置 $p(x,y)$，然后，将 $p(x,y)$ 位置上的灰度值填充到纠正后影像像元 $P(X,Y)$ 上。纠正变换方程为：

$$\left. \begin{array}{l} x = g_x(X,Y) \\ y = g_y(X,Y) \end{array} \right\} \quad (1\text{-}34)$$

式中：x,y 为原始影像坐标；X,Y 为纠正后影像阵列；g_x,g_y 分别为间接法所采用的横、纵坐标纠正变换函数，它们分别与直接纠正法中所采用的纠正变换函数 F_x 和 F_y 互为逆运算。

由于计算所得的 $p(x,y)$ 不一定刚好位于原始影像的某个像元中心位置上，因此，必须进行内插确定灰度值，即进行灰度重采样。

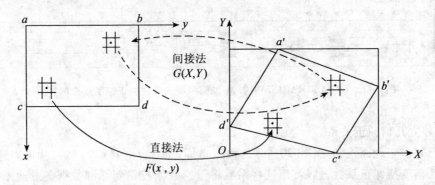

图 1-12 直接纠正法与间接纠正法

第二，选择合适的像元插值方案对影像进行重采样处理。目前常见的重采样方案主要有三种，分别是最邻近法（Nearest Neighbor, NN）、双线性法（Bi-Linear, BL）和三次卷积法（Cubic Conbolution, CC）。

最邻近法——该方法最简单，它只需将最靠近输入像元的灰度值直接作为输入像元的灰度值即可。该方法的突出优点是计算简单，不改变像元亮度值的大小，适用范围比较广。缺点主要为，当影像上包含细节的灰度值在相距一个像元发生很大改变时，该方法就会带来很大的人为误差。

双线性法——使用输入像元周围 4 邻域像元值进行线性内插即可。具体算法是：取输入像元 $p(x,y)$ 周围的 4 邻域像元值，在 y 方向（或 x 方向）内插两次，然后在 x 方向（或 y 方向）内插一次，从而得到 p 点的像元亮度值，因此叫双线性内插法。与最邻近法相比，双线性法算法略微复杂一点，效果基本让人满意，但是，这种方法最大的不足是改变了原始像元值的大小。

三次卷积法——使用内插点周围的16个观测点的像元值,用三次卷积函数对所求像元值进行内插即得待求像元值。该方法的基本思想是,增加邻域像元来获得最佳的插值函数。具体算法是:取与输入像元 $p(x,y)$ 周围邻域的16个像元,与双线性法类似,可先在某一方向上内插,如先在 x 方向上,每4个值依次内插4次,再根据这四个计算结果在 y 方向内插,得到 p 点的像元亮度值。三次卷积法是三种重采样方案中最复杂、运算量最大的方法,但相应内插精度也高一些。与双线性法一样,这种方法也改变了原始像元值的大小。

在上述三种重采样方案中,最邻近法计算量最小,内插精度较低,但边缘平滑影响最小,处理后的影像亮度值具有不连续性;双线性法的精度和计算量居于最邻近法和三次卷积法之间,带有一定程度的低通滤波效果,会对边缘起到一定的平滑作用;三次卷积法内插精度较高,有一定的边缘增强能力,但运算量较大。实际应用中,几何变形不太严重时,采用最邻近法和双线性插值的情况多一些,因为,这样可以减少计算量,但变形比较严重时,更倾向于采用三次卷积法。

在定量遥感研究中,一般不建议采用双线性内插法、三次卷积内插法这两种方案。因为这两种方案在根据邻域像元值进行插值处理时,对原始像元值的改变,常常导致丢失有价值的光谱信息,而最邻近法计算效率高,在重采样过程中,没有改变像元的亮度值。在对不同类型植被、地质边界或湖水中不同的浊度、叶绿素浓度或温度进行定量分析时,常常要利用亮度值的这种细微变化。因此,当要从遥感数据中提取生物物理信息时,最受青睐的还是最邻近重采样法。

4. 精度分析验证

控制点的数量多少、分布是否均匀合理、选择是否准确以及几何纠正变换数学模型能否很好地反映几何畸变过程,都会对几何精校正的精度产生重要影响,因此,必须通过精度分析验证,找出精度不理想的原因,并有针对性地进行改进,然后,再重新进行几何精纠正,重复这一过程,直至误差在容许范围内,即满足精度要求为止。

1.4 几种常用卫星及其传感器

传感器是远距离感测地物环境辐射或反射电磁波的仪器,与遥感平台、地面站等共同构成遥感系统。在本书各章节中,要涉及几种常用的传感器,为了便于理解,这里先简要介绍这几种卫星(Landsat,NOAA,SeaStar,Terra,Aqua)及其传感器(TM/ETM+,AVHRR,SeaWiFS,MODIS,ASTER)。

1.4.1 Landsat 卫星系列及其 TM/ETM+ 传感器

Landsat 卫星系列属于太阳同步极轨卫星,其运行轨道高度和倾角分别为 750km 和 98.2°,重访周期为 16 天。自 1972 年发射第一颗 Landsat 卫星后,美国 NASA 共发射了 7 颗 Landsat 系列卫星,已连续观测地球 35 年(表 1-4)。最后一颗 Landsat-7 卫星也于 1999 年 4 月 15 日发射成功,此后,将不再发射 Landsat 系列后续卫星。为保证数据资源的连续性,探测器 ETM+ 与其他传感器一起搭载在其他卫星上。如 EO-1(Earth Observing-1)卫星上就搭载有 ETM+ 的改进型——ALI(Advanced Land Imager)。Landsat 系列卫星搭载的传感器有四种：RBV（Return Beam Vidicon）、MSS（Multispectral Scanner）、TM（Thematic Mapper）和 ETM+（Enhanced Thematic Mapper Plus）。这里仅针对目前应用广泛的 TM／ETM+ 进行介绍，其波段设置参见表 1-5。

表 1-4　　　　　　　　　　Landsat 系列卫星发射和退役时间表

Landsat	1	2	3	4	5	6	7
发射日期	1972.7.23	1975.1.22	1978.3.5	1982.7.16	1984.3.1	1993.10.5	1999.4.15
退役日期	1978.1.6	1982.2.5	1983.3.31	2001.6.15	运行	失败	运行
探测器	RBV MSS	RBV MSS	RBV MSS	MSS TM	MSS TM	ETM	ETM+

表 1-5　　　　　　　　TM/ETM+ 传感器波段分布及其空间分辨率

波段	波段范围/μm	空间分辨率/m TM/ETM+
蓝	0.450~0.515	30×30 / 30×30
绿	0.525~0.605	30×30 / 30×30
红	0.630~0.690	30×30 / 30×30
红外	0.750~0.900	30×30 / 30×30
近红外	1.55~1.75	30×30 / 30×30
热红外	10.40~12.50	120×120 / 60×60
短波红外	2.08~2.35	30×30 / 30×30
全色	0.52~0.90	-- / 15×15

由表 1-5 不难看出，ETM+ 与 TM 相比，主要做了如下几个方面的改进：

(1) 新增加了一个全色（panchromatic，PAN）波段，空间分辨率为 15m，从而增加了数据传输率；

(2) 采用双增益技术将远红外波段（第 6 波段）的空间分辨率提高到了 60m，当然也不可避免地增加了数据传输率；

(3) 星上辐射校正有所改进，改进后的太阳定标器使卫星的辐射定标误差小于 5%，其精度要比 Landsat-5 约高出一倍。

不同的波段，在实际应用中往往会有不同的用途，因 TM／ETM+ 波段分布基本相同，这里仅就 TM 的各个波段给予简单介绍，见表 1-6。

表 1-6 Landsat-4、5 TM 各光谱波段的特征及其相关应用

第 1 波段:0.45~0.52μm(蓝光)。该波段位于水体衰减系数最小,散射最弱的波区(0.45~0.55μm),对水体的穿透能力较强,同时,可以支持土地利用、土壤和植被特征的分析。该波段也是绿色植物叶绿素的吸收区(0.45~0.52μm),对叶绿素及其浓度变化反应敏感,对常绿与落叶植被的识别、土壤与植被的区分、植物胁迫的探测都很有用。

第 2 波段:0.52~0.60μm(绿光)。该波段跨蓝光和红光这两个叶绿素吸收波段之间的区域,对健康植物的绿光反射敏感,可用于识别植物类别和评价植物生产力;对水体仍有一定的穿透能力。

第 3 波段:0.63~0.69μm(红光)。这是健康绿色植被叶绿素吸收波段,可以用于区分植被,也可以用来提取土壤和地质边界信息。由于该波段的大气衰减效应较低,为可见光最佳波段。这一波段与第 1、2 波段相比,表现出更强的反差。该波段对水体穿透能力较弱。

第 4 波段:0.76~0.90μm(近红外)。该波段的低端正好在 0.75μm 以上,对植被的类别、密度、病虫害等有很好的响应,可用于植物识别分类、生物量调查及作物长势测定,为植被探测通用波段;水体吸收很强,可用于区分土壤湿度、寻找地下水等。

第 5 波段:1.55~1.75μm(近红外)。该波段位于水汽的吸收波区(1.4μm、1.9μm)之间,受两个吸收带控制,对植物中水分的含量很敏感;是少数能区分云、雪和冰的波段之一;该波段信息量较大,利用率较高。

第 6 波段:10.4~12.5μm(热红外)。这个波段主要用于探测热辐射差异,对于确定地热活动、地质调查中的热惯量制图、植被分类、植被胁迫分析和土壤湿度研究都很有用。该波段常常能捕获到山区坡向的差异信息。

第 7 波段:2.08~2.35μm(近红外)。这个波段位于水汽的两个吸收波区(1.9μm、2.7μm)之间,对植物水分敏感;包含了黏土化蚀变矿物吸收谷(2.2μm 附近)及碳酸盐化蚀变矿物吸收谷(2.35μm 附近),是区分地质岩层的重要波段,对鉴别岩石中的水热蚀变带很有效。

1.4.2 NOAA 卫星系列及其 AVHRR 传感器

NOAA 是美国海洋大气局(National Ocean and Atmospheric Administration, NOAA)第三代太阳同步极轨环境业务卫星(Polar-orbiting Operational Environmental Satellites, POES)系列,采用双星运行体制,其中 1 颗星的降交点地方时为上午,另 1 颗星为下午。如采用 1 颗星,其地面重复观测周期为 1 天;采用双星制后,可缩短至 0.5 天(12 小时);它们与地球静止轨道环境业务卫星(Geostationary Operational Environment Satellites, GOES)相配合,构成完整的气象监测卫星系统。

1960 年美国发射第一颗实验型气象卫星,40 多年以来,已经有多颗实验型或业务型气象卫星进入不同的观测轨道。自 1970 年 12 月第 1 颗 NOAA(NOAA-1)发射成功之后,NOAA 卫星的发展历时 30 多年,已经历了三代,共发射了 18 颗 NOAA 气象监测卫星。第三代业务卫星极轨气象卫星系列的第一颗卫星为 1979 年 6 月发射的 NOAA-6(运行前称 NOAA-A),最近 1 颗 NOAA-18(N)于 2003 年 10 月 17 日发射(见表 1-7)。下午轨道卫星 NOAA-N′计划将于 2008 年发射。

表1-7　　　　　　　　　　　　NOAA卫星系列发射和退役时间表

卫星号	发射时间	退役时间	卫星号	轨道	发射时间	退役时间
NOAA-1（ITOS-A）	1970.11.11	1971.8.49	NOAA-10(G)		1986.9.17	1991.9.17 2001.8.30
NOAA-2（ITOS-D）	1972.10.15	1975.1.30	NOAA-11(H)		1988.9.24	1994.9.13
NOAA-3	1973.11.6	1976.8.31	NOAA-12(D)		1991.5.14	运行
NOAA-4（ITOS-G）	1974.11.15	1978.11.18	NOAA-13(I)		1993.8.9	1993.8.21
NOAA-5（ITOS-H）	1976.7.29	1979.7.16	NOAA-14(J)	下午轨道	1994.12.30	运行
NOAA-6	1979.6.27	1987.3.31	NOAA-15(K)	上午轨道	1998.5.13	运行
NOAA-7	1981.6.23	1986.6.7	NOAA-16(L)	下午轨道	2000.9.21	运行
NOAA-8(E)	1983.3.28	1985.12.29	NOAA-17(M)	上午轨道	2002.6.24	运行
NOAA-9(F)	1984.12.12	1998.2.13	NOAA-18(N)	下午轨道	2005.5.20	运行

　　高级甚高分辨率辐射计(Advanced Very High Resolution Radiometer, AVHRR)是甚高分辨率辐射计的改进型,是搭载在NOAA业务气象卫星系列上的传感器。它的主要特点是:观测的波段数有5个(NOAA-6、8、10卫星的AVHRR传感器只有4个波段,见表1-8),仪器采用数字传输方式,提高了发送速率和抗干扰能力,加强了星上资料处理功能,,AVHRR传感器的星下点空间分辨率为1.1km,刈幅宽度为2700km。从NOAA-15开始,AVHRR波段数从5个增加到6个,波段范围也略有变化(参见表1-8)。该传感器主要用以接收地表、云层等对不同波长辐射的反射,表1-8为各个通道对应的波长及其用途。观测波段的增加,扩大了资料的信息和应用范围,使气象卫星不再局限于气象领域的应用,而且在农业、水文、林业、海洋、地质、地理等领域的应用也越来越广泛。

表1-8　　　　　　　　　　　　NOAA卫星系列AVHRR特征参数

波段号	NOAA-6、8、10 AVHRR(1) /μm	NOAA-7、9、11~14 AVHRR(2) /μm	NOAA-15~17 AVHRR(3) /μm	主要用途
1	0.580~0.68	0.580~0.68	0.580~0.68	白天的云、雪、冰和植被制图,用于计算NDVI
2	0.725~1.10	0.725~1.10	0.725~1.10	水陆边界,冰、雪和植被制图,用于计算NDVI

续表

波段号	NOAA-6、8、10 AVHRR(1) /μm	NOAA-7、9、11~14 AVHRR(2) /μm	NOAA-15~17 AVHRR(3) /μm	主要用途
3	3.55~3.93	3.55~3.93	3A:1.58~1.64 3B:3.55~3.93	热目标(火山,森林火灾)监测,夜间云制图
4	10.50~11.50	10.30~11.30	10.30~11.30	白天/夜间云和地表温度制图
5	无	11.50~12.50	11.50~12.50	云和地表温度,白天和夜间云制图,消除大气中的水汽程辐射

1.4.3 SeaStar 卫星及其 SeaWiFS 传感器

SeaStar 卫星与上述卫星相同,属于太阳同步极轨卫星,轨道高度为 705km,轨道倾角为 98.2°,经过降交点的当地时间为 12:00,覆盖宽度可达 2800km,扫描倾角为 ±20°。SeaStar 于 1997 年 8 月 1 日发射成功,因为上面搭载有第二代海洋水色传感器——宽视场海洋观测传感器(Sea-viewing Wide Field-of-view Sensor,SeaWiFS)而享誉世界水色遥感研究领域。SeaStar 卫星具有多种工作模式:正常工作模式(数据)、应急工作模式(遥测)、日光校准模式以及月光校准模式等 4 种。

SeaWiFS 由美国 Hughes/SBRC 公司制造,是美国继海岸带水色扫描仪(Coastal Zone Color Scanner,CZCS)之后发射的第二台海洋水色传感器,波段的设置和参数主要是根据海水的光谱吸收特性、大气圈外的辐照度、大气成分的穿透系数和 CZCS 水色遥感的经验,其主要参数与特性见表 1-9。SeaWiFS 是对地观测系统(Earth Observing System,EOS)计划的组成部分之一,主要用于探测水色要素和大气成分,其主要科学目的为:

(1)调查影响全球变化的海洋因素,评价海洋在全球碳循环中的作用,以及在其他生物地理化学循环中的作用;

(2)弄清全球海洋浮游植物所生产的初级生产力和叶绿素浓度及其变化,确定春季浮游植物大量繁殖的时空分布;

(3)积累海洋水色探测的科学和技术经验,为 EOS 今后探测发展提供借鉴。

SeaWiFS 资料在海洋上的研究和应用很广,主要体现在全球变化、海洋环境监测、海洋生物资源开发、沿岸应用、海洋科学研究等方面。为了有针对性地对 SeaWiFS 数据资料进行处理,SeaWiFS 项目组开发了 SeaDAS(SeaWiFS Data Analysis System)、SeaBASS(SeaWiFS Bio-optical Archive and Storage System)等软件。

表1-9　　　　　　　　　　SeaWiFS传感器的主要参数与特性

仪器参数			
波段号	中心波长/nm	波段宽/nm	监测内容
1	412	20	黄色物质、水体污染
2	443	20	叶绿素
3	490	20	色素、水深
4	510	20	叶绿素、水深
5	555	20	黄色物质、泥沙
6	670	20	气溶胶、泥沙、水体污染
7	765	40	气溶胶、泥沙
8	865	40	气溶胶

传感器精度	
瞬时视场	1.6mrad × 1.6mrad
天底点	1100m × 1100m
扫描角	±58.3°(LAC), ±45°(GAC)
瞬时角	1.58mrad

1.4.4　Terra、Aqua卫星及其MODIS、ASTER传感器

1. EOS卫星系列

对地观测系统(EOS)是美国行星地球使命计划(Mission to Planet Earth,MTPE)的核心部分,它由一系列对陆地表面、生物圈、大气层和海洋进行长期观测的极轨卫星组成(参见表1-10)。Terra(EOS-AM1)和Aqua(EOS-PM1)都是EOS系统中的卫星(表1-11)。

表1-10　　　　　　　　　　　　EOS探测计划

卫星	发射时间	探测内容
地球观测系统上午平台	1999年12月18日	云、气溶胶和辐射平衡,地球生态系统特征
地球观测系统下午平台	2002年5月4日	云的形成、降水、辐射特性、大气温度、湿度、海水
冰、云和陆地地形卫星	2003年1月13日	冰的形态、云的性质和陆地地形
太阳辐射和气候实验卫星	2003年1月25日	太阳的总辐射率和谱辐射率
地球观测系统的化学计划	2004年7月15日	大气化学成分和动力学过程、化学、气候交互作用、大气-海洋间化学和能量交换

表 1-11　　Terra 和 Aqua 的基本参数

卫星	Terra	Aqua
降交点	上午 10:30	下午 1:30
星载传感器	MODIS、MISR、CERES、MOPITT、ASTER	CERES、MODIS、AIRS、AMSU-A、HSB、MSR-E
设计寿命(年)	5	6
重量/kg	5190	2934
尺寸/m	3.5×3.5×6.8	2.68×2.49×6.49
轨道,高度,周期,重访周期	太阳同步,705km,98.9min,16d	

1) Terra 卫星

Terra(EOS-AM1)卫星发射于 1999 年 12 月 18 日,是美国国家宇航局(National Aeronautics and Space Administration,NASA) EOS 计划中总数为 15 颗卫星中的第一颗卫星,也是第一个对地球过程进行整体观测的系统,是美国、日本和加拿大联合实施的。其主要目标是实现从单系列极轨空间平台上对太阳辐射、大气、海洋和陆地的综合观测,获取有关海洋、陆地、冰雪圈和太阳动力系统等信息,进行土地利用/土地覆盖研究、气候季节和年际变化研究、自然灾害监测和分析研究、长期气候以及大气臭氧变化研究等,实现对地球环境变化的长期观测和研究,以便于了解地球气候和环境作为一个整体的相互作用。

Terra(EOS-AM1)卫星上共搭载有 5 个传感器装置,分别为云与地球辐射能量系统(Clouds and the Earth's Radiant Energy System,CERES)、中分辨率成像光谱仪(Moderate Resolution Imaging Spectroradiometer,MODIS)、多角度成像光谱仪(Multi-angle Imaging Spectroradiometer,MISR)、先进星载热辐射与反射辐射计(Advanced Spaceborne Thermal Emission and Reflection Radiometer,ASTER)和对流层污染测量仪(Measurements of Pollution in the Troposphere,MOPITT)。其中,卫星和 CERES、MISR、MODIS 三种传感器是美国制造的,ASTER 装置由日本的国际贸易和工业部门提供,MOPITT 装置由加拿大的多伦多大学生产。装载的这 5 种传感器能同时采集地球大气、陆地、海洋和太阳能量平衡信息。

CERES 为宽频带扫描辐射计,能提供较精确的海洋-大气能量关系模型的基本参数——云和辐射通量测量实验数据,有利于大范围天气预报,还可用于气候变化分析。MODIS 的工作波长范围为 400~1440nm,共分 36 个波段,空间分辨率为 0.25~1km,是迄今光谱分辨率最高的星载传感器,对陆地、海洋温度场测量、海洋洋流、全球土壤湿度测量、全球植被填图及其变化监测有重大意义。MISR 由 9 个 CCD 摄像机组成,分别沿 9 个方向(9 个角度分别为 0°、±26.1°、±45.6°、±60.0°和±70.5°)探测,弥补了迄今的大多数卫星传感器只有垂直向下或侧向探测地表的能力的不足,对于全球变化研究中需要采集自然条件下太阳光不同方向上的散射能量有实际意义。MOPITT 的主要功能是用于精确测量大气化学成分,主要是测量 CO 的廓线和 CH_4 的总量,其空间分辨率为 22km,时间频率为 3 天。ASTER 在可见光与近红外波区(Visible and Near-Infrared,VNIR)的空间分辨率达 15m,是迄今空间分辨率最高的多光谱数据,具有两个方向的立体成像能力,探测地表成分和制图综合的能力优于 TM 和 SPOT 数据。ASTER 具有变焦改变比例尺功能,该功能对于动态变化监测、匹配标定验证以及地面研究也很重要。

2) Aqua 卫星

Aqua(EOS-PM1)卫星发射于 2002 年 5 月 4 日,是美国宇航局发射的第二颗 EOS 系列卫星。其主要使命是对地球海洋、大气层、陆地、冰雪覆盖区域以及植被等展开综合观测,搜集全球降雨、水蒸发、云层形成、洋流等水循环活动数据。这些数据有助于更深入地研究地球水循环和生态系统的变化规律,从而加深对地球生态系统与环境变化之间相互作用关系的理解。该卫星还可以对地球大气层温度和湿度、海洋表面温度、土壤湿度等变化进行更精确的测量,以提供更准确的天气预报。总的来看,Aqua 卫星的任务与 Terra 相似,但增加了对大气的观测力度,特别适用于对地球季节性和跨年时间尺度气候变化的研究。此外,美国还陆续发射了 EOS 后续观测卫星,如 2004 年 7 月 15 日发射的 Aura 等。未来的几年里,NASA 还会发射几颗其他卫星,利用遥感技术的新发展,对 Terra 采集的信息进行补充。

Aqua 卫星上搭载有 6 个传感器:云与地球辐射能量系统测量仪(Clouds and the Earth's Radiant Energy System, CERES)、中分辨率成像光谱仪(Moderate Resolution Imaging Spectroradiometer, MODIS)、大气红外探测器(Atmospheric Infrared Sounder, AIRS)、高级微波探测元件(Advanced Microwave Sounding Unit-A, AMSU-A)、巴西湿度探测器(Humidity Sounder for Brazil, HSB)和地球观测系统高级微波扫描辐射计(Advanced Microwave Scanning Radiometer for EOS, AMSR-E)。

AIRS 噪声量级低(0.2K,70% 的通道噪声小于 0.2K,20% 的小于 0.1K)、光谱覆盖范围宽达 3.7~15.4μm,共有 2047 个有效红外光谱通道,补充了 4 个可见光/近红外成像通道,主要测量大气温度和湿度、地表和洋面温度、云特性、辐射能量通量以及温室气体含量,可用于改进天气预报,判断全球水文循环是否加速,并且能探测温室气体效应,甚至可探测全球的大气廓线。AMSU-A 由两个传感器 AMSU-A1 和 AMSU-A2 组成,共 15 个波段(15~89GHz),空间分辨率为 50km,用于探测大气中不同高度的温度、水分蒸发的状态、大气温度廓线、降水、海冰、雪盖和大气湿度廓线等。HSB 在 150~183GHz 范围内有 5 个波段,其中 4 个是微波水汽探测通道,主要用于获取云和大气湿度数据。AMSR-E 在 6.9~89GHz 范围内共有 6 个波段,用于探测降水量、水蒸发量、海面风、洋面温度、陆地表层水汽含量等参数。该传感器最大的成功在于外部定标设计,已经证明适用于其他卫星微波仪器,有利于用来长期监测温度及其他变量的微小变化。AIRS、AMSU-A 和 HSB 代表了当今空间科学中最先进的探测系统,可揭示大气中天气系统的垂直结构问题。

2. MODIS 和 ASTER 传感器

由于本书应用实例中涉及 ASTER 和 MODIS 数据,这里具体介绍这两种传感器的波段设置及用途等特性。

1) MODIS

MODIS(中分辨率成像光谱仪)沿用的是传统的成像辐射计的设计思想,由横向扫描镜、光收集器件、一组线性探测器阵列和位于 4 个焦平面上的光谱干涉滤色镜所组成。这种光学设计可为地学应用提供 0.4~14.5μm 之间的 36 个离散波段的影像,星下点空间分辨率为 250m、500m 或 1000m,刈幅度为 2330km,其中 1~19 和 26 通道为可见光和近红外通道,其余 16 个通道为热红外通道,详细参数见表 1-12。

MODIS 是海岸带水色扫描仪(CZCS)、宽视场海洋观测传感器(SeaWiFS)、甚高分辨率扫描辐射计(AVHRR)、高分辨率红外分光计(HIRS)和专题制图仪(TM)等的延续。具有较高的信噪比,可连续提供每两天地球上任何地方白天反射辐射和白天／昼夜的发射辐射数据,包括对地球陆地、海洋和大气观测的可见光和红外波谱数据,其主要用途是对地球的各个圈层(包括大气圈、水圈、土圈、生物圈以及人类活动等)进行一日4次的观测(上、下午和上、下半夜),获取研究地球各个圈层的变化规律所需的科学数据。MODIS 的目标是构造包括大气、海洋和陆地三个方面的全球动力模型:

大气方面——MODIS 可用于监测大气痕量气体、云量、云类型、太阳辐射和对流层气溶胶等大气特性的变化,从而提供对当前最重要的社会生态学问题之一——气候变化进行研究的数据。MODIS 在大气科学中的应用涉及:大气可降水量、云粒子、云边界、云顶温度与高度、大气温度、O_3 含量和气溶胶分布等多种大气参数。

海洋方面——MODIS 作为 CZCS、SeaWiFS 等的延续,其海洋应用也很广泛,主要涉及海面温度(Sea Surface Temperature,SST)、海表出射长波辐射、海表悬浮颗粒物浓度、海表叶绿素浓度等多种海洋水色信息、海洋地理生化信息和各种环境变量。

陆地方面——MODIS 在陆地科学的应用涉及土地利用／地面覆盖变化、植被指数、地表温度、旱涝灾害监测、雪盖监测、荒漠化监测等,它可以提供三种类型的陆地产品:辐射收支变量(地表反射、地表温度(Land Surface Temperature,LST)和发射率、冰雪覆盖、二向性反射分布函数(Bidirectional Reflectance Distribution Function,BRDF)与反照率)、生态系统变量(植被指数(VI)、叶面积指数(LAI)和部分光合有效辐射(FPAR)、植被产品,净初级生产力(NPP)、蒸发蒸腾与表面阻抗)、土地覆盖变量(火点与热异常、土地覆盖、植被覆盖变化、土地利用变化)。

可见,MODIS 是一个真正的多学科综合观测传感器,利用它可获得对地球表面和低层大气全球动力过程的进一步认识;可获得当代国际地球科学、环境科学、生态学、气象学、海洋学、土地科学、自然资源学、自然灾害学、农学、林学、草地学等多学科创新、生态环境监测以及国家可持续发展研究与决策中重要的基础数据资源,是 EOS 卫星实施全球变化研究的基本工具。

表 1-12   MODIS 波段分布和主要应用

波段号	空间分辨率/m	波段宽度/μm	频谱强度	主要应用	信噪比
1	250	0.620~0.670	21.8	植被叶绿素吸收	128
2	250	0.841~0.876	24.7	云和植被覆盖变换	201
3	500	0.459~0.479	35.3	土壤植被差异	243
4	500	0.545~0.565	29.0	绿色植被	228
5	500	1.230~1.250	5.4	叶面/树冠差异	74
6	500	1.628~1.652	7.3	雪/云差异	275
7	500	2.105~2.155	1.0	陆地和云的性质	110
8	1000	0.405~0.420	44.9	叶绿素	880

续表

波段号	空间分辨率/m	波段宽度/μm	频谱强度	主要应用	信噪比
9	1000	0.438~0.448	41.9	叶绿素	838
10	1000	0.483~0.493	32.1	叶绿素	802
11	1000	0.526~0.536	27.9	叶绿素	754
12	1000	0.546~0.556	21.0	悬浮物	750
13	1000	0.662~0.672	9.5	悬浮物,大气层	910
14	1000	0.673~0.683	8.7	叶绿素荧光	1087
15	1000	0.743~0.753	10.2	气溶胶性质	586
16	1000	0.862~0.877	6.2	气溶胶/大气层性质	516
17	1000	0.890~0.920	10.0	云/大气层性质	167
18	1000	0.931~0.941	3.6	云/大气层性质	57
19	1000	0.915~0.965	15.0	云/大气层性质	250
20	1000	3.660~3.840	0.45	洋面温度	0.05
21	1000	3.929~3.989	2.38	森林火灾/火山	2.00
22	1000	3.929~3.989	0.67	云/地表温度	0.07
23	1000	4.020~4.080	0.79	云/地表温度	0.07
24	1000	4.433~4.498	0.17	对流层温度/云片	0.25
25	1000	4.482~4.549	0.59	对流层温度/云片	0.25
26	1000	1.360~1.390	6.00	红外云探测	150
27	1000	6.535~6.895	1.16	对流层中层湿度	0.25
28	1000	7.175~7.475	2.18	对流层中层湿度	0.25
29	1000	8.400~8.700	9.58	表面温度	0.05
30	1000	9.580~9.880	3.69	臭氧总量	0.25
31	1000	10.78~11.280	9.55	云/表面温度	0.05
32	1000	11.77~12.270	8.94	云高和表面温度	0.05
33	1000	13.18~13.485	4.52	云高和云片	0.25
34	1000	13.48~13.785	3.76	云高和云片	0.25
35	1000	13.78~14.085	3.11	云高和云片	0.25
36	1000	18.08~14.385	2.08	云高和云片	0.35

2）ASTER

ASTER 传感器是搭载在 Terra 卫星上的一台宽波段扫描辐射计。ASTER 计划由日本发起,并与美国联合实施。ASTER 计划的主要应用目的有:

(1)进行详细的地貌制图,以促进地球表面构造地质现象和地质历史的研究;
(2)了解植被的分布和变化;
(3)通过表面温度的制图进一步了解地球表面和大气之间的交互作用;
(4)通过对火山活动的监测,评价火山气体喷射对大气的影响;
(5)了解气溶胶特性对大气和云种类的作用;
(6)通过珊瑚礁的全球分布制图和分类来了解珊瑚礁在氮循环中的作用。

ASTER 传感器有三个独立的子系统,分别覆盖可见光/近红外(Visible and Near Infrared, VNIR)、短波红外(Short Wavelength Infrared, SWIR)、热红外(Thermal Infrared, TIR),共有 14 个波段,第 1 至第 3 波段位于可见光/近红外部分,空间分辨率为 15m,量化等级为 8bit;第 4 至第 9 波段位于短波红外部分,空间分辨率为 30m,量化等级为 8bit;第 10 至第 14 波段位于热红外部分,地面分辨率为 90m,量化等级为 12bit,主要技术参数见表 1-13。

表 1-13　　ASTER 传感器基本技术参数

波区	波段	波段范围/μm	空间分辨率/m	量化等级/bit
VNIR	1	0.52 ~ 0.60	15	8
	2	0.63 ~ 0.69		
	3N	0.78 ~ 0.86		
	3B	0.78 ~ 0.86		
SWIR	4	1.60 ~ 1.70	30	8
	5	2.145 ~ 2.185		
	6	2.185 ~ 2.225		
	7	2.235 ~ 2.285		
	8	2.295 ~ 2.365		
	9	2.36 ~ 2.43		
TIR	10	8.125 ~ 8.475	90	12
	11	8.475 ~ 8.825		
	12	8.925 ~ 9.275		
	13	10.25 ~ 10.95		
	14	10.95 ~ 11.65		

ASTER 数据的应用范围比较广泛,能提供地表和云的高分辨率多光谱影像,帮助我们了解影响气候变化的物理过程,主要用途是深入了解包括地表和大气的相互作用在内的地球表面或近地面以及较低大气层发生的各种局部和区域尺度过程。该类影像填补了 MODIS 和 MISR 野外观测数据之间的空白,还能用于长期观测地球表面、全球气候变化、土地利用/地面覆盖变化,乱砍滥伐,沙漠化、湖泊和河滩的水平面变化,植被、火山和冰雪等

变化等。

参 考 文 献

[1] 北京大学大气物理学编写组. 大气物理学. 北京:气象出版社,1987.
[2] 常庆瑞,蒋平安,周勇,申光荣,李瑞雪,赵鹏祥等. 遥感技术导论. 北京:科学出版社,2004.
[3] 陈述彭. 遥感大词典. 北京:科学出版社,1990.
[4] 戴昌达,姜小光,唐伶俐. 遥感图像应用处理与分析. 北京:清华大学出版社,2004.
[5] 党安荣,王晓栋,陈晓峰,张建宝. ERDAS IMAGINE 遥感图像处理方法. 北京:清华大学出版社,2003.
[6] 邓良基. 遥感基础与应用. 北京:中国农业出版社,2003.
[7] 冯晓明,赵英时,陈永康. MISR 宽波段反照率反演及其与大气关系研究. 国土资源遥感,2003,58(4):22-25.
[8] 黄韦艮,张鸿翔. 美国 SeaStar 海洋水色卫星简介. 国土资源遥感,1995,23(1):41-44.
[9] 焦维新. 空间探测. 北京:北京大学出版社,2002.
[10] Jensen,J.R. 著[美]. 遥感数字影像处理导论. 陈晓玲等译. 北京:机械工业出版社,2006.
[11] 柯劳斯 E.B. 著[英]. 大气和海洋的相互作用. 北京:科学出版社,1979.
[12] 李德仁. 对地观测与地理信息系统[J]. 地球科学进展,2001,16(5):689-703.
[13] 李海涛,田庆久. ASTER 数据产品的特性及其计划介绍. 遥感信息,2004,03:53-55.
[14] 李静. ASTER 项目简介[J]. 遥感技术与应用,1997,12(1):68-70.
[15] 李小文,汪骏发,王锦地,柳钦火. 多角度与热红外对地遥感. 北京:科学出版社,2001.
[16] 刘长盛,刘文保. 大气辐射学. 南京:南京大学出版社,1990.
[17] 刘闯,葛成辉. EOS 的卫星、遥感器及其数据产品[J]. 中国图像图形学报(应用版),2001,(5):5-12.
[18] 刘慧平,秦其明,彭望录,梅安新. 遥感实习教程. 北京:高等教育出版社,2001.
[19] 柳健,彭复员. 一种遥感图像几何校正的方法. 华中工学院学报,1984,12(1):87-92.
[20] 刘玉洁,杨忠东等. MODIS 遥感信息处理原理与算法. 北京:科学出版社,2001.
[21] 梅安新,彭望琭,秦其明,刘慧平. 遥感导论. 北京:高等教育出版社,2001.
[22] 倪金生,李琦,曹学军. 遥感与地理信息系统基本理论和实践. 北京:电子工业出版社,2004.
[23] 彭望琭,白振平,刘湘南,曹彤. 遥感概论. 北京:高等教育出版社,2002.
[24] 钱乐祥等. 遥感数字影像处理与地理特征提取. 北京:科学出版社,2004.
[25] 盛裴轩,毛节泰,李建国,张霭琛,桑建国,潘乃先. 大气物理学. 北京:北京大学出版社,2003.
[26] 孙家抦. 遥感原理与应用. 武汉:武汉大学出版社,2003.
[27] 孙枢. 对我国全球变化与地球系统科学研究的若干思考[J]. 地球科学进展,2005,20(1):6-10.

[28] 汤国安,张友顺,刘咏梅等.遥感数字图像处理.北京:科学出版社,2004.
[29] 万发贯,柳健,冯文灏.遥感图像数字处理.武汉:华中理工大学出版社,1991.
[30] 王建,潘竟虎、王丽红.基于遥感卫星图像的 ATCOR2 快速大气较正模型及应用[J]. 遥感技术与应用,2002,17(4):193-197.
[31] 王毅.国际新一代对地观测系统的发展.地球科学进展.2005,20(9):980-989.
[32] 魏益鲁.遥感地理学.青岛:青岛出版社,2002.
[33] 吴北婴等.大气辐射传输实用算法.北京:气象出版社,1998.
[34] http://modis.whu.edu.cn/
[35] 徐瑞松,马跃良,何在成.遥感生物地球化学.广东:广东科技出版社,2003.
[36] 徐希孺.遥感物理.北京:北京大学出版社,2005.
[37] 尹宏.大气辐射学基础.北京:气象出版社,1993.
[38] 张良培,张立福.高光谱遥感.武汉:武汉大学出版社,2005.
[39] 章孝灿,黄智才,赵元洪.遥感数字图像处理.浙江:浙江大学出版社,1997.
[40] 张永生.遥感图像信息系统.北京:科学出版社,2000.
[41] 赵英时等.遥感应用分析原理与方法.北京:科技出版社,2003.
[42] 郑威,陈述彭.资源遥感纲要.北京:中国科学技术出版社,1995.
[43] 郑伟、曾志远.遥感大气校正方法综述.遥感信息,2004(4):66-70.
[44] 郑伟、曾志远.TURNER 大气校正模型的修正及其应用研究.南京:南京师范大学硕士学位论文,2005.
[45] 总装备部卫星有效载荷及应用技术专业组应用技术分组.卫星应用现状与发展.北京:中国科学技术出版社,2001.
[46] 6S User Guide version2,1997,7.
[47] Alcamo J., Kreileman E. and Leemans R. (eds). Integrated Scenarios of Global change. Global Environmental Change. Perguman Press, London, 1996.
[48] B. STURM and G. ZIBORDI, SeaWiFS atmospheric correction by an approximate model and vicarious calibration. International Journal of Remote Sensing, 2002, 23(3): 489-501.
[49] Bernstein R. Image Geometry and Rectification, Chapter 21 in r. N. Colwell, (Ed.). Manual of Remote Sensing, Bethesda, MD: American Society of Photogrammetry, 1983, 1: 875-881.
[50] Buiten H. J. and Van Putten. B. Quality Assessment of Remote Sensing Registration—Analysisi and Testing of Control Point Residuals, ISPRS Journal of Photogrammetry & Remote Sensing,1997,52:57-73.
[51] Chen XL, Hong-Mei Zhao, Ping-Xiang Li and Zhi-Yong Yin, Remote Sensing Image-based Analysis on the Relationship between Urban Heat Island and Land Use / Cover Change, Remote Sensing of Environment, 104(2), 2006, 133-146.
[52] Chen XL, Yok Shueng Li, Zhigang Liu, Kedong Yin, Zhilin Li, Onyx WH. Wai and Bruce King, Integration of multi-source data for water quality classification in the Pearl River estuary and its adjacent coastal waters of Hong Kong, Continental Shelf Research, 24

(16), 2004, 1827-1843.

[53] Civco D. L. Topographic Normalization of Landsat Thematic Mapper Digital Imagery. Photogrammetric Engineering & Remote Sensing. 1989,55(9):1303-1309.

[54] Coppin P. R. and Bauer M. E., Processing of multi-temporal Landsat TM imagery to optimize extraction of forest cover change features[J]. IEEE Transaction Geoscience Remote Sensing, 1994, 32(4):918-927.

[55] Cracknell A. P. and Hayes L. W., Atmospheric Corrections to Passive Satellite Remote Sensing Data. Chapter 8 in Introduction to Remote Sensing, London: Taylor & Francis, 1993:116-158.

[56] Gibson P. J. and Power C. H. Introductory Remote Sensing: Digital Image Processing and Applications, London: Routledge, 2000:249p.

[57] Haboudane D., Miller J. R., Tremblaly N., Zarco-Tajada P. J. and Dextraze L. Integrated Narrow-band Vegetation Indices for Prediction of Crop Chlorophyll Content for Application to Precision Agriculture[J]. Remote Sensing of Environment. 2002, 81:416-426.

[58] Hall-Konyves K. The topographic Effect on Landsat Data in Gentle Undulating Terrain in Southern Sweden. International Journal of Remote Sensing. 1987,8(2):157-168.

[59] Jesen, J. R., Cowen, D., Narumalani, S., Weatherbee, O. and J. Althausen, Evaluation of CoastWatch Change Detection Protocol in South Carolina, Photogrammetric Engineering & Remote Sensing, 1993,59(6):1039-1046.

[60] Jensen J. R., Botchway K., Brennan-Galvin E., Johannsen C., Juma C., Mabogunje A., Miller R., Price K., Teining P., Skole D., Stancioff A. and Taylor D. R. F., Down to Earth: Geographic Information for sustainable Development in Africa. Washington: National Research Council. 2002.

[61] Jensen, J. R. Introductory Digital Image Processing-A Remote Sensing Perspective(Third Edition). Prentice-Hall Series in Geographic Information Science, 2004.

[62] Jones A. R. Settle J. J. and Wyatt B. K. Use of Digital Terrain Data in the interpretation of SPOT-1 HRV Multispectral Imagery. International Journal of Remote Sensing. 1988:9(4):729-748.

[63] Kaufman Y J., Algorithm for automatic atmospheric correction to visible and near infrared satellite imagery[J]. International Journal of Remote Sensing, 1988, 9(8):1357-1381.

[64] Kaufman Y. J, Tranre D., et al. Strategy for Direct and Indirect Method for correcting the Aerosol Effect on Remote Sensing: from AVHRR to EOS MODIS [J]. Remote Sensing of Environment, 1996(55):65-79.

[65] Kawata Y. Ueno S. and Kusaka T. Radiometric Correction for Atmospheric and Topographic Effects on Landsat MSS Images. International Journal of Remote Sensing. 1988,9(4):729-748.

[66] Kawata Y., Ohtani A., Kusaka T. and Ueno S. Classification Accuracy for the MOS-1 MESSR Data Before and After the Atmospheric Correction. IEEE Transactions on

Geoscience Remote Sensing. 1990, 28:755-760.

[67] Leprieur C. E., Durand J. M. and Peyron J. L. Influence of Topography on Forest Reflectance Using Landsat Thematic Mapper and Digital Terrain Data, Photogrammetric Engineering & Remote Sensing,1988,54(4):491-496.

[68] Marakas G. M. Decision Support Systems in the 21st Century. Upper Saddle River. NJ: Prentice-Hall, 2003.

[69] Mather P. M. TERRA-1: Understanding the Terrestrial Environment (Edited by P. M. Mather. Taylor & Francis. London-Washington, D. C. Remote Sensing end Geographical Information Systems. 1992, 211-219.

[70] Meyer P., Itten K. I., Kellenberger T., Sandmeier S. and Sandmeier R. Radiometric Corrections of Topographically Induced Effects on Landsat TM Data in an Alpine Environment, ISPRS Journal of Photogrammetry and Remote Sensing. 1993. 48(4):17-28.

[71] Richter R., A spatially adaptive atmospheric correction algorithm[J]. International Journal of Remote Sensing, 1996, 17(6):1201-1214.

[72] Shasby M., and Carneggie D. Vegetation and Terrain Mapping in Alaska using Landsat MSS and Digital Terrain Data, Photogrammetric Engineering & Remote Sensing. 1986,52(6):779-786.

[73] Slater P. N., Biggar S. F., et al. Reflectance and radiance-based methods for the inflight absolute calibration of multispectral sensors. Remote Sensing of Environment,1987,22.

[74] Song C., Woodcock C. E., Stoto K. C., Lenney M. P. and Macomber S. A., Classification and Change Detection Using Landsat TM Data: When and How to correct Atmospheric Effects? [J]. Remote Sensing of Environment, 2001,75:230-244.

[75] Strahler A. H., Jupp D. L. B.. Modeling Directional Reflectance of Forests and Woolean Models and Geometric Optics[J]. Remote Sensing of Environment. 1990,34:153-166.

[76] Susskind J C, Barnet J. Blais dell, Retrieval of atmospheric and surface parameters from AIRS/AMSU/HSB data in the presence of clouds [J]. IEEE Transaction on Geoscience. 2003,41(2):309-409.

[77] Teilet P. M., Guindon B. and Goodenough D. G. On the slope-aspect Correction of Multispectral Scanner data. Canadian Journal of Remote Sensing. 1982,8(2):84-106.

[78] Thiemann S. and Hermann K. Lake Water Quality Monitoring Using Hyperspectral Airborne Data-A Semiempirical Multisensor and Multitemporal Approach for the Mecklenburg Lake District, Gremany[J] . 2002,81:228-237.

[79] Tucker C. J., Grant D. M. and Dykstra J. D., NASA's Global Orthorectified Landsat Dataset. Photogrammetric Engineering & Remote Sensing. 2004,70(3):313-322.

[80] Williams D., Correspondence regarding the angular velocity of Landsat satellite 1 to 5 and 7. Greenbelt, MD: NASA Goddard Space Flight Center. 2003.

[81] http://www.ckysitai.cn,2004.

[82] http://satellite.cma.gov.cn/eos/satellite.html,2004.

[83] http://www.lasertech.cn/content/view/15/52/,2006.

[84] http://www.cngis.org/bbs/archive/index.php/t-5873.html,2006.
[85] http://www.kepu.net.cn/gb/earth/weather/sun/sun004.html,2006.
[86] http://www.modis.whu.edu.cn/chinese/context/terrasensors.php,2003.
[87] Wolf P. Elements of Photogrammetry,2nd ed., New York: McGraw-Hill, 2002.
[88] NASA,http://www.earth.nasa.gov/history/noaa/,Last Updated:2004.6.22.
[89] NASA,http://www.earth.nasa.gov/history/landsat/landsat.html,Last Updated:2005.2.12.
[90] NASA,http://aqua.nasa.gov/about/instrument_amsu.php,2005.
[91] NASA,http://modis-atmos.gsfc.nasa.gov/,2006.
[92] USGS,http://landsat.usgs.gov/project_facts/history/,2006.
[93] NASA,http://modis-land.gsfc.nasa.gov/,2006.
[94] NASA,http://modis-ocean.gsfc.nasa.gov/,2006.

第 2 章 温度反演模型

地表温度是区域和全球尺度地球表层物理过程的一个关键参量,它综合了地气相互作用和能量交换的结果。地表温度作为一个重要的水文、气象参数,影响着地气之间的显热和潜热交换,在气象、水文、植被生态、环境监测等方面都有着重要的应用价值。地物自身的辐射,地气之间由于湍流运动进行的显热和潜热交换,以及地气之间由于温度差异以传导方式进行的能量交换都会引起地表温度的变化。因而,地表温度是地表热量平衡的综合产物。

地温资料,尤其是大空间尺度和长时间序列的温度资料,是诸多研究领域不可或缺的基础资料。传统的地表温度测量方法是定点人工观测,这一方法不仅在测量过程中引入大量的误差,更为不利的是很难进行实时大面积的监测。而且,定点观测之后,往往通过各种插值方法模拟区域或全球温度分布状况,这一方法无疑会引入更大的误差。采用卫星观测获得的地面温度,在其全球性的覆盖范围和测值的空间分布上,都有实地定点测量所不能比拟的优势。借助于热红外遥感影像,可以方便快捷地获得大面积的地表温度资料,且数据更新快,成本低廉,因此,采用热红外遥感数据反演地面温度的问题,早已得到广泛的关注。

2.1 温度反演基础知识

2.1.1 热红外遥感温度反演原理

热红外遥感温度反演中涉及热辐射定律、黑体辐射定律以及大气热红外辐射传输等多个基本定律和辐射传输原理。

1. 热辐射基本定律

1) 基尔霍夫辐射定律

热辐射是物体由于具有温度而辐射电磁波的现象。一切温度高于绝对零度的物体都能产生热辐射,温度越高,辐射出的总能量就会越大,短波成分也越多。物体在向外辐射的同时,还会吸收从其他物体辐射来的能量,物体辐射或吸收的能量与它的温度、表面积、黑度等因素有关。但是,在热平衡状态下,辐射体的光谱辐射出射度 $r(\lambda,T)$ 与其光谱吸收比 $a(\lambda,T)$ 的比值则只是辐射波长和温度的函数,而与辐射体本身性质无关,即

$$f(\lambda,T) = \frac{r(\lambda,T)}{a(\lambda,T)} \tag{2-1}$$

式中:a 为吸收比,其定义是:被物体吸收的单位波长间隔内的辐射通量与入射到该物体的辐射通量之比。该规律是由德国物理学家 G.R.基尔霍夫于 1859 年给出的,因而,称之为基尔霍夫辐射定律。

基尔霍夫定律是以满足热平衡为前提的,然而,现实世界中很难真正满足热平衡条件,

因为,如果真正达到了热平衡状态,那么,世界将处于完全静止状态(俗称"热死")。但是,"局地热平衡"条件是可满足的,因此,基尔霍夫定律在"局地热平衡"前提下,得到了广泛的应用。如常用来描述非黑体辐射性质的比辐射率 ε 可定义为:非黑体的出射度与同温下黑体出射度的比率为

$$\varepsilon(\lambda,T) = \frac{r(\lambda,T)}{f_b(\lambda,T)} = a(\lambda,T) \tag{2-2}$$

式中:$f_b(\lambda,T)$ 为黑体辐射出射度。

显然,基尔霍夫定律可表述物体的比辐射率 $\varepsilon(\lambda,T)$ 等于其吸收率 $a(\lambda,T)$。

2) 绝对黑体有关定律

黑体是指入射的电磁波全部被吸收,既没有反射,也没有透射(当然黑体仍然要向外辐射)。1879 年奥地利物理学家 J. 斯特藩从实验上发现黑体的辐出度 E_0 与黑体的热力学温度 T 的四次方成正比,1884 年 L. 玻耳兹曼应用热力学理论导出了这个关系,这一结论称为斯特藩-玻耳兹曼定律,可表示为:

$$E_0 = \sigma T^4 \tag{2-3}$$

式中:$\sigma = 5.67032 \times 10^{-8} \text{J} \cdot \text{s}^{-1} \cdot \text{m}^{-2} \cdot \text{K}^{-4}$,称为斯特藩常量。

1893 年,德国物理学家 W. 维恩指出,黑体辐射场能量密度取极大值(对应辐射曲线最高峰)时的波长 λ_m 与热力学温度 T 的乘积是常量,即

$$\lambda_m \cdot T = b \tag{2-4}$$

此称维恩位移定律,常量 $b = 2.897 \times 10^{-3}$ m·K 称为维恩位移常数。从公式(2-4)可以看出,只要测出波长 λ_m,就可求得黑体温度。

1900 年,普朗克为了寻找一个统一的黑体辐射公式,发现必须抛弃能量连续的观念,认为物体在吸收或放出能量时是不连续地进行的。由此提出了与经典电磁波理论相悖的新假设——普朗克量子假设,并推导出了黑体单色辐射强度的分布公式:

$$B(\lambda,T) = \frac{2\pi hc^2 \lambda^{-5}}{e^{\frac{hc}{\lambda kT}} - 1} \tag{2-5}$$

式中:$h = 6.626068 \times 10^{-34}$ J·s,为实验所得的普朗克常量;k 为玻耳兹曼常量($k = 1.381 \times 10^{-23}$ J·K^{-1});c 为真空中的光速($c = 2.99792485 \times 10^8$ m/s);λ 为波长;T 为温度。

令 $C_1 = 2\pi hc^2$,$C_2 = hc/k$,则黑体单色辐射强度分布公式简化为:$B(\lambda,T) = \frac{C_1}{\lambda^5(e^{C_2/(\lambda T)} - 1)}$。对普朗克公式由 0 到 ∞ 积分,可得到斯忒薄-玻耳兹曼定律,对其求极值,就得到维恩位移定律。

以上所述的普朗克定律和维恩位移定律正是遥感温度反演的理论基础。根据这些理论基础,提出并发展了多种地表温度反演模型。

2. 大气热红外辐射传输方程

地表温度反演是指从传感器得到的辐射亮度值中获得地表温度信息。卫星传感器接收到的辐射亮度值中包括三部分信息:经大气削弱后被传感器接收的地表热辐射、大气上行辐射能量、大气下行辐射经地表反射后再被大气削弱最终被传感器接收的那部分能量,即

$$L_i = \tau_{0i}\varepsilon_i B_i(T_s) + L_{ai}^{\uparrow} + \tau_{0i}(1 - \varepsilon_i)L_{ai}^{\downarrow} \tag{2-6}$$

式中:L_i 为传感器接收的第 i 波段的热红外辐亮度(W·m^{-2}·sr^{-1}·μm^{-1});$B_i(T_s)$ 代表地

表物理温度为 T_s 时 Planck 黑体辐射亮度（$W \cdot m^{-2} \cdot sr^{-1} \cdot \mu m^{-1}$）；$\varepsilon_i$ 为第 i 波段地表比辐射率（无量纲）；τ_{0i} 为第 i 波段从地面到传感器的大气透过率；$L_{ai}^{\uparrow}$ 为第 i 波段大气上行辐射，可利用 $B_i(T_s)$ 近似表示为：$L_{ai}^{\uparrow} = (1 - \tau_{0i}) B_i(T_a)$；$L_{ai}^{\downarrow}$ 为波段 i 的大气辐射，可近似表示为：$L_{ai}^{\downarrow} = (1 - \tau_{0i}) B_i(T_a^{\downarrow})$。

由大气热红外辐射传输方程可以看出，要反演得到地表温度 T_s，就必须知道一个地表参数——地表比辐射率 ε_i 和三个大气参数：大气透过率 τ_{0i}、大气上行辐射亮度 $L_{ai}^{\uparrow}$ 以及下行辐射亮度 $L_{ai}^{\downarrow}$。如何确定地表比辐射率 ε_i 是地表温度反演的关键，这一问题在后面的章节中将具体描述。上述三个大气参数即使是在很窄的通道范围内，也是波长的函数，可以采用大气辐射传输计算程序如 LOWTRAN 或 MODTRAN 进行模拟计算。

2.1.2 有关温度的几个概念

遥感温度反演中涉及几个有关温度的概念：分子运动温度、辐射温度、亮度温度以及组分温度。

1. 分子运动温度（Kinetic Temperature）

分子运动温度是由物体分子平均不规则的震动所致，为动力学温度，又称为真实温度。所以，分子运动温度是物质内部分子的平均热能，也是组成物体的分子平均传递能量的"内部"表现形式。对它的测量，一般通过仪器（主要指温度计）直接放置在被测物体上或埋于被测物体中获得。这种传统的接触测温法，往往会因为测温感应元件接触物体表面而破坏了原表面的热状态。

2. 辐射温度（Radiant Temperature）

除了上述这种内部现象外，物体还有辐射能量，其辐射能量是物体能量状态的一种"外部"表现形式，通常称之为辐射温度或表征温度（Apparent Temperature）。这种物体能量的外部表现形式可用热传感器（探测热红外谱区电磁辐射的装置如辐射计、热扫描仪等）来探测。辐射能量常被用来测量地表特征的辐射温度。大多数热红外遥感系统记录的是地面物质的辐射出射度（辐射通亮密度），而不是辐射通量（辐射功率）。

斯特藩-玻耳兹曼定律及此定律用于真实物体的修正式 $M = \varepsilon \sigma T^4$，描述了热传感器所获得的测量信号 M 和真实温度 T、反射率 ε 之间的关系。这一关系表明，即使地表特征具有相同的温度，但是，由于其发射率不同，也可以具有完全不同的辐射出射度。

问题的关键在于，热传感器所记录的辐射温度与物体的真实温度之间究竟有着什么样的关系？对于黑体而言，物体的辐射温度（T_{rad}）就是其动力学温度（T_{kin}），但对于真实物体而言，两者的关系为：

$$T_{\text{rad}} = \varepsilon^{1/4} T_{\text{kin}} (0 \leq \varepsilon \leq 1) \tag{2-7}$$

上式表明：由于"发射率"这一热学性质的存在，物质的辐射温度总是小于其分子运动温度。也就是说，对任何物体而言，热传感器所记录的辐射温度将小于其真实温度。同时，还表明，在分析热感应数据时，若物体的发射率是未知数，就无法估算物体的真实温度。

需要说明的是，热红外传感器探测的是地面物体表面（约 $50\mu m$）的辐射，这种辐射并不一定能代表物体内部的真实温度。比如，低湿度条件下，在高温水体的表面将出现蒸发致冷效应，尽管水体内部的真实温度比表面温度高，但是，热红外传感器仅记录其表面辐射温度。

3. 亮度温度(Brightness Temperature)

亮度温度(T_b)是指辐射出与观测物体相等的辐射能量的黑体的温度,即 $M = \varepsilon \sigma T_{kin}^4$,$\varepsilon \sigma T_{kin}^4 = M = \sigma T_b^4$,$T_b = \varepsilon^{1/4} T_{kin}$。显然,自然界并不存在真正的黑体,换言之,自然界的物体不是完全的黑体,因而,习惯上往往采用一个低于观测物体真实温度的等效黑体温度来表征该物体的温度。可见,亮度温度是衡量物体温度的一个指标,但不是物体的真实温度。与公式 $T_{rad} = \varepsilon^{1/4} T_{kin} (0 \leq \varepsilon \leq 1)$ 对照可知,$T_b = T_{rad}$,也就是说,亮度温度与前述的辐射温度、表征温度是一致的。

4. 组分温度

组分温度可视为均匀、同温物体的温度,在地表物体相对均一的情况下,组分温度与陆地表面温度等同。目前,利用热红外反演所得的地表温度,主要是指像元的平均温度,而陆地表面的覆盖状况是复杂的,非同温混合像元普遍存在于热红外卫星遥感中。多种"平均真实温度"的定义缺乏明确的物理意义,且不利于获得温差分布的详细信息。因此,陆面温度反演发展到相对成熟的阶段就是组分温度的反演。

2.1.3 温度反演窗口的选择

所有的物质,只要其温度超过绝对零度,就会不断发射红外能量。常温的地表物体发射的红外能量主要在大于 $3\mu m$ 的中远红外区,属于热辐射。热辐射不仅与物质的表面状态有关,而且是物质内部组成和温度的函数。在大气传输过程中,它能通过 $3 \sim 5\mu m$ 和 $8 \sim 14\mu m$ 两个窗口。如图 2-1 所示,高温物体(如,熔岩、火燃等)辐射峰值位于 $3 \sim 5\mu m$,而地表物体的温度一般在 $+40 \sim -40°C$ 之间,平均环境温度为 $27°C$,其辐射峰值位于 $8 \sim 14\mu m$。因此,这两个窗口往往具有不同的用途:$3 \sim 5\mu m$ 窗口,对火灾、活火山等高温目标的识别敏感,常用于捕捉高温信息,进行各类火灾、活火山、火箭发射等高温目标的识别检测;$8 \sim 14\mu m$ 则主要用于调查一般地物的热辐射特性,探测常温下的温度分布,进行热制图等。

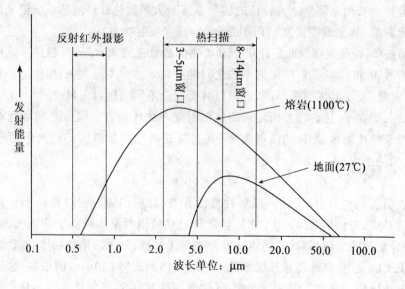

图 2-1 热红外遥感的波段选择

8～14μm 的大气窗口不仅集中了大多数地表特征的辐射峰值波长,而且,在此区间内,不同物体的发射率随着物质类型的不同存在较大的差异,物质的发射率还会随着波长的变化表现出细微的变化。因此,在热红外遥感的具体应用中,往往将热红外谱段进一步分为多个通道,如 NOAA 气象卫星 AVHRR 的 CH_4(10.5～11.5μm)、CH_5(11.5～12.5μm)两个通道;而 EOS 平台的高级空间热发射和反射辐射计(ASTER)则将该窗口划分为5个通道,即:8.125～8.475μm,8.475～8.825μm,8.925～9.275μm,10.25～10.95μm,10.95～11.65μm。从而,有助于多通道地面温度反演技术的发展。

2.2 海面温度反演

海水在红外波段的辐射相当于同样温度的绝对黑体的辐射,因此,海温探测中可以利用1900年 Planck 提出的黑体辐射定律(参见2.1.1节)。但是,实际海面并不是完全黑体,其辐射率与黑体辐射率之比大约为0.98,即海水比辐射率 $\varepsilon(\lambda,T) = 0.98$,可近似为黑体,这样有助于简化热红外辐射传输方程。

20世纪60年代末开始利用卫星热红外波段测量海面温度(Sea Surface Temperature,SST)。随着遥感技术的向前发展,卫星数据的质量不断提高,利用气象卫星资料(如 NOAA/AVHRR,GMS 等)获取海面温度的技术逐渐趋于成熟。现在,海面温度的反演已经进入业务化运行阶段。这里,主要介绍几种常用的海温遥感反演方法。

2.2.1 单通道直接反演与统计方法

利用卫星资料反演海面温度,首先须考虑各种大气成分的影响,需要订正大气的吸收削弱效应。根据大气辐射传输方程,如果能够得到海洋的辐射发射率和大气的辐射发射率,就可以计算得到海面温度。直接利用辐射传输方程计算得到海面温度,要求了解大气温度、湿度、气溶胶和其他吸收气体的垂直分布状态。但是,大气的实时信息很难得到,因此,也无法直接求解海面温度,在日常业务计算中一般采用统计回归方法来反演海面温度。

单通道大气统计方法就是从大气辐射传输方程出发,考虑大气含水量和传感器视角天顶角的影响,建立遥感亮度温度与海面温度的经验公式,通过同步实测资料回归经验系数。

Smith 等(1970)提出了一个用中红外波段(3.8μm)计算海温的经验公式:

$$T_s = T_B + [a_0 + a_1(\theta/60°)]\ln\frac{100K}{310K - T_B} \quad (210K \leq T_B \leq 300K, \theta \leq 60°) \quad (2-8)$$

式中:$a_0 = 1.13, a_1 = 0.82, a_2 = 2.48, \theta$ 是传感器视角天顶角,T_B 为亮度温度。

GMS 静止气象卫星反演海温大气订正的统计方法比较成熟,阿步胜宏(1991)提出了一个简单的 GMS 单通道海面水温的大气订正公式:

$$T_s = T_B + \sec\theta\left\{0.189W + \left[1 - \frac{1400}{1400 + (310 - T_B)}\right] \times 4\right\} \quad (2-9)$$

式中:θ 是传感器视角天顶角;T_B 为亮度温度;W 是大气总水汽含量。

简单处理 NOAA 第五通道的海温反演经验公式为:

$$T_s = (T_B - C)\exp(-\tau D) \quad (2-10a)$$

$$D = \alpha/H \quad (2-10b)$$

$$\alpha = [(h+H)^2 - (h+H)^2\sin^2\theta] - [R^2 - (H+R)^2\sin^2\theta]^{1/2} \quad (2-10c)$$

式中:C 和 τ 为特定的回归系数;τ 为大气的光学厚度;h 为大气的上限高度;R 为地球半径;

H 为卫星高度;θ 为传感器的天顶角;α 为地表像元到传感器的光学路径;T_s 为海面温度;T_B 为亮度温度。

2.2.2 多通道海面温度遥感反演

1. 多通道海面温度遥感反演的基本方法

自从 NOAA 卫星携带 AVHRR 传感器实现对地观测以来,多通道遥感反演技术已经得到迅速发展,并且成功地应用于美国 NESDIS 业务处理系统中,可以连续提供较高精度、较高分辨率的海面温度场信息。多通道遥感反演方法又称为"分裂窗口"方法。McMillin(1975)最早提出这种方法,其根本依据是大气在 AVHRR 第四、第五通道两个相邻的波谱窗口具有不同的吸收特性。

假设:(1)海洋表面的发射率是统一的;(2)T_s、T_b 与大气平均作用温度 T_e 差别很小,所以,相应的 Planck 函数中,平均温度可近似地用泰勒展开式的前两项代替。在此基础上,辐射传输方程可简化为:

$$T_s - T_b = (T_s - T_e)(1 - \tau_s) \tag{2-11}$$

式中:

$$B(T_e) = \frac{\int_{\tau_s}^{1} B(T(h)) \mathrm{d}\tau}{\int_{\tau_s}^{1} \mathrm{d}\tau} \tag{2-12}$$

平均作用温度是波长、视角和大气剖面的温度和湿度的函数(注意:T_e 与大气的有效作用温度 T_g 不同)。

辐射传输函数可用泰勒展开式表示:

$$\tau = \tau_g \exp[-G(v)\sec\theta X(W, T_g, H)] = \tau_g(1 - CX + C^2 X^2/2 - \cdots) \tag{2-13}$$

在此,$G(v)\sec\theta$ 用简单的变量 C 代替,将方程(2-13)代入方程(2-11)得到如下方程:

$$T_s = T_b + \delta T(1 - \tau_g) + \delta T \tau_g(CX - C^2 X^2/2 + \cdots) \tag{2-14}$$

式中:$\delta T = T_s - T_e$ 表示表面温度与大气平均作用温度的差异。

方程(2-14)中的变量 δT 和 X 是大气温度和水汽剖面的函数,X 对水汽含量相当敏感,而 δT 则对低空大气层和温度结构较为敏感。同时要说明的是,δT 可以确定大气的吸收和发射是否平衡,如果 $\delta T = 0$,则大气吸收和发射处于完全平衡状态,因此,表面温度可以利用光谱波段的亮温来代替。

求解分裂窗通道 i 和 j 的亮度温度的辐射传输方程为:

$$\begin{aligned} T_{bi} &= T_s - \delta T(1 - \tau_{gi}) - \delta T \tau_{gi}(C_i X - C_i^2 X^2/2 - \cdots) \\ T_{bj} &= T_s - \delta T(1 - \tau_{gi}) - \delta T \tau_{gi}(C_j X - C_j^2 X^2/2 - \cdots) \end{aligned} \tag{2-15}$$

式中:C_i 和 C_j 为方程系数,其中 $C_i = G(v_i)\sec\theta$,$C_j = G(v_j)\sec\theta$,分裂窗通道残余气体的大气传输率为:

$$\tau_{gi} = \tau_{goi}\sec\theta, \quad \tau_{gj} = \tau_{goj}\sec\theta \tag{2-16}$$

虽然大气平均作用温度 T_e 是波长的函数,但是,分裂窗通道间 T_e 的差别很小,因此,可以假定 $\delta T = T_s - T_e$ 在两个波段是相同的。

在求得两个分裂窗通道亮温后,为了求得相应的海面温度(SST),需要进一步做如下假设:

(1) 海水近似为黑体,比辐射率等于1;
(2) 大气窗口的水汽吸收很弱,大气的水汽吸收系数可以看做常数;
(3) 大气温度与海面温度相差不大。

大多数海面温度提取算法将 SST 表示为两个分裂窗通道亮温的线性或二次函数:

$$T_s = T_{bi} + K_0 + K_1(T_{bi} - T_{bj}) \tag{2-17}$$

$$T_s = T_{bi} + K_3 + K_4(T_{bi} - T_{bj}) + K_5(T_{bi} - T_{bj})^2 \tag{2-18}$$

式中:T_s 为 SST;T_{bi},T_{bj} 分别为 $11\mu m$ 和 $12\mu m$ 处的通道亮温;$K_0, K_1, \cdots, K_5$ 为常数。

Sobrino et al. (1993)提出的线性算法精度误差小于 0.7 开氏度(K),根据 Francois 和 Ottle(1996)可知,二次函数算法精度更好一些。

为了进一步提高海面温度提取精度,还可以应用3通道方法,各通道的辐射传输方程如下:

$$\begin{aligned} T_{bi} &= T_s - \delta T(C_i X - C_i^2 X^2/2) \\ T_{bj} &= T_s - \delta T(C_j X - C_j^2 X^2/2) \\ T_{bk} &= T_s - \delta T(C_k X - C_k^2 X^2/2) \end{aligned} \tag{2-19}$$

式中:传输函数近似为泰勒展开式的前三项。

为简单起见,这里假定由于残余吸收而导致的传输率 τ_g 在两个通道中是相同的。求解以上方程可以得到:

$$T_s = T_{bi} + K_{ij}(T_{bj} - T_{bi}) + K_{ik}(T_{bk} - T_{bi}) \tag{2-20}$$

式中:$K_{ij} = (C_i C_k)/\{(C_i - C_j)(C_k - C_j)\}$,$K_{ik} = (C_i C_j)/\{(C_k - C_j)(C_k - C_i)\}$。

以上推导中应用的是传输函数泰勒展开式的前三项。所以,三通道方法与平方方法一样,可以在较大的空气湿度范围内表现出良好的特性。更重要的是,该方法与分裂窗算法不同,它考虑到了 δT 的变化,而且,即使在大气非平衡态下也能表现出良好的效果。

2. 多通道海面温度遥感反演的实用方法

1) 非线性反演算法(NLSST)

目前,NESDIS 业务处理中心采用的是非线性反演算法(NLSST)求取海面温度:

$$SST = aT_4 + bT_{fd}(T_4 - T_5) + c(T_4 - T_5)(\sec\theta - 1) + d \tag{2-21}$$

式中:SST 为海表温度,单位为℃;a、b、c 和 d 为模型系数,可由回归分析得到;T_4 和 T_5 为 NOAA 第4和第5通道亮温,单位为 K;T_{fd} 为海表温度的预先估值,可通过实测或估计得到,这里采用如下的多通道法进行估计:

$$SST = aT_4 + b(T_4 - T_5) + c(T_4 - T_5)(\sec\theta - 1) + d \tag{2-22}$$

式中的变量意义及求取方法同上;θ 为卫星观测角,可通过下式计算:

$$\theta = \arcsin[((R+h)/R)(\sin\phi_i)] \tag{2-23}$$

其中,R 为地球半径(= 6378.388km);h 为卫星高度(= 833km);ϕ_i 为卫星扫描角:

$$\phi_i = -55.4 + 55.4i/1024 \tag{2-24}$$

其中,i 为某像元在扫描行中的扫描序号。

非线性方法中的模型系数 a,b,c,d 等可通过两种方法获取:一种是理论方法——基于大气物理模型的方法,该方法要求对大气及海洋各项参数有较准确的了解,并对其物理机制及相互间关系能正确地描述,其优点是准确且时空变化适应性强。但是,由于很难确定当时当地海洋大气状况,特别是水汽垂直分布状况,因此,往往采用另一种方法——间接方法,即统计回归的方法,该方法的优点是需要参数少,对一定区域的精度高,缺点是区域适应性差。

利用订正的船舶报数据及卫星处理数据参与回归分析后可得到如表2-1、表2-2所示的结果:

表 2-1　　　　　　　　　　多通道法(MCSST)模型系数

	a	b	c
1 月	1.0361	-1.1458	1.2216
2 月	1.0164	0.8658	2.6451
3 月	1.031	0.666	0.1337
4 月	1.0392	1.7428	-0.2572
5 月	0.992	3.4257	1.0722
6 月	1.0156	1.1173	-0.5909
7 月	1.0359	0.9131	-0.2436
8 月	1.0414	0.4357	0.3428
9 月	1.0458	0.3117	-0.1717
10 月	1.0262	1.9484	1.6743
11 月	0.9904	5.4086	-1.177
12 月	1.025	2.8283	-0.2727

表 2-2　　　　　　　　　　非线性法(NLSST)模型系数

	a	b	c
1 月	0.9642	-0.0261	0.6188
2 月	0.9488	0.0396	2.5245
3 月	0.9511	0.1488	-0.5314
4 月	0.9644	0.1657	-2.0812
5 月	0.9298	0.1207	1.0038
6 月	0.9455	0.0542	-0.631
7 月	0.9644	0.0545	-0.2685
8 月	0.9702	0.0325	-0.5835
9 月	0.9745	0.0073	-0.1719
10 月	0.9590	0.0715	1.2854
11 月	0.9391	0.1513	-0.3597
12 月	0.9561	0.131	-0.3795

经回归分析,得到 MCSST 及 NLSST 的模型系数,其中的常数项系数为预先固定值,

MCSST的 $d = -280$，NLSST 的 $d = -260$。模型系数见表 2-1 和表 2-2。

2) MCSST 夜间海面温度提取算法

在上述的"非线性分裂窗口"的海面温度提取模型中，没有提及第三波段，是因为白天该波段对太阳光的反射特性，但是，在提取夜间海面温度的模型中，该波段却起着不可低估的作用。这里以 NOAA12、14、15 上所携带的 AVHRR 传感器提取夜间海面温度的方法，做如下说明（由于 NOAA11 的方法具有不可操作性，在此不再赘述，详情参考 NOAA Polar Orbiter Data User's Guide）。

NOAA12 双通道模型：

$$\text{SST} = a \times T_3 + b(T_3 - T_4) + c(\sec\theta - 1) - d + 273.16 \tag{2-25}$$

NOAA14、NOAA15 双通道模型：

$$\text{SST} = a \times T_4 + b \times (T_3 - T_4) + c(\sec\theta - 1) - d + 273.16 \tag{2-26}$$

式中：SST 为要计算的海面温度，单位为 K；T_3, T_4, T_5 为第三、四、五通道的亮度温度；θ 为卫星倾斜角；a, b, c, d 为模型系数，参数值如表 2-3 所示。

表 2-3　　　　　　　NOAA 双通道海面温度反演模型系数

	a	b	c	d
NOAA12	1.017736	0.426593	1.800916	276.264
NOAA14	1.008751	1.409936	1.975581	273.914
NOAA15	1.041037	1.587582	1.677430	283.51

MCSST 三通道海面温度提取模型：

$$\text{SST} = a \times T_4 + b \times (T_3 - T_5) + c \times (\sec\theta - 1) - d + 273.16 \tag{2-27}$$

式中：SST 为需要计算的海面温度，单位为 K；T_3, T_4, T_5 为第三、四、五通道的亮度温度；θ 为卫星倾斜角；a, b, c, d 为模型系数，参数值如表 2-4 所示。

表 2-4　　　　　　　三通道海面温度反演模型系数

	a	b	c	d
NOAA12	1.003194	1.007171	1.174698	273.262
NOAA14	1.010037	0.920822	0.067026	275.364
NOAA15	1.015354	1.063572	1.294955	276.76

以上各种方法在 NOAA/ NESDIS 网络服务器上均有发布，详情可参阅如下网站：

http://www2.ncdc.noaa.gov/docs/podug/index.htm

http://psbsgi1.nesdis.noaa.gov:8080/EBB/ml/nicsst.html

在前述分裂窗口算法的非线性模型中，该方法在三通道夜间海面温度的提取中仍然发挥作用，模型如下：

$$\text{SST}_{(\text{night})} = aT_4 + bT_{sfc}(T_3 - T_5) + c(\sec\theta - 1) + d \tag{2-28}$$

式中:$SST_{(night)}$为海面夜间温度,单位为 K;T_{sfc}为预先估测值,单位为℃,其取值范围为 $-2 \sim 28$℃;T_3,T_4,T_5 分别为第 3,4,5 通道的通道亮温;a,b,c,d 为模型系数,其中,应用于 NOAA15 的模型系数如表 2-5 所示。

表 2-5　　　　　　　　　　夜间海面温度反演系数

	a	b	c	d
NOAA15	0.970141	0.0358449	1.04688	-262.991

2.2.3　多角度海面温度遥感反演

自然的地面目标并非真正的朗伯源,热辐射是具有方向性的。Kimes 观测到农作物表面的亮度温度,从天顶角 0°~80°可以相差 13℃。他认为这种差异是由作物的几何结构及真实温度的垂直分布造成的,如图 2-2 所示。

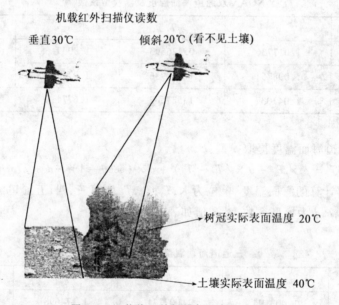

图 2-2　机载热红外扫描仪的角度差异

由图中可以看出,随着遥感平台观测角的变化,表面温度可产生较大的差异。虽然海洋表面状态相对均一,但也不可避免地存在着由于观测角度不同而造成的反演差异,造成这种差异的原因并不是结构的差异,而是由于辐射传输路径的差异。

多角度遥感,根据不同的视角观测目标、大气的吸收路径,利用目标吸收热红外辐射的差异来消除大气效应。Chedin 等(1982)提出用静止卫星和极轨卫星时间最接近、但视角不同来反演同一覆盖区域的海面温度。

多通道遥感与多角度遥感从原理上来讲具有相似之处,因此,方程(2-15)在多角度海洋遥感中仍然成立,若:$C_i = G(v)\sec\theta_i$,$C_j = G(v)\sec\theta_j$,残余气体的大气传输率函数改变为:

$\tau_{gi} = \tau_{go} \sec\theta_i$, $\tau_{gj} = \tau_{go} \sec\theta_j$，其中下标 o 表示垂直方向大气传输率，则上述分裂窗算法就是这里所说的多角度海面温度遥感反演方法。

2.2.4 多角度与多通道相结合的反演方法

如果近地层大气温度与海面温度明显不同或者在低空对流层存在逆温层等，大气则处于非平衡状态，分裂窗算法可以导致较大的误差。方程(2-14)是建立在 δT 为常数的假设基础之上的，实际上该变量对于大气的非平衡态最为敏感。下面给出了两种不同大气状态：

(1)稳定状态，$T_s = T_{air}$ 即 $\delta T = 0$；(2)非稳定状态，$T_{air} - T_s = 5K$，即 $\delta T = 5K$。

在这两种状态下 $11\mu m$ 通道亮度温度反演结果的大气校正曲线如图 2-3，图中给出了温度校正变量 $(T_s - T_{bi})$ 相对于 $(T_{bi} - T_{bj})$（$11\mu m$ 与 $12\mu m$ 两个通道的亮温差）的变化曲线。

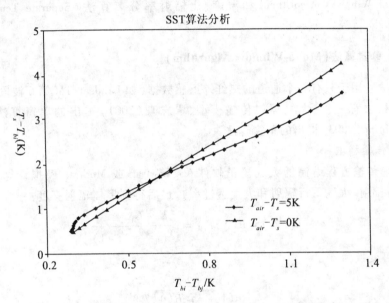

图 2-3 不同 δT 值的情况下，温度校正变量 $(T_s - T_{bi})$ 随 $(T_{bi} - T_{bj})$ 的变化图。不同的 δT 值对应不同的大气状态：稳定态 $(T_s = T_{air})$ 和非稳定态 $(T_{air} - T_s = 5K)$

从图 2-3 可以看出，在不同 δT 值的情况下，$(T_s - T_{bi})$ 与 $(T_{bi} - T_{bj})$ 之间的关系可用线性或者二次函数关系来表达。不同的 δT 可以得到不同的曲率，可以很容易得出分裂窗算法的斜率系数依赖于 δT 的关系。

基于以上原因，Gorodetskii(1985)曾经提出过用多通道和多角度相结合的方法反演海面温度。这种方法同时利用多通道和多角度遥感数据中所包含的大气信息来消除大气的影响。这种方法适用于 ERS-1 上的 ATSR 遥感数据反演海面温度的情况。

该方法不仅克服了原有的单纯的分窗算法和单纯的多角度海面温度遥感反演的缺点，而且提取精度更高。

2.3 陆面温度遥感反演

海面温度遥感反演中，因海水近似黑体的特性而使海面温度遥感反演难度大大降低，但陆面温度遥感反演问题因存在以下几个难点而一直没有得到解决:第一,陆地表面的比辐射率既依赖于地表的组成成分,又与其物理状态(如含水量、粗糙度等)和视角等因素有关,且像元级的地表比辐射率难以预先确定。采用传感器观测得到的辐射亮度,同时反演温度和比辐射率,成为第一个需要跨越的障碍;第二,实际应用中要求陆面温度的测量精度不低于1℃,因此,精确的大气校正方法成为陆面温度反演的第二个难点;第三,由于陆面目标的比辐射率(ε_i)明显小于1,大气上行辐射($L_{ai}^\uparrow$)和下行辐射的干扰不能忽略,而它的修正是以已知目标的比辐射率为前提条件的,要得到地表比辐射率又要确知地表辐射亮度(即,反射的天空辐射),这样就构成了一个难解的循环。

为了解决以上问题,已经有众多学者从不同角度出发,提出了各种不同的陆面温度反演方法。目前,比较成熟的陆面温度反演算法主要有:单窗算法(Mono-Window Mehtod)、分裂窗算法(Split Windows Algorithm)和温度、比辐射率分离算法(Separate Temperature and Emissivity Method)等。

2.3.1 单窗算法(Mono-Window Algorithm)

单窗算法适用于只有一个通道的热红外遥感数据(如 Landsat/TM 第 6 波段),目前比较常用的单窗算法有三种:大气辐射传输模型、覃志豪(2001)提出的单窗算法和 Jiménez-Muñoz 和 Sobrino(2003)提出的单窗算法。

1. 辐射传输模型

根据辐射传输方程编制的大气校正软件 6S、Lowtran 或 Modtran 模拟计算出相关参数(即大气上行辐射、大气下行辐射和大气透过率),最后得到黑体辐射亮度:

$$L_{bi}(T_s) = B(\lambda, T_s) = \frac{C_1}{\lambda^5 (e^{C_2/(\lambda T_s)} - 1)}$$

该方程可变换为:

$$T = \frac{K_2}{\ln(1 + K_1/B(\lambda, T_s))} \tag{2-29}$$

式中:K_1, K_2 为发射前预设的常量,对于 Landsat5/TM 的热红外波段而言,$K_1 = 60.776$(mW·m^{-2}·sr^{-1}·μm^{-1}),$K_2 = 1260.56$K。

在该方法中,要想获取相对准确的结果,就必须使用实时大气探空数据获取大气上下行辐射和大气总透过率 τ_i。这一点在实际应用中很难做到,所以,往往需要寻求其他方法反演陆面温度。

2. 单窗算法

覃志豪等(2001)引进大气平均作用温度的概念,将大气平均作用温度(T_a)和大气下行平均作用温度($T_a^\downarrow$)合二为一,进而将热辐射传输方程简化为:

$$L_i = \tau_{0i} \varepsilon_i B_i(T_s) + (1 - \tau_{0i})[1 + \tau_{0i}(1 - \varepsilon_i)] B_i(T_a) \tag{2-30}$$

实验表明:Planck 函数随温度的变化趋近于线性,因此,为了求解的方便,可运用 Taylor 展开式,Planck 函数近似表示为:

$$B_i(T_j) = B_i(T) + (T_j - T) \partial B_i(T)/\partial T \tag{2-31}$$

式中:T_j 可代表亮度温度(当 $j = i$ 时)、地表温度(当 $j = s$ 时)和大气平均作用温度(当 $j = a$ 时)。

一般而言，$T_s > T_i > T_a$，故在展开式中可定义 $T = T_i$，将 T_s，T_i 和 T_a 所对应的 Planck 函数分别展开并代入方程（热红外辐射传输的简化方程），整理得到

$$E_i = C_i(E_i + T_s - T_i) + D_i(E_i + T_a - T_i) \tag{2-32}$$

式中：$E_i = B_i(T)/(\partial B_i(T)/\partial T)$；$C_i = \tau_{0i}\varepsilon_i$，$D_i = (1 - \tau_{0i})[1 + \tau_{0i}(1 - \varepsilon_i)]$。

对于 Landsat/TM 第 6 波段而言，覃志豪等（2001）发现，E_6 与温度具有线性相关性。根据这一特性，采用如下回归方程来估计 E_6：

$$E_6 = a_6 + b_6 T_6 \tag{2-33}$$

a_6 和 b_6 为回归系数，在 $0 \sim 70$℃ 范围内，$a_6 = -67.35535$，$b_6 = 0.458608$。若针对不同的温度范围取不同的系数，则可以减小 E_6 的估计误差。将回归方程代入 $E_i = C_i(E_i + T_s - T_i) + D_i(E_i + T_a - T_i)$ 可得到：

$$T_s = \{a_6(1 - C_6 - D_6) + [b_6(1 - C_6 - D_6) + C_6 + D_6]T_6 + D_6 T_a\}/C_6 \tag{2-34}$$

可以看出，在该算法中，只需要知道 τ_{0i}，ε_i 和 T_a 这三个基本参数，就可以进行陆面温度的反演了。其中，大气平均温度 T_a 可由下式求解：

$$T_a = 16.0110 + 0.92621 T_0 \tag{2-35}$$

式中：T_0 为近地层空气温度（K）。τ_{0i} 可根据大气总水汽含量 $w(\text{g/cm}^2)$ 来估算：

$$\tau_{0i} = 0.974290 - 0.08007w, (w \in (0.4, 1.6)) \tag{2-36a}$$

$$\tau_{0i} = 1.031412 - 0.11536w, (w \in (1.6, 3.0)) \tag{2-36b}$$

利用大气校正模型中提供的四种标准大气廓线，各层大气中的水分含量占大气水分含量的比率 $R_w(z)$ 的分布非常相似，根据这一特点，建立一个简单的模型反推大气剖面各层的水分含量，计算公式如下：

$$w(z) = wR(z) \tag{2-37}$$

式中，$w(z)$ 为高度 z 处的大气水分含量；近地层，$R_w(0) \approx 0.40206$，因而，根据近地层湿度可求出总的大气水分含量 W。

该方法的不足之处在于：与大气传输模型相同，在参数化过程中使用的数据仍然是标准化的，并没有使用实时大气轮廓数据。

由于在单窗方法中，涉及的参变量越多算法就会越复杂。Jiménez-Muñoz 和 Sobrino（2003）提出了一种更加简化的单窗算法。该算法仅需要一个大气参数，即大气水汽含量。实际上，Jiménez-Muñoz 和 Sobrino 的算法是对 planck 函数在某个温度值 T 附近作一阶泰勒级数展开，即

$$T_s = \gamma[\varepsilon^{-1}(\Psi_1 L_i + \Psi_2) + \Psi_3] + \delta \tag{2-38a}$$

$$\gamma = \left\{\frac{C_2 L_i}{T_i^2}\left[\frac{\lambda^4}{C_1}L_i + \lambda^{-1}\right]\right\}^{-1}, \delta = -\gamma L_i + T_i \tag{2-38b}$$

式中：L_i 是星上辐射（$\text{W} \cdot \text{m}^{-2} \cdot \text{sr}^{-1} \cdot \mu\text{m}^{-1}$）；$T_i$ 是星上亮温（K）；λ 是有效波长（对于 TM6 而言波长为 11.457μm）；C_1 和 C_2 与黑体辐射公式中的相同；大气参数 Ψ_1，Ψ_2 和 Ψ_3 是总大气水汽含量 w 的函数。对于 Landsat/TM 第 6 波段而言，有

$$\Psi_1 = 0.14714w^2 - 0.15583w + 1.1234 \tag{2-38c}$$

$$\Psi_2 = -1.1836w^2 - 0.37607w - 0.52894 \tag{2-38d}$$

$$\Psi_3 = -0.04554w^2 + 1.8719w - 0.39071 \tag{2-38e}$$

在大气影响不重要（大气水汽含量低）的情况下，温度 T 可用星上辐射温度 T_i 来替代，

但在水汽含量高的情况下,这种替代会导致较大误差,故需要改用其他方法获取地表温度作为初始输入值。

2.3.2 分裂窗算法(Split Windows Algorithm)

1. 几种常见的分裂窗算法

分裂窗算法是利用卫星资料反演陆面温度最常用的方法之一,该方法采用大气窗区吸收特征不同的2个邻近波段的辐射量进行大气校正,故称为"分裂窗"方法。该算法的一般表达式为:

$$T_s = A_0 + A_1 T_i + A_2 T_j \tag{2-39}$$

式中:T_s 为陆面温度(K);T_i 和 T_j 分别为两个邻近 i,j 通道的亮度温度(K);而 A_0,A_1 和 A_2 是由大气状况、观测角及地表比辐射率所决定的系数,对于不同算法,其系数的确定有所区别。

这里的分裂窗算法与海面温度反演中所提到的"分裂窗口"方法原理相同,所不同的是:海面温度反演中假定发射率是一致的,所以,在海面温度反演模型中,系数的确定只涉及大气状况和观测角,而没有考虑比辐射率;而陆面温度反演相对复杂,需要将地面物质发射率的差异考虑在内。到目前为止,已经有多种反演陆面温度的分裂窗方法,如:

(1) 1984 年,Price 将海面温度遥感分裂窗方法引用到农田地区 AVHRR 的温度反演中,其模型如下:

$$T_s = [T_4 + 3.33(T_4 - T_5)](5.5 - \varepsilon_4)/4.5 + 0.75 T_5(\varepsilon_4 - \varepsilon_5) \tag{2-40}$$

式中:T_4,T_5 为 AVHRR 第 4,5 通道的亮度温度;ε_4,ε_5 为 AVHRR 第 4,5 通道的比辐射率。

(2) Becker 和 Li(1990)提出的分裂窗算法,模型如下:

$$T_s = A + P(T_i + T_j)/2 + M(T_i - T_j)/2 \tag{2-41a}$$

式中:A 是常数;P 和 M 是表面发射率的函数:

$$P = 1 + \alpha(1 - \varepsilon)/\varepsilon + \beta \Delta \varepsilon / \varepsilon^2; M = \gamma' + \alpha'(1 - \varepsilon)/\varepsilon + \beta \Delta \varepsilon / \varepsilon^2 \tag{2-41b}$$

式中:$\varepsilon = (\varepsilon_i + \varepsilon_j)/2, \Delta \varepsilon = \varepsilon_i - \varepsilon_j, \varepsilon_i, \varepsilon_j$ 分别为通道 i,j 对应的发射率。对于 NOAA16/17 而言,i,j 分别表示 AVHRR 数据的第 4,5 通道;系数 A,P,M 的值如表 2-6 所示。

表 2-6　　　分裂窗陆面温度反演算法(Becker 和 Li)模型参数表

传感器	模型参数
NOAA-14	$A = 1.274, \alpha = 0.15616, \beta = -0.482,$ $\gamma' = 6.26, \alpha' = 3.98, \beta' = 38.33$
NOAA-16	$A = 0.4938, \alpha = 0.1590, \beta = -0.03816,$ $\gamma' = 3.9840, \alpha' = 9.9111, \beta' = 0.5745$
NOAA-17	$A = 0.89, \alpha = 0.1549, \beta = -0.03959,$ $\gamma' = 4.0578, \alpha' = 11.7207, \beta' = 1.55941$

注:Becker 和 Li 的方法中适用于 NOAA-14 的系数,是在 LOWTRAN 模型中应用 NOAA-14 的光谱反应函数(Spectral Response Function, SRF)生成模拟数据集;而 NOAA-16/17 在 MODTRAN 模型中生成了适应于 NOAA-16/17 数据集的参数。

(3) 1997年,Coll 和 Caselles 再次改进了应用于 AVHRR 的分裂窗算法,其模型如下:

$$T_s = T_4 + [1.34 + 0.39(T_4 - T_5)](T_4 - T_5) + \alpha(1-\varepsilon) - \beta\Delta\varepsilon + 0.56$$
$$\alpha = W^3 - 8W^2 + 17W + 40 \tag{2-42}$$
$$\beta = 150(1 - W/4.5)$$

式中:W 为大气含水量(g/cm^2),直接由研究区大气条件的平均状态估算;ε 和 $\Delta\varepsilon$ 的意义同上。

此外,还有多种陆面温度反演的分裂窗算法,在这些算法中均引入了地表发射率。

2. 陆面发射率求解方法

到目前为止,已有多种利用 AVHRR 数据估算陆地表面发射率的方法,如,基于温度独立光谱指数(Temperature-Independent Spectral Indices,TISI)的算法和归一化植被指数的域值法(Normalized Difference Vegetation Index(NDVI) Thresholds Method,$NDVI^{THM}$),标准化发射率方法(Normalized Emissivity Method),光谱比值法(Spectral Ratio Method)等。TISI 方法利用的数据源是经过大气校正的 AVHRR 的第3,4,5通道,根据参数获取方式的不同,TISI 方法又可分为 $TISI^{BL}$,TS-RAM 和 △day 三种,$NDVI^{THM}$ 方法则利用了经大气校正的可见光、近红外通道。

1) 基于温度独立光谱指数(TISI)的算法

TISI 方法是建立在 Planck 函数指数近似形式基础上的,即

$$B_i(T) = a_i T^{n_i} \tag{2-43}$$

式中:a_i 和 n_i 为相对于一定的温度变量范围内特定通道的常数。

早在1990年 Becker 和 Li 就利用这一指数近似形式,定义了两个通道 i,j 的温度独立光谱指数 $TISI_{ij}$ 并于2000年将其改进并简化为如下模型:

$$TISI_{ij} = \frac{B_i(T_{gi}) - R_{at_i\downarrow}}{B_i(T_{gj}) - R_{at_i\downarrow}} \tag{2-44}$$

式中:T_{gi},T_{gj} 分别为通道 i,j 的地面亮温;$R_{at_i\downarrow}$ 为通道 i 半球下行大气辐射(downward hemispheric atmospheric radiance);$TISI_{ij} \cong TISIE_{ij}$,$TISIE_{ij} = \frac{\varepsilon_i}{\varepsilon_j^{n_i/n_j}}$;$\varepsilon_i$,$\varepsilon_j$ 分别为通道 i,j 的比辐射率。

在 Becker 和 Li 的算法(此后称为 $TISI^{BL}$)中,为了说明如何提取中热红外通道(Mid Thermal Infrared)的双向反射率,需要昼夜数据相结合。假定 i 为 3~5μm 窗口的某个通道而 j 为 10~13μm 窗口的某个通道。夜间,不存在太阳反射,两个通道在地面的通道辐射可表示为:

$$B_i(T_{gi}) = \varepsilon_i B_i(T_s) + (1 - \varepsilon_i) R_{at_i\downarrow} \tag{2-45}$$

据此,可推导出夜间双通道 $TISI_{ij}^n$:

$$TISI_{ij}^n = \frac{B_i(T_{gi}^n) - R_{at_i\downarrow}^n}{B_i(T_{gj}^n) - R_{at_i\downarrow}^n} \cong \left(\frac{\varepsilon_i}{\varepsilon_j^{n_i/n_j}}\right)^n = TISIE_{ij}^n, \tag{2-46}$$

上标 n 代表夜间数据。

白天,短波热红外通道(通道 i)的太阳反射影响较大,故通道 i 在地面的通道辐射率不再用以上方程表示,而利用如下方程表达:

$$B(T_{gi}^d) = \varepsilon_i B_i(T_s) + (1-\varepsilon_i)(R_{at_i\downarrow}^d + R_{sl_i\downarrow}) + \rho_{bi}(\theta,\varphi,\theta_s,\varphi_s)E_i\cos(\theta_s)\tau_i(\theta_s,\varphi_s)$$
(2-47)

式中:上标 d 代表白天的数据;$R_{sl_i\downarrow}$ 是由 π 分割的半球下行太阳漫辐射;ρ_{bi} 是视场天顶角和方位角及太阳天顶角和方位角分别为 $(\theta,\varphi,\theta_s,\varphi_s)$ 时通道 i 的双向表面反射率;E_i 为通道 i 在大气层顶的太阳辐射;$\tau_i(\theta_s,\varphi_s)$ 是通道 i 在太阳方向的大气传输率。

与夜间双通道 TISI_{ij}^n 类似,根据上述方程可以推导定义白天双通道 TISI_{ij}^d 为:

$$\text{TISI}_{ij}^d = \frac{B_i(T_{gi}^d) - (R_{at_i\downarrow}^d + R_{sl_i\downarrow})}{B_i(T_{gj}^d) - (R_{at_i\downarrow}^d + R_{sl_i\downarrow})} = \text{TISIE}_{ij}^d + \frac{\rho_{bi}(\theta,\varphi,\theta_s,\varphi_s)E_i\cos\theta_s\tau_i(\theta_s,\varphi_s)}{B_i(T_{gj}^d) - (R_{at_i\downarrow}^d + R_{sl_i\downarrow})}$$
(2-48a)

假定 $\text{TISIE}_{ij}^d = \text{TISIE}_{ij}^n$,结合白天和晚上的 TISI 方程可得出

$$\rho_{bi}(\theta,\varphi,\theta_s,\varphi_s) = \frac{(\text{TISI}_{ij}^d - \text{TISI}_{ij}^n)(B_i(T_{gj}^d) - R_{at_i\downarrow}^d - R_{sl_i\downarrow})}{E_i\cos\theta_s\tau_i(\theta_s,\varphi_s)}$$
(2-48b)

利用双向表面发射率 ρ_{bi},引入角形态因子 $f_i(\theta,\varphi,\theta_s,\varphi_s)$,便可直接求出方向发射率 $\varepsilon_i(\theta,\varphi)$:

$$f_i(\theta,\varphi,\theta_s,\varphi_s) = \frac{\pi\rho_{bi}(\theta,\varphi,\theta_s,\varphi_s)}{1-\varepsilon_i(\theta,\varphi)}$$
(2-48c)

$$\varepsilon_i(\theta,\varphi) = 1 - \frac{\pi(\text{TISI}_{ij}^d - \text{TISI}_{ij}^n)(B_i(T_{gi}^d) - R_{at_i\downarrow}^d - R_{sl_i\downarrow})}{f_i(\theta,\varphi,\theta_s,\varphi_s)E_i\cos\theta_s\tau_i(\theta_s,\varphi_s)}$$
(2-48d)

上述 TISI^{BL} 是 TS-RAM 和 △day 方法的基础。所不同的是 TISI^{BL} 假定昼夜发射率相同,利用相同日期的昼夜影像进行反演;TS-RAM 方法是一种经验方法,建立在线性回归的基础上;△day 方法利用不同日期获取的两组白天的数据进行估算。

2) 归一化植被指数的阈值法(NDVI^{THM})

研究发现,归一化植被指数与陆地表面物质的红外比辐射率存在一定的相关性。基于这一关系的研究,许多学者提出了利用 NDVI 预测陆地表面发射率的不同方法。这些方法大多是建立在如下模型的基础上:

$$\varepsilon_i = \varepsilon_{vi}P_v + \varepsilon_{si}(1-P_v) + C_i$$
(2-49a)

式中:ε_{si} 和 ε_{vi} 分别为对应波段裸地和植被的发射率(对于 AVHRR 而言,$i=4,5$,相应的发射率见表 2-7);C_i 为调整系数,该系数的值依赖于不同植被类型的表面特征(如豆类、葡萄、橘林和森林等)并考虑内部反射率的影响(即对于同质平坦表面而言,$C_i \approx 0$),根据 Sobrino,Caselles 和 Becker(1990)给出的几何模型可知,$C_i = a_i + b_i P_v$;P_v 为植被覆盖率,它可用 NDVI 来表示:

$$P_v = \left(\frac{\text{NDVI} - \text{NDVI}_s}{\text{NDVI}_v - \text{NDVI}_s}\right)^2$$
(2-49b)

式中:NDVI_v 和 NDVI_s 分别为植被完全覆盖区($P_v=1$)和裸地($P_v=0$)区对应的 NDVI 值。

为了便于分析,Sobrino,Raissouni 和 Li(2001)针对不同的 NDVI 阈值分别采用不同的系数计算方法:

(1) $0.2 \leq \text{NDVI} \leq 0.5$

表 2-7　　　　　　　AVHRR 第 4,5 通道裸地和植被的发射率列表

	通道 4 (10.3~11.3μm)	通道 5 (11.5~12.5μm)
ε_s	0.950	0.960
ε_v	0.985	0.985

对于 AVHRR 的第 4,5 通道数据而言,其发射率可用如下方程表示:

$$\varepsilon_4 = 0.968 + 0.021 P_v \tag{2-50}$$
$$\varepsilon_5 = 0.974 + 0.015 P_v$$

因此,这两个通道的平均有效发射率(ε)和通道发射率之差($\Delta\varepsilon$)可表示为:

$$\varepsilon = \frac{\varepsilon_4 + \varepsilon_5}{2} = 0.971 + 0.018 P_v \tag{2-51}$$

$$\Delta\varepsilon = \varepsilon_4 - \varepsilon_5 = -0.006(1 - P_v) \tag{2-52}$$

NDVI = 0.2 和 NDVI = 0.5 分别对应于裸地和全植被覆盖区的临界值,在此范围内,$P_v = \frac{(NDVI - 0.2)^2}{0.09}$。

(2) NDVI < 0.2

NDVI < 0.2 对应于具有稀疏植被的土壤或裸地。根据 Dr. J. Salisbury 提供的裸地的光谱数据,分析可以得出平均有效发射率和通道发射率之差与 AVHRR 第一通道反射率(ρ_1)之间的线性关系:

$$\varepsilon = 0.980 - 0.042\rho_1 \tag{2-53}$$

$$\Delta\varepsilon = -0.003 - 0.029\rho_1 \tag{2-54}$$

这两个回归方程的标准差为 0.004。

(3) NDVI > 0.5

NDVI > 0.5 对应于植被完全覆盖区($P_v = 1$),发射率值与表 2-7 相同,$\varepsilon_{v4} = \varepsilon_{v5} = 0.985$,平均有效发射率

$$\varepsilon = \varepsilon_4 = \varepsilon_5 = 0.985 + C_i \quad (C_i = 0.004) \tag{2-55}$$

2.3.3　温度、比辐射率分离算法(TES)

温度、比辐射率分离算法(TES,Temperature/Emissivity Separation Method)是为了利用于 1999 年发射的 ASTER 传感器数据而提出的。该方法融合了三种已经确定的方法:

(1) 归一化发射率方法(NEM,Normalized Emissivity Method),该方法用于计算温度和波段发射率;

(2) 相对发射率 β_b (RATIO)方法,利用 10~14 波段发射率的平均值计算每个波段的相对发射率;

(3) 利用由 α 残差法(Alpha Residual Method)改编的最小发射率和相对发射率的光谱差异 MMD(MMD,Maximum-Minimum Difference)之间的经验关系,反推最小发射率 $\varepsilon_{\min}$,实现相对发射率与实际发射率的相互转换,从而改进发射率光谱的精度。同时 TES 利用迭代方法消除反射的天空辐射,从而提高了 TES 产品的精度。输入 TES 中的变量包括:离地辐

射率(补偿大气吸收和程辐射)、下行天空辐照度。TES 方法流程图如图 2-4 所示。

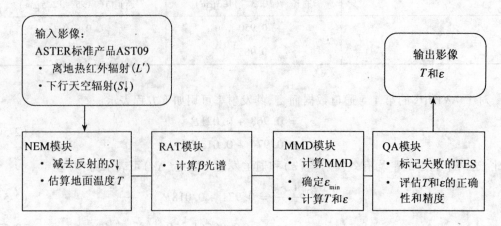

注:NEM,归一化发射率方法;RAT,比率;MMD,最小-最大残差;QA,质量评估。
图 2-4 TES 方法流程图

从图 2-4 可以看出,TEM 方法可分为四个模块:NEM 模块、RAT(Ratio)模块、MMD 模块和 QA 模块。各个模块的功能具体描述如下:

1. NEM(Normalized Emissivity Method)模块

NEM 模块是 TES 算法中的第一步,其主要任务是:减去被反射的下行天空辐射($S_↓$),并估算地表温度(T)。被反射的下行天空辐射可利用归一化比辐射率估算,而实际上,比辐射率也是未知的。为了解决这一问题,在利用 ASTER 数据反演陆面温度的过程中,通常假设一个 10~14 波段中最大的区域比辐射率 ε_{max},并利用假设的比辐射率计算温度和其他波段未知的比辐射率。具体步骤如下:

(1) 计算每个波段的地面发射辐射率(Ground-emitted radiance):

$$R'_b = L'_b - (1 - \varepsilon_{max})S_{↓b} \tag{2-56}$$

式中:R'_b 为波段 b 的地面发射辐射;L'_b 为波段 b 的离地辐射;减数 $(1-\varepsilon_{max})S_{↓b}$ 为占反射天空辐射的一部分。

一般假设 $\varepsilon_{max}=0.99$,它接近灰体(如水体,雪盖和植被)比辐射率范围的最高值。

(2) 计算温度和比辐射率:

$$T_b = \frac{c_2}{\lambda_b}\left(\ln\left(\frac{c_1\varepsilon_{max}}{\pi R'_b \lambda_b^5}+1\right)\right)^{-1} \tag{2-57a}$$

$$T' = \max(T_b) \tag{2-57b}$$

$$\varepsilon'_b = \frac{R'_b}{B_b(T')} \tag{2-57c}$$

式中:c_1 和 c_2 是普朗克常数(Planck);T' 是 NEM 模块中计算所得的温度最大值,根据黑体辐射定律,利用 T' 便可计算出 NEM 发射率 ε'_b。之后,利用 ε'_b 替代方程 $R'_b = L'_b - (1-\varepsilon_{max})S_{↓b}$ 中的 ε_{max} 重复以上过程,直到地面发射辐射率的差值小于预设的阈值(t_2)或迭代次数超过限定的次数(N)为止。其中,t_2 默认值与噪声等效温差相等,即 $t_2 = 0.05\text{W}\cdot\text{m}^{-2}\cdot\text{sr}^{-2}\cdot$

μm^{-1}/迭代;N 的默认值为 12。如果两次迭代之间 R/迭代的斜率增加(如 $|\Delta^2 R/\Delta i^2|$ 超过另外一个不同的预设阈值 t_1,其中 i 代表迭代次数),则不可能对 $S_\downarrow$ 进行校正,此时,终止 TES 算法并输出 NEM 模块中计算所得的 T 和 ε。一般情况下,比辐射率 ε 值越小,则被减少的量越大,因此,对 $S_\downarrow$ 进行校正可以增强辐射率光谱的差异。由于在校正过程中引入的误差依赖于 ε,所以,即使在其余的光谱不准确的情况下,从高 ε 的影像波段准确地反演陆面温度也是可行的。所以,如果在迭代过程中 ε_b' 超出 $0.5 < \varepsilon_b' < 1.0$ 的范围,则终止对于被影响像元的计算并报告出错信息。在这种情况下需要进一步评估温度产品的准确性,并检验发射率的默认范围。

(3) 提取 ε_{max}。

在光谱差异较小的情况下(即根据 $\varepsilon_{max} = 0.99$ 计算所得的 v 小于经验值 $V_1 = 1.7 \times 10^{-4}$),为了提高准确性,需要对 ε_{max} 进行提纯(如图 2-5、图 2-6 所示)。对于灰体而言,光谱差异的主要来源是测量误差:ε_{max} 的最优值可以使 NEM 发射率变异 v 趋于最小。以 ε_{max} 为变量,v 为参变量绘制曲线,可以发现该曲线是开口向上的抛物线。除 $\varepsilon_{max} = 0.99$ 外,再分别计算 $\varepsilon_{max} = 0.92, 0.95$ 和 0.97 时对应的 $v\left(\frac{1}{5}\sum \varepsilon_b\right)^{-2}$,并对这些数据进行抛物线拟合,就不难发现新的 ε_{max}。如果抛物线 $\left(v(\frac{1}{5}\sum \varepsilon_b)^{-2}/\varepsilon_{max}\right)$ 在 $0.9 \sim 1.0$ 范围内具有最小值,该最小值对应的 ε_{max} 就是最优值。提取出 ε_{max} 之后,再次执行 NEM 模块并计算出新的 NEM 温度。需要注意的是:只有当实际发射率光谱的细节很少时,这种方法才能给出有用的结果。

ε_{max} 的提纯依赖于能否定义最小变异,如果抛物线过于扁平或陡峭,即使存在数学解也不能定义出可靠的最小值。所以,为了保证所求得最大比辐射率 ε_{max} 的有效性,需要进行有效性验证。具体描述如下:如果 v/ε_{max} 曲线的平均斜率的绝对值大于 $V_2 = 1.0 \times 10^{-3}$($|d'| > V_2$),则提纯试验失败;如果 $|d'| < V_2$,则进入下一步验证,即,对比二阶导数的大小。如果二阶导数小于 $V_3 = 1.0 \times 10^{-3}$($d'' < V_3$),则认为抛物线太平坦而不能获得可靠解;$d'' > V_3$ 时,进行最后的验证,即,光谱变异的最小值 v_{min} 的有效性,如果满足条件 $v_{min} < V_4$($V_4 = 1.0 \times 10^{-4}$),则探测到异常扁平的光谱。v_{min} 太小可能导致发射率光谱实质上仍然是灰体。在所有的实验中,如果实验失败,则假定 $\varepsilon_{max} = 0.983$。

上述改进 ε_{max} 的方法是建立在 $v < V_1$ 基础之上的,而 V_1 主要是针对植被定义的,而没有考虑岩石等其他大量的陆面地物目标。当 $v > V_1$ 时,则认为对应像元为岩石或土壤并重,设 $\varepsilon_{max} = 0.96$(ASTER 光谱库岩石或土壤比辐射率范围 $0.94 < \varepsilon_{max} < 0.99$ 的中间值)。如果大气校正是成功的,那么输入到 RATIO 模块的 NEM 温度参数的准确度在 340K 时控制在 ±3K 范围内,而在 273K 时则为 ±2K。ε_{max} 提纯实验表明:在没有测量误差的情况下,ε_{max} 提纯是最有效的。数字模拟的结果也表明:对于 ASTER 数据而言,ε_{max} 提纯至少有时是有效的。

为了确定阈值和利用改进的 TES 性能提纯 ε_{max} 的值,就需要对从航空扫描数据模拟生成的 ASTER 影像作进一步实验。总之,阈值对 NEΔT 很敏感,而且,当改进估计可行时,阈值必须是精确的。

NEM 模块的具体执行流程图如图 2-5,图 2-6 所示。

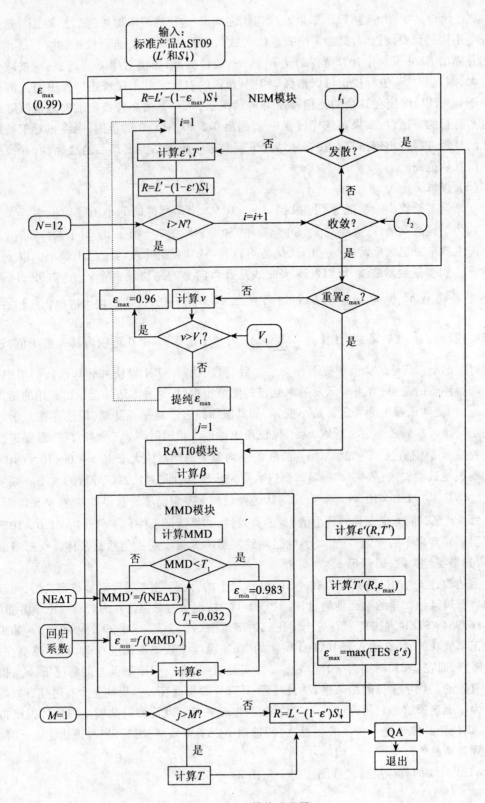

图 2-5　NEM 模块流程图

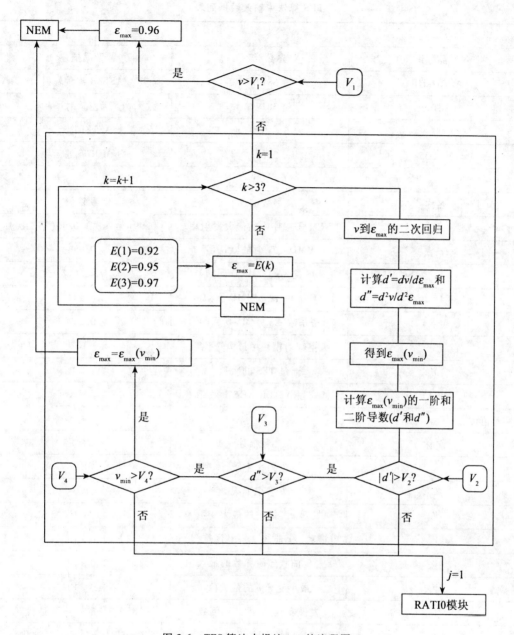

图 2-6 TES 算法中提纯 ε_{max} 的流程图

参数 $\varepsilon_{max}(v_{min})$ 是使光谱变异 v 最小的最大比辐射率 ε_{max}。第一步实验($v<V_1$)排除高变异光谱;第二步($|d'|<V_2$)排除倾斜或构造光谱;第三步($d''>V_3$)排除凸起和平坦光谱;第四步与第一次实验类似($v_{min}<V_4$)排除基本上是灰体的光谱。回归实验应用于 $0.9 \leqslant \varepsilon_{max} \leqslant 1.0$ 的窗口内。对于非自然灰体(如,$\varepsilon_{max}<0.9$ 的金属)TES 方法是不精确的。有关实验参数见表 2-8。

表 2-8　TES 算法中输入数据列表

输入影像

产品标识	参数/级别	产品描述
AST09-TIR	3817/2	ASTER 离地辐射
AST09	3817/2	天空辐射率
-NA-	-NA-	ASTER 滤云
MOD35	3660/?	MODIS 滤云

输入参数

名称	参数描述	默认值
ε_{max}	NEM 子程序中的最大发射率	0.99(第一次),0.96(第二次)
ε_{max}	MMD < T_1 时的默认值	0.983
-	增益 - ε_{min}/MMD 回归	-0.647
-	Offset - ε_{min}/MMD 回归	0.994
-	幂系数 - ε_{min}/MMD 回归	0.737
N	天空辐射模块中最大迭代数	12
M	通过 TES 的次数	2
NEΔT	ASTER NEΔT	0.3K

实验值

名称	参数描述	默认值
L_1	发射率上限	0.5
L_2	发射率下限	1.0
V_1	发起 ε_{max} 提纯的最大变量	1.7×10^{-4}
V_2	ε_{max}/v 曲线 0 斜率容差	1.0×10^{-3}
V_3	ε_{max}/v 曲线二阶导数的最大值	1.0×10^{-3}
V_4	最小变异 v 的最大值	1.0×10^{-4}
ι_1	发散实验:最大二阶倒数	$0.05 W \cdot m^{-2} \cdot sr^{-1}$/迭代$^{-2}$
ι_2	收敛和稳定性实验:最大一阶倒数	$0.05 W \cdot m^{-2} \cdot sr^{-1}$/迭代
T_1	回归分析中所用的最小 MMD	0.032
c	用于调整噪声 MMD 的经验系数	1.52

2. RATIO(Ratio Algorithm)模块

RATIO 模块的任务是利用 T 计算相对发射率 β_b 值,它是每个波段比辐射率和所有波段的比辐射率平均值之间的比例,可用来测度光谱外形。其计算公式如下:

$$\beta_b = \varepsilon_b 5 (\sum \varepsilon_b)^{-1}, b = 10 \sim 14 \qquad (2-58)$$

理论上，β_b 的范围很大，但是，因为发射率一般限制在 0.7～1 之间，所以 $0.75 < \beta_b < 1.32$。β_b 值提供了一个温度独立指数(Temperature Independent Index)，它可与实验室计算得到的自然物质的 β_b(实验室测量值/实地测量值)相匹配。当 240K < T < 340K 时，由于 NEMT 的误差而产生的 β 误差是系统误差且小于由于 NEΔT 而产生的随机误差。β 光谱的扭曲发生在 ASTER 数据可检验性阈值(Threshold of Detectability)之下。

3. MMD(Min-Max Difference)模块

MMD 模块用于计算最大-最小 β 光谱差，确定最小发射率(ε_{min})，计算 TES 发射率和陆面温度等。

(1) 计算最大最小 β 光谱差

$$MMD = \max(\beta_b) - \min(\beta_b), \quad b = 10 \sim 14 \tag{2-59}$$

(2) 确定最小发射率(ε_{min})

在 TES 方法中，最大最小差(MMD)与最小发射率相关，Salisbury 和 D'Aria(1992)根据实验室测量的发射率，可建立 ε_{min} 和 MMD 之间的对应关系：

$$\varepsilon_{min} = 0.994 - 0.687 \times MMD^{0.737} \tag{2-60}$$

(3) 计算 TES 发射率和陆面温度

根据第一步和第二步的经验关系式可实现 β_b 和 ε_b 的相互转换：

$$\varepsilon_b = \beta_b \left(\frac{\varepsilon_{min}}{\min(\beta_b)} \right), b = 10, 11, \cdots, 14 \tag{2-61}$$

如果自然界中实际发射率差异远大于仅由测量误差而导致的差异，则 MMD 是最小无偏估计。然而，对于灰体而言，MMD 受测量误差支配而不再是无偏的，也就是说，当实际光谱差异减少至 0 时，MMD 也会同步减少，但是，正极限的值依赖于 NEΔT。这就为形式上校正直观 MMD 提供了可能，如由 Monte Carlo 指定的校正模拟：

$$MMD' = [MMD^2 - cNE\Delta\varepsilon^2]^{-1}; \quad c = 1.52 \tag{2-62}$$

其中 MMD' 是校正的差异，NEΔε = 0.0032 是在 300K 时，由 NEΔT = 0.3℃ 计算得到的，系数 c 是经验值。方程 $\varepsilon_b = \beta_b \left(\frac{\varepsilon_{min}}{\min(\beta_b)} \right)$ 提高了灰体 TES 的准确性却以牺牲 TES 的精度为代价。实验表明：如果 MMD < T_1(目前设置为 0.032)，精度损失是不可接受的。所以，在这种情况下，不再计算 MMD' 和 ε_{min} 而是直接设置 ε_{min} = 0.983(适合灰体如植被的值)。然后，继续下面的流程，直到 ε_b 计算结果收敛为止。

到目前为止，已经利用 NEM 模块计算了陆面温度 T' 和 TES 发射率光谱。但是，由于假定的 ε_{max} 可能并不精确，NEM 温度 T 的误差可能高达 3K。这一误差可通过利用标准的经过大气校正的辐射率 R 和 TES 发射光谱 ε_b 重新计算陆面温度来减少。

$$T = \frac{c_2}{\lambda_{b*}} \left(\ln \left(\frac{c_1 \varepsilon_{b*}}{\pi R_{b*} \lambda_{b*} R} + 1 \right) \right)^{-1} \tag{2-63}$$

式中，b^* 对应于发射率 ε_b 最大(S↓校正最小)的 ASTER 波段。

4. 精度评估

结合以上三种方法，不难求出陆面温度。为了保证输出温度产品的有效性和实用性，必须进行产品质量评估。TES 方法中，有两种控制产品质量的方法：内部自动测试和外部结果测试。内部测试针对每个像素执行，但外部测试主要在计算刚开始时执行，之后很少应用。

质量评估完成后,将输出 TES 算法的性能特征,以及生成的 T 和 ε 标准产品的精度。

在精度评定过程中,利用了两种信息:TES 产品的可靠性,该信息可通过数字模拟结果和针对不同影像(包括实验室光谱数据和实地光谱数据的模拟影像)的算法执行结果获得;TES 性能,它依赖于 $S_\downarrow/L'$ 和 MMD,其性能指标可在运行过程中按像元评定。根据以上两种信息给每个像元分配精度种类。温度的精度种类有三种:精度在 1.0K 范围内;精度在 1.0~2.0K 范围内;精度大于 2.0K。对应的发射率的精度类型为:0.01,0.01~0.02 和大于 0.02。

TES 算法集合了三种已有方法(NEM, RAT, MMD)的优点和一些新的特点。它与 Mean-MMD 方法密切相关。实质上,TES 利用 NEM 方法估算温度并根据温度估算发射率,发射率与它们的均值比生成 β 值。β 值保留了实际发射率的形状而不是振幅,为了还原振幅及实现温度的精确估算,需要计算 MMD,并用来预测最小发射率(ε_{min})。TES 针对 ASTER 离陆热红外辐射数据(L', Land-leaving TIR Radiance)进行操作,其中,L' 已经针对大气透过率 τ 和上行辐射 $S_\uparrow$ 做过校正。同样,标准 ASTER 产品还有大气下行辐射 $S_\downarrow$,因为没有发射率 ε 的先验知识 $S_\downarrow$ 是不可能被移除的。TES 方法通过迭代法逐步移除反射的 $S_\downarrow$。TES 方法与三种已有方法有所不同,其差异在于:

(1) 逐像素提纯应用于 NEM 中的最大区域发射率值(ε_{max})。

(2) 纠正灰体 ε_{min} 的错误,这种错误是由在 MMD 中产生的误差引起的,而 MMD 误差又归因于 NEΔT(Noise Equivalent Temperature Difference:噪声等效温差)。

(3) 利用第一代 TES T 和 ε 值提纯大气下行辐射的校正,从而使产生的第二代估计更精确。

TES 算法最重要的进步是:第一次提出发射率的无偏和精确估计,也正是因此而改进了陆面温度的估算。实验表明,TES 反演温度的误差为 ±1.5 K,发射率(比辐射率)的误差为 ±0.015。TES 方法的局限性表现在:发射率(比辐射率)和光谱对比之间的经验关系,反射天空辐射的补偿,ASTER 的精度、验证和大气校正等方面。

陆面温度反演的几种方法大多是针对不同的传感器数据提出的,所以,各种方法具有明显不同的适用性。但是它们都有一个共同点,即在求解中都要输入假设或模拟变量。

2.4 温度遥感反演结果的应用实例

温度作为一个重要的参数,影响着地气之间显热和潜热交换,在气象、水文、植被生态、军事侦察及环境监测等方面都有着重要的应用价值。下面给出的是分别针对海面温度和陆面温度遥感反演结果的基本应用。

2.4.1 海面温度遥感反演结果的应用

地球表面上,有74%的面积被水体所占据,水体中,海洋面积最大,约占95%(即占全球面积的71%)。因此,占全球面积71%的海洋是全球环境变化的重要角色。海面温度场的变化明显地影响着全球气候的变化。如果可以实时动态地掌握海面温度场的分布状况,将为全球气候变化研究提供第一手资料。卫星遥感技术的发展提供了满足这一需求的有效途径。下面的有关海面温度分布的彩图是利用实地观测船报或浮标数据及热红外卫星遥感数据反演结果而获得的,从这些海面温度反演结果中我们可以获得如下信息。

1. 海面温度场的全球分布规律

全球海洋表面的温度场,具有明显的空间分布规律:全年平均海面温度由低纬向高纬逐渐递减,南北两半球呈现出对称的分布趋势,图2-7是6月份的全球海面平均温度。

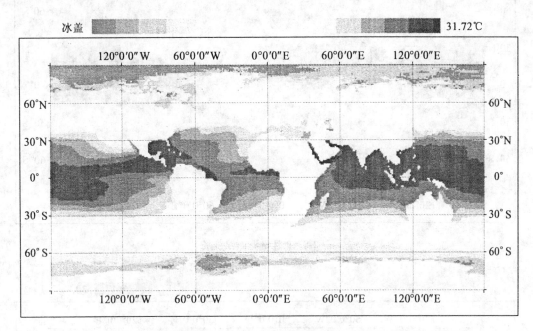

图2-7　6月份海面温度场分布特征

2. 全球海面温度场的时间变化规律

历年海面温度分布资料显示出,全球海面温度场的变化呈现出与纬度平行方向上的时间变化规律:高温场出现在低纬的海洋面上,并随太阳高度角的变化表现出以年为周期的时间变化规律,一般情况下,9月初,高温场移动到最北端而后开始向南移动,此时,北极圈内冰盖面积明显减少,12月份的温度场表现为南北对称,至3月份,高温场移动到最南端,北极圈内冰盖面积达到全年的最大值。9月份海面温度场如图2-8所示,3月份海面温度场如图2-9所示。

3. 海面温度异常分析与应用

虽然全球海面温度具有长期的变化趋势,而且波动范围总体来说不是很大,但是,实际上,占全球面积71%的海洋,只要有较小的波动便会造成沿岸国家甚至是洲际范围的响应,尤其是灾害性现象。在各种天气和气候异常现象中,厄尔尼诺和拉尼娜现象也许最有可能导致大规模的自然灾害并可能对人类产生严重影响,并已引起世界范围的广泛关注。

厄尔尼诺是赤道太平洋中部和东部的表层海水温度大幅度上升的现象,它是在热带太平洋西部的温暖水域东流的同时,赤道太平洋东部和美洲太平洋沿岸的冷水上涌减少,从而导致的气候异常,进而带来灾害。如图2-10(a)和图2-10(b)所示,厄尔尼诺现象一般在北半球的暮春或初夏发生,一旦出现后通常持续一年左右,尽管地球某些区域的有关气候异常现象可能持续更长时间。1997～1998年普遍认为是有史以来最剧烈和破坏力最大的一次

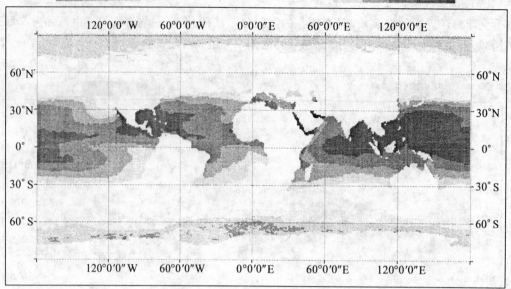

图 2-8　9 月份海面温度场

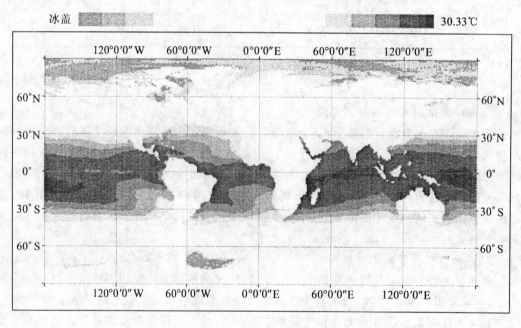

图 2-9　3 月份海面温度场

厄尔尼诺现象,虽然在某些区域,特别是在南部非洲和澳大利亚,其影响不如 1982~1983 年的厄尔尼诺现象严重。这些差别也说明了自然气候系统的复杂性。

图 2-10 给出的是 1997 年发生厄尔尼诺现象时的海面距平图,南美太平洋沿岸及热带赤道区域均出现明显的海面温度的正距平,由此带来了沿岸区域的气候异常。利用遥感影

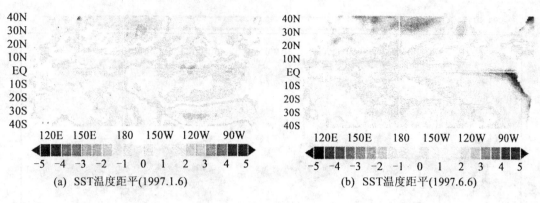

图 2-10

像可以监测全球范围内出现的海面温度异常,从而及时做出预报。图 2-11 和图 2-12 分别是利用遥感影像反演得到的正常年份及厄尔尼诺年的海面温度图,从图上不难看出,1997 年 6 月份 90°W~150°W,0°S~10°S 范围内的美洲沿岸,冷水上涌现象较正常年份明显减弱,由此,可以及早发现全球范围内的温度异常。

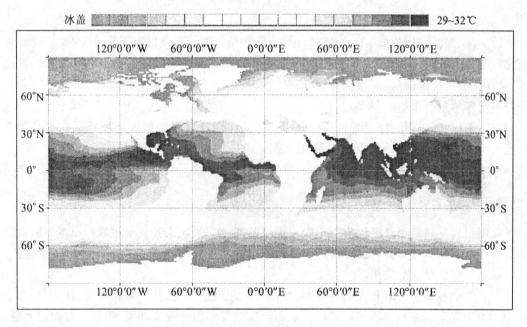

图 2-11　正常年 6 月份海面温度分布图

同理,海面温度的反演亦可以用于拉尼娜现象的分析。除此以外,海面温度的反演还广泛应用于研究亚洲季风暴发的年际变化,分析西太平洋暖池的热状态对东亚气候灾害和夏季降水的影响,尤其是迅速发展的气候模式和海气耦合模式,对海面温度的计算提出了越来越高的要求。海面温度已成为长期天气预报、短期气候分析、气候灾害研究和全球变化不可缺少的重要资料之一。

海面温度的另一个重要应用是在海洋环境变化研究和渔业生产中的应用。海水温度与

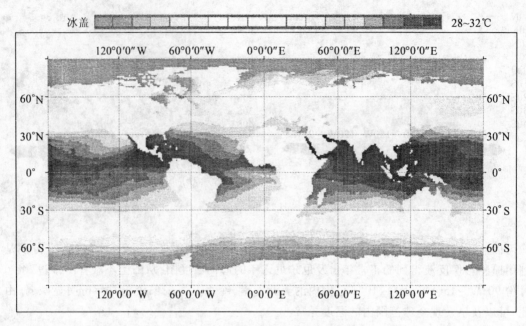

图 2-12 1997 年 6 月份海面温度分布图

鱼类的生存、洄游密切相关,在海温锋面位置,常常是鱼群的聚集区。中国在 1990 年就开始研究利用 AVHRR 资料计算的海面温度确定渔场位置。根据各种鱼类的生活习性和洄游路径,寻找有经济价值的鱼群。此项研究成果已投入运行多年,在确定渔场位置,促进渔业生产方面发挥了重要作用。

海面温度在海洋环境变化研究中的应用,主要体现在对近海岸地区环境变化及其污染状况的研究,如赤潮的预测,海水的温度是赤潮发生的重要环境因子,研究表明,20～30℃是赤潮发生的适宜温度范围,一周内水温突然升高 2℃以上是赤潮发生的先兆。

2.4.2 陆面温度反演应用

陆面温度反演结果已广泛应用于农业干旱监测、水文、气象等各个领域。在本书后面的章节中涉及利用植被指数和温度进行干旱监测的方法。这里以城市热岛的分析应用为例,来说明陆面温度反演的应用。

随着社会经济的发展和人口的增多,城市面积在迅速扩展,并已经在人文、社会、生态等各个方面引起了越来越多的问题,其中,陆面温度的变病由此带来环境、生态等方面的问题,已经受到越来越多的关注。图 2-13 是 1990 年和 2000 年珠江三角洲地区陆面温度分布图,从图上可以明显地看出城市热岛的变化趋势。

根据长时间序列的陆面温度反演资料可对相应的问题进行分析预测(见表 2-9)。

结合遥感反演的陆面温度数据和城市内部土地利用类型资料,可以详细地分析城市内部的温度变化规律;分析不同类型下垫面对于城市热岛形成机制的影响。接下来以深圳市内部不同土地利用类型的温度分异分析为例。

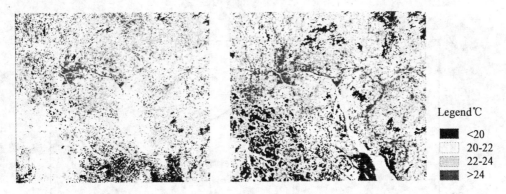

图 2-13　1990 年和 2000 年珠江三角洲地区陆面温度分布图

表 2-9　　　　　　不同土地利用类型对于区域温度的贡献率及其预测

土地覆盖类型	单位贡献率	过去景观	贡献率	1990 年景观	贡献率	2000 年景观	贡献率	未来景观 2010 年	贡献率
城区	1.56	0	0	6.1	0.095	13.1	0.204	28.1	0.438
水域	-1.58	9.48	-0.150	9.4	-0.149	9.5	-0.150	7.9	-0.125
鱼塘	-0.99	14.3	-0.142	10.8	-0.107	15.1	-0.149	12.49	-0.124
半裸露地	0.79	0	0	16.3	0.129	28.5	0.225	23.57	0.186
林地	-0.42	19.29	-0.081	14.5	-0.061	9.6	-0.040	7.9	-0.033
农田	-0.34	56.18	-0.191	42.2	-0.143	21.5	-0.073	17.8	-0.061
开发区	0.98	0.75	0.007	0.7	0.007	2.7	0.027	2.24	0.022
区域均温		100	22.443	100	22.771	100	23.043	100	23.303

从图 2-14 可以看出,道路、草地(包括高尔夫球场)、高新技术开发区以及商业区均是城市内部的高温区,而相应的其他类型区温度较低。这些信息有助于辅助城市规划。

根据陆面温度资料还可以进行多方面城市问题的研究:如城市群落模式与热环境关系的研究,城市扩张模式与热环境问题的研究以及同种覆盖类型内部温度异常区的分析等。热红外遥感在其他方面的应用在后面的章节中将有详细的叙述,在此不再赘述。

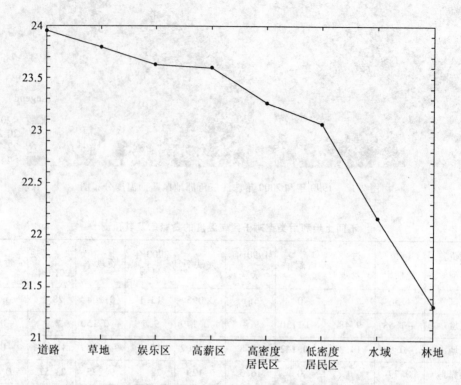

图 2-14 深圳市内部不同土地利用类型的平均温度折线图

参 考 文 献

[1] 方宗义,刘玉洁,朱小祥.对地观测卫星在全球变化中的应用.北京:气象出版社,2003.

[2] 李小文,汪俊发,王锦地,柳钦火.多角度与热红外对地遥感.北京:科学出版社,2001.

[3] 濮静娟.遥感图像目视解译原理与方法.北京:中国科学技术出版社 1992,44-45.

[4] 吴国柱,吴克勤(译).卫星海洋学.北京:海洋出版社,1981.

[5] 周淑贞,张如一,张超.气象学与气候学.北京:高等教育出版社,1997.

[6] 赵英时.遥感应用分析原理与方法.北京:科学出版社,2003,113-115.

[7] 陈良富,徐希孺.陆面温度反演的新进展.国土资源遥感,1999,3:47-50.

[8] 党顺行,杨崇俊等.卫星遥感海表温度反演研究.高技术通讯,2001.

[9] 黄妙芬,邢旭峰,王培娟,王昌佐.利用 LANDSAT/TM 热红外通道反演地表温度的三种方法比较.干旱区地理,2006,29(1):132-137.

[10] 胡振峰.热红外遥感应用研究.科技情报开发与研究,2004,(14):1.

[11] 江东,王乃斌,杨小唤,刘红辉.地面温度的遥感反演:理论、推导及应用.甘肃科学学报,2001,13(4):36-40.

[12] 王奋勤,范闻捷,秦其明,徐希孺.矩阵表达与对象统计特性相结合的组分温度反演方法.遥感学报,2004,8(2):102-106.

[13] 王其茂,金振刚等."海洋一号"(HY-1)卫星数据的海面温度反演.海洋预报,2003,20(3):53-59.

[14] 徐希孺,柳钦火,陈家宜.遥感陆面温度.北京大学学报(自然科学版),1998,34(2-3):248-253.

[15] 徐希孺.遥感物理.北京:北京大学出版社,2005,385.

[16] 阎广建,李小文,王锦地,朱重光.宽波段热红外方向性辐射建模.遥感学报,2000,4(3):189-193.

[17] 尹楠,周云轩,王黎明,万力. NOAA/AVHRR 的分裂窗算法在地表温度反演中的应用.测绘与空间地理信息,2005,28(4):8-11.

[18] 覃志豪,Zhang minghua,Arnon Karnieli,Pedro Berliner.用陆地卫星 TM6 数据演算地表温度的单窗算法.地理学报,2001,56(4):456-466.

[19] 周亚军,朱正义,朱姝.近百年全球海温演变的特征.热带气象学报,1996,12(1):85-89.

[20] 李召良,张仁华,F. Petitcolin. A physically based algorithm for land surface emissivity retrieval from combined mid-infrared and thermal infrared data. Science in China, Ser. E: 2000, 23-33.

[21] Agarwal, V. K., and Ashajayanthi, A. V.. Boundary layer structure over tropical oceans from TIROS-N infrared sounder observations. Journal of Climatology and Applied Meteorology, 1983, 12:1305-1311.

[22] Chandrasekhar, S.. Radiative Transfer. New York: Dover, 1960.

[23] Coll C, Casellos V A. A split-window algorithm for land surface temperature from advanced very high resolution radiometer data: Validation and algorithm comparison[J]. JGR, 1997, 102(D14):16697-16713.

[24] Enric Valor and Vicente Caselles. Mapping land surface emissivity from NDVI: Application to European, African, and South American areas. Remote Sensing of Environment, 1996, 5(3):167-184.

[25] Francois, C., and Ottle, C.. Atmospheric corrections in the thermal infrared: global and water vapour dependent split-window algorithms. Applications to ATSR and AVHRR data. IEEE Transactions on Geoscience and Remote Sensing, 1996, 34, 457-471.

[26] Gillespie A. R., Rokugawa S., Hook S. J., Matsunaga T., and Kahle A. B. Temperature/Emissivity Separation Algorithm Theoretical Basis Document. 1999, Version 2.4.

[27] Gillespie, A., Rokugawa, S., Matsunaga, T., Cothern, J. S., Hook, S., & Kahle, A. B. A temperature and emissivity separation algorithm for Advanced Spaceborne Thermal Emission and Reflection radiometer (ASTER) images. IEEE Transactions on Geoscience and Remote Sensing, 1998, 36, 1113-1126.

[28] Goita, K.; Royer, A.. Surface temperature and emissivity separability over land surface from combined TIR and SWIR AVHRR data. Geoscience and Remote Sensing, IEEE Transactions on, 1997, 35(3):718-733.

[29] Hu Yang and Zhongdong Yang. A modified land surface temperature split window retrieval algorithm and its applications over China. Global and Planetary Change, 2006, 52(1-4): 207-215.

[30] José A. Sobrino, Juan C. Jiménez-Muñoz and Leonardo Paolini. Land surface temperature retrieval from LANDSAT TM 5. Remote Sensing of Environment, 2004, 90(4):434-440.

[31] Jiménez-Muñoz, J. C., & Sobrino, J. A. A generalized single channel method for retrieving land surface temperature from remote sensing data. Journal of Geophysical Research, 2003,108 (doi: 10.1029/2003JD003480).

[32] Kerényi J. and Putsay M.. Investigation of land surface temperature algorithms using NOAA AVHRR images. Advances in Space Research, 2000, 2(7):1077-1080.

[33] LI X., PICHEL W., MATURI E., CLEMENTE-COLO' N P. and SAPPER J.. Deriving the operational nonlinear multi-channel sea surface temperature algorithm coefficients for NOAA-15 AVHRR/3, Int. J. Remote Sensing, 2001, 22(4): 699-704.

[34] MATHEW K., NAGARANI C. M. and KIRANKUMAR A. S., Split-window and multi-angle methods of sea surface temperature determination: an analysis, Int. J. Remote Sensing, 2001, 22(16):3237-3251.

[35] Prabhakara, C., Dalu, G., and Kunde, V. G.. Estimation of sea surface temperature from remote sensing in 11-13 mm window region. Journal of Geophysical Research, 1974, 79, 5039-5044.

[36] Prata, A. J. and C. M. R. Platt. Land surface temperature measurements from the AVHRR. Proc. _5th AVHRR Data users conference, June 25-28, Tromso, Norway EUM P09. 1991, 433-438.

[37] Price. J. C.. Land surface temperature measurements from split-window channels of the NOAA advance very high resolution radiometer. J. Geophys. Res. 1984,89:723 1-7237.

[38] S. Rokugawa, T. Matsunaga, H. Tonooka, H. Tsu, Y. Kannari and K. Okada. Temperature and emissivity separation from ASTER on EOS AM-1-Preflight validation by ASTER airborne simulator. Adv. Space Res. 1999,23(8): 1463-1469.

[39] Sobrino, J. A. and V Caselles. A methodology for obtaining the crop temperature from NOAA-9 AVHRR data. Int. J. Rem. Sens, 1991, 12: 2461-2476.

[40] Sobrino, J. A., Li, Z. L., and Stoll, M. P.. Impact of atmospheric transmittance and total water vapour content in the algorithms for estimating sea surface temperature. IEEE Transactions on Geoscience and Remote Sensing, 1993, 31, 946-952.

[41] Sobrino, J. A., Li, Z. L., Stoll, M. P. and Becker, F.. Multi-channel and multi-angle algorithms for estimating sea and land surface temperature with ATSR data. International Journal of Remote Sensing, 1996, 17, 2089-2114.

[42] Toby N. Carlson and David A. Ripley. On the relation between NDVI, fractional vegetation cover, and leaf area index. Remote Sensing of Environment, 1997, 62(3): 241-252.

[43] Thomas Schmugge, Andrew French, Jerry C. Ritchie, Albert Rango, Henk Pelgrum.

Temperature and emissivity separation from multispectral thermal infrared observations. Remote Sensing of Envrionment,2002, 79:189-198.

[44] Ulivieri, C.. Minimization of atmospheric water vapour and surface emittance effects on remote sensed sea surface temperature. IEEE Transactions on Geo-science and Remote Sensing, 1984, 22, 622-626.

[45] Ulivieri. C.. M. M. Castronuovo, R. Francioni and A. Cardillo. A split-window algorithm for estimating land surface temperature satellites. Res. , 1994,14(3):59-65.

[46] Zhao-Liang Li and François Becker. Feasibility of land surface temperature and emissivity determination from AVHRR data. Remote Sensing of Environment, 1993, 43(1):67-85.

[47] http://baike.baidu.com/lemma-php/dispose/view.php/2112.htm.

[48] http://211.71.86.13:8081/lesson/07/02/02/daxuewuli_1//p06/ch22/sec02/index.htm#.

[49] http://info.datang.net/P/P0561.HTM.

第3章 水色遥感定量反演模型

水色遥感是根据水体在可见光波段的吸收与散射的光谱特性,利用机载/星载传感器探测与水色有关的参数(如叶绿素、悬浮颗粒物、溶解有机物等)的一个技术过程。利用海洋水色遥感反演的各个参数可为沿岸工程和河口海湾治理、港口航道、污染防治、渔场维护与开发、海岸蚀淤等提供基础数据;从全球应用角度,可增进认识海洋生态环境评估和海洋在全球碳循环中所起的作用,为全球变化研究提供重要的定量信息。因此,水色遥感已经成为海洋科学和全球变化研究中必不可少的分支。

3.1 水色遥感基础

3.1.1 水体光学特性

不同组分的水体在可见光波段表现出不同的光学特性,呈现不同的水色,这是水色遥感的理论依据。因此,水色遥感发展的历史也可以认为是海洋光学发展的历史。要了解水色遥感的知识,首先需要了解水体光学特性的有关知识,了解水体组分及其对电磁辐射的影响。

1. 水体的组分

从光学角度来看,水体的光学特性除受纯水的影响外,主要还受到叶绿素(一般称浮游植物,Phytoplankton)、悬浮颗粒物(有时也被称为悬浮泥沙,Suspended Sediment)、有色可溶性有机物 CDOM(Coloured Dissolved Organic Matter,又称黄色物质 Yellow Substance 或 Gelbstoff)三种物质的影响。

水体中的叶绿素主要存在于浮游植物和其他微生物中,考虑到浮游植物是水体光学性质的主要影响因素,叶绿素的宿主又统称为浮游植物。悬浮颗粒物是指悬浮在水中的微小固体颗粒物,其直径一般在 2mm 以下,包括黏土、淤泥、粉砂、有机物和微生物等,是引起水体浑浊的主要原因。其含量的多少是衡量水质污染程度的指标之一。黄色物质是以溶解有机碳为主要成分、分子结构非常复杂的一大类物质的统称,主要是指富甲酸(能溶解于酸和碱)和腐殖酸(溶于碱,但不溶于酸)等未能鉴别的溶解有机碳(Dissolved Organic Carbon,DOC)组分,按其来源可以分为海洋生物有机体就地降解产生的和陆源产生的两种。值得注意的是,采用这种不太传统的分类方法是出于光学观点考虑的,而且每一类的名称只是代表了这一类中最主要的成分,每一类还包括一些其他少量成分。

2. 水体组分对电磁辐射的影响

太阳辐射到达水面后,分成以下几个部分:

(1)水面的反射辐射:入射光的一小部分(约 3.5%)被水面直接反射回空中,构成水面的反射辐射。

(2) 水体吸收的太阳辐射:除发生镜面反射外,最大的一部分辐射能量被水体所吸收。

(3) 散射光:一部分入射光被水体中的悬浮物质和有机生物所散射,构成了水中的散射光,其中,返回水面的部分构成后向散射光。

(4) 水底反射光:还有一部分光透过水层,到达水底再反射,构成水底反射光,这部分水底反射光与后向散射光一道组成水中光,回到水面再折射到空中。

由于受到大气散射、水体组分及水底的吸收等因素的影响,传感器接收到的离水辐射信号在到达传感器的过程中发生偏离和衰减(图3-1)。

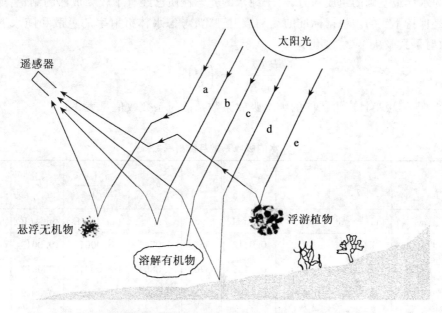

(a) 悬浮颗粒物向上辐射;(b) 水分子向上的散射;
(c) 黄色物质的吸收;(d) 水底的反射;(e) 浮游植物向上的散射

图3-1 影响海面上行光的因子

水体中,离水辐射信号的衰减,主要是由于水体本身或水体中所含微粒的散射或吸收造成的。传感器探测到的水体本身及其组分向上的光线形成的离水辐射亮度是水中各种物质组分浓度的函数。海水的吸收、散射系数可以表示水中各物质组分浓度的函数,吸收可以表示为成分浓度与单位吸收系数的乘积:

$$a = a_w + Ca_c^* + Xa_X^* + Ya_Y^* \tag{3-1}$$

式中:a_w 为纯水的吸收系数(m^{-1});C 为叶绿素浓度(mg/m^3),a_c^* 为其单位吸收系数($m^{-1}(mgm^{-3})^{-1}$);X 表征悬浮颗粒物浓度,此处单位是 m^{-1};a_X^* 为其单位吸收系数;Y 为黄色物质的浓度(m^{-1}),按440nm处光束的衰减量来决定;a_Y^* 为其单位吸收系数。

同样,海水后向散射可以表示为体散射(Volume Scattering)与后向散射比例系数(Backscattering Ratio)的乘积:

$$b_b = \tilde{b}_{h_w} b_w + \tilde{b}_{h_c} b_c + \tilde{b}_{h_x} b_x \tag{3-2}$$

式中:b_w为纯水的散射系数;$\tilde{b}_{b_w}$为水的后向散射的比例;b_c为浮游植物(叶绿素)的散射系数;$\tilde{b}_{b_c}$为叶绿素的后向散射的比例;b_x为悬浮颗粒物的散射系数;$\tilde{b}_{b_x}$为悬浮颗粒物的后向散射的比例。

因此,要探测海水中各种物质组分的浓度,必须首先弄清水中各种物质组分对光的吸收和散射作用,了解这些物质组分的吸收和散射特性以及由此呈现的光谱特征,从而建立离水辐射亮度与水中各种物质组分浓度的关系。

1)纯水

作为水体最基础的组成部分,对于纯水的光学性质已经有了较为成熟的结论:纯水的吸收系数是保持不变的。根据标准的瑞利散射理论,考虑水体折射率的色散和随水下压力的变化,散射系数服从$\lambda^{-4.32}$变化:

$$\frac{b_w(\lambda_1)}{b_w(\lambda_2)} = \left(\frac{\lambda_1}{\lambda_2}\right)^{-4.32} \tag{3-3}$$

迄今为止,普遍接受且广为认同的纯水吸收系数及散射系数数值见表3-1。

表3-1 纯水的吸收系数与散射系数

λ /nm	a_w /m^{-1}	$\frac{\partial a_w(\lambda)}{\partial T}$ /(m$^{-1}\cdot$℃)	b_w /m^{-1}(B)	b_w /m^{-1}(M)	λ /nm	a_w /m^{-1}	$\frac{\partial a_w(\lambda)}{\partial T}$ /(m$^{-1}\cdot$℃)	b_w /m^{-1}(B)	b_w /m^{-1}(M)
340	0.0325	0.0000	0.0104	0.0118	565	0.0743	0.0001	0.0013	
350	0.0204	0.0000	0.0092	0.0103	570	0.0804	0.0001	0.0012	0.0013
360	0.0156	0.0000	0.0082	0.0091	575	0.0890	0.0002	0.0012	
370	0.0114	0.0000	0.0073	0.0081	580	0.1016	0.0003	0.0011	0.0012
380	0.0100	0.0000	0.0065	0.0072	585	0.1235	0.0005	0.0011	
390	0.0088	0.0000	0.0059	0.0065	590	0.1487	0.0006	0.0011	0.0011
400	0.0070	0.0000	0.0053	0.0058	595	0.1818	0.0008	0.0010	
405	0.0060	0.0000	0.0050		600	0.2417	0.0010	0.0010	0.0011
410	0.0056	0.0000	0.0048	0.0052	605	0.2795	0.0011	0.0010	
415	0.0052	0.0000	0.0045		610	0.2876	0.0011	0.0009	0.001
420	0.0054	0.0000	0.0043	0.0047	615	0.2916	0.0010	0.0009	
425	0.0061	0.0000	0.0041		620	0.3074	0.0008	0.0009	0.0009
430	0.0064	0.0000	0.0039	0.0042	625	0.3135	0.0005	0.0008	
435	0.0069	0.0000	0.0037		630	0.3184	0.0002	0.0008	0.0009
440	0.0083	0.0000	0.0036	0.0038	635	0.3309	0.0000	0.0008	
445	0.0095	0.0000	0.0034		640	0.3382	-0.0001	0.0008	0.0008

续表

λ /nm	a_w /m^{-1}	$\dfrac{\partial a_w(\lambda)}{\partial T}$ /(m$^{-1}\cdot$℃)	b_w /m^{-1}(B)	b_w /m^{-1}(M)	λ /nm	a_w /m^{-1}	$\dfrac{\partial a_w(\lambda)}{\partial T}$ /(m$^{-1}\cdot$℃)	b_w /m^{-1}(B)	b_w /m^{-1}(M)
450	0.0110	0.0000	0.0033	0.0035	645	0.3513	0.0000	0.0007	
455	0.0120	0.0000	0.0031		650	0.3594	0.0001	0.0007	0.0007
460	0.0122	0.0000	0.0030	0.0031	655	0.3852	0.0002	0.0007	
465	0.0125	0.0000	0.0028		660	0.4212	0.0002	0.0007	0.0007
470	0.0130	0.0000	0.0027	0.0029	665	0.4311	0.0002	0.0006	
475	0.0143	0.0000	0.0026		670	0.4346	0.0002	0.0006	0.0007
480	0.0157	0.0000	0.0025	0.0026	675	0.4390	0.0001	0.0006	
485	0.0168	0.0000	0.0024		680	0.4524	0.0000	0.0006	0.0006
490	0.0185	0.0000	0.0023	0.0024	685	0.4690	−0.0001	0.0006	
495	0.0213	0.0001	0.0022		690	0.4929	−0.0002	0.0006	0.0006
500	0.0242	0.0001	0.0021	0.0022	695	0.5305	−0.0001	0.0005	
505	0.0300	0.0001	0.0020		700	0.6229	0.0002	0.0005	0.0005
510	0.0382	0.0002	0.0019	0.002	705	0.7522	0.0007	0.0005	
515	0.0462	0.0002	0.0018		710	0.8655	0.0015	0.0005	0.0005
520	0.0474	0.0002	0.0018	0.0019	715	1.0492	0.0029	0.0005	
525	0.0485	0.0002	0.0017		720	1.2690	0.0045	0.0005	0.0005
530	0.0505	0.0001	0.0017	0.0017	725	1.5253	0.0065	0.0004	
535	0.0527	0.0001	0.0016		730	1.9624	0.0087	0.0004	0.0005
540	0.0551	0.0001	0.0015	0.0016	735	2.5304	0.0108	0.0004	
545	0.0594	0.0001	0.0015		740	2.7680	0.0122	0.0004	0.0004
550	0.0654	0.0001	0.0014	0.0015	745	2.8338	0.0119	0.0004	
555	0.0690	0.0001	0.0014		750	2.8484	0.0106	0.0004	0.0004
560	0.0715	0.0001	0.0013	0.0014					

  纯水的吸收与散射特性,决定了纯水的光谱特性及其在遥感影像中的成像色彩。由表 3-1 可以看出,清洁水体的反射主要在蓝绿光波段,因而,我们常看到的清洁水体多呈蓝绿色。清洁水体对 0.4~2.5μm 波段的电磁波吸收明显高于绝大多数其他地物,接近于一个"黑体",故其光谱反射率通常低于其他地物,特别是到了近红外波段,吸收就更强,正因为如此,在遥感影像上特别是近红外影像上,清洁水体常显示为黑色。

  上述的纯水吸收与散射系数,是通过实验室测量得到的。在自然水体中,纯水的反射率还受到水深等诸多因素的影响。从图 3-1 可以看出,对于水体而言,传感器所接收到的辐射能量的构成较为复杂,而水体自身又吸收了太阳辐射中的大部分,因而,天空中的散射光对水体的遥感探测影响较大。表3-2是不同波长在离水面不同高度测量出的水体反射率。由于大气程辐射的影响,测得的水体反射率基本上是随着高度的增加而增加的。从表3-2中可以看出,140~940m之间存在800m高差,反射率的差异却只有1%左右,但在1440~1940m范围,反射率的差异较大。不同波段的水体反射率随高度的变化也有一定的差异,一般在紫蓝光波段,大气影响略大于其他波段。

表3-2　　　　　　　　不同高度测量的不同波长的水体反射率

反射率/% \ 波长/nm \ 高度/m	437	530	640	750	880	1000
140	15	10	6	5	4	4
940	17	10	7	6	5	4
1440	16	12	7	6	6	4
1940	24	11	8	8	9	5

2) 叶绿素

叶绿素会对进入水体的可见光产生特征显著的吸收与散射作用。根据浮游植物对电磁辐射的散射和衰减的理论模型,假定浮游植物细胞是球形粒子,在已知粒子的粒径分布、吸收系数和折射系数的实部的情况下,使用 Mie-Lorentz 散射理论,可以描述浮游植物的光学行为。

(1) 叶绿素散射特性:

$$b_c(\lambda) = b_c(550) \frac{a_c(550)}{a_c(\lambda)} \tag{3-4}$$

式中:550nm 波段处浮游植物(叶绿素)的散射系数 $b_c(550) = 0.12C^{0.63}$;C 为浮游植物(叶绿素)浓度;叶绿素的后向散射的比例 $\tilde{b}_{bc} = 0.005$;$a_c(\lambda)$ 为叶绿素吸收系数,其求解见式(3-5)。

(2) 叶绿素吸收特性:

叶绿素的吸收随着总叶绿素浓度、Chl-a、Chl-b 与 Chl-c 的相对比例、浮游植物组分和光照条件的不同而呈现出一定的差别。但总的规律满足:

$$a_c(\lambda) = 0.06 a_c'(\lambda) C^{0.602} \tag{3-5}$$

由(3-5)式可以看出,计算叶绿素吸收系数的关键问题是归一化单位吸收系数 $a_c'(\lambda)$ 的测算。

以叶绿素吸收散射特性为基础,结合实测数据,可以获取叶绿素的反射辐射曲线。从图3-2 可以看出,在 443nm 处存在一个强吸收峰;520nm 处出现节点,即该处的辐射值不随叶绿素 a 浓度变化而发生显著变化;550nm 处出现辐射反射峰;同时叶绿素在可见光的照射下会激发 668nm 中心波长的荧光峰。此外,不同浓度的叶绿素和离水反射作用及荧光辐射作

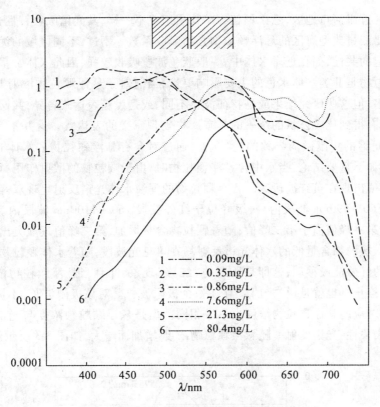

图 3-2 不同浓度的叶绿素的反射辐射曲线

用之间存在规律性和相关性。当波长在 400~490nm 时,反射辐射随叶绿素浓度加大而降低。波长在 490~520nm 段的反射辐射对叶绿素浓度是相当不灵敏的。绿光(550~570nm)的反射辐射随浓度的减小而增大,最后在高浓度上饱和。因此,可利用这种叶绿素反射光谱、荧光辐射光谱特性,获取水体的叶绿素浓度信息。

3) 悬浮颗粒物

许多学者试图通过考察悬浮颗粒物浓度与散射、吸收特性的关系,研究悬浮颗粒物对水体的光学性质的影响,得出了如下结论:

(1) 散射特性

一般认为,水体中悬浮颗粒物的光谱后向散射系数 b_x 与波长之间满足下列关系:

$$\frac{b_x(\lambda_1)}{b_x(\lambda_2)} = \left(\frac{\lambda_1}{\lambda_2}\right)^{-n} \tag{3-6}$$

对于不同的水体,悬浮颗粒物的后向散射比例 $\tilde{b}_{b_x}$ 与 n 存在以下规律:

① 对于 II 类水体,$n=0$,$\tilde{b}_{b_x}$ 在 0.01~0.033 之间;

② 对于高叶绿素浓度的 I 类水体,$n=1$ 或 2,$\tilde{b}_{b_x} \leq 0.005$;

③ 对于贫瘠的 I 类水体,$n=2$,$\tilde{b}_{b_x}$ 在 0.01~0.025 之间。

(2) 吸收特性

在不同的近岸河口地区,悬浮颗粒物矿物质组成不一样,其光谱吸收特性也有很大的差别,因此,需要测量典型海区的悬浮颗粒物光谱吸收系数。不过,不同区域的泥沙吸收、散射特性仍有一定的共性,如在近岸水体中,一般蓝色波段吸收较强,因此水体常呈现黄色。

悬浮颗粒物是Ⅱ类水体水色的主要影响要素,当前对于悬浮颗粒物散射与吸收系数的研究虽然很多,但这些研究结果或是特征波长不同,或是黑箱表达式各异,共同之处较少,因此,至今还没有得到比较公认的统一的具有严格物理意义的表达式。这并不是因为悬浮颗粒物对水体光谱的贡献微弱导致的,实际上,通过对含有悬浮颗粒物的水体光谱曲线的分析,已经得到如下重要结论:当水中含悬浮颗粒物时,由于颗粒物的散射作用,可见光波段反射率增加,峰值出现在黄红波段区。含有颗粒物的浑浊水体光谱反射呈现双峰特征:主反射峰值出现在560～590nm波段内,次级峰位于红外波段760～1100nm波段内。水体中颗粒物含量低时,第一峰值高于第二峰值;随着颗粒物含量增加,第二峰值逐渐突出,并最终略高于第一峰值。颗粒物含量低的水体光谱反射峰在可见光波段,随着水体颗粒物含量增加,反射峰向较长的红外波段移动,这即是所谓的"红移"现象,并且当悬浮颗粒物浓度达到某一值时,红移就停止。也就是说,"红移"存在一个极限波长。对该极限波长,不同的研究者有不同的结果,对应的悬浮颗粒物浓度也不尽相同。但是悬浮颗粒物浓度与光谱反射率峰值存在良好的相关性:光谱反射率随悬浮颗粒物浓度增加而增大,如图3-3所示。

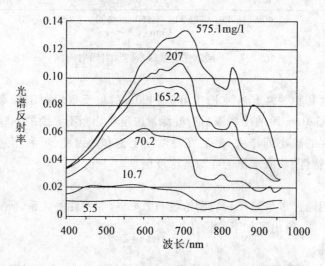

图3-3 光谱反射率随悬浮颗粒物含量变化曲线

4)黄色物质

在叶绿素、悬浮泥沙和黄色物质这三种组分中,黄色物质对水体光学性质的影响是最为简单的,其散射贡献一般不予考虑。其吸收主要是由海洋胡敏酸(MHA,Marine Humic Acid)、海洋富铝酸(MFA,Marine Fulvic Acid)和降解物质(PDP,Particulate Degradation Products)这三种物质引起的。黄色物质在吸收光谱范围内没有明显的波峰和波谷,在紫外波段随波长的增加而呈近指数减少,在黄色波段吸收最小,吸收特性满足下式:

$$a_Y(\lambda) = a_Y(\lambda_0)\exp[-S(\lambda - \lambda_0)] \tag{3-7}$$

式中:λ_0为基准波长,280nm $< \lambda_0 <$ 450nm;一般取黄色物质的浓度为 $Y(\mathrm{m}^{-1}) = a_Y(440)$;研

究表明，S 随着水体的不同在 $0.011 \sim 0.018$ 之间变化，通常取 $S = 0.014$。

实测结果表明，在所有波长上，黄色物质均是决定光吸收变化的重要因素，能对海洋内部光的总吸收产生有效的影响。

3. 水体的光学分类

根据研究目标和范围的不同，水体可分为内陆（Inland）水体、近岸（Coastal）水体、大洋开阔水体（Open Sea）等。

鉴于水体组分对光学性质的影响，采用双向分类法，海水可划分为Ⅰ类水体（Case Ⅰ Waters）和Ⅱ类水体（Case Ⅱ Waters）。Ⅰ类水体是指那些光学性质主要受浮游植物影响的水体，故典型的Ⅰ类水体是大洋开阔水体；Ⅱ类水体则不仅受浮游植物的影响，而且受到其他悬浮颗粒和黄色物质的影响，对于水深比较浅的情形，还要考虑海底物质对Ⅱ类水体光学性质的影响，这类水体主要位于近岸、河口等受陆源物质排放影响较为严重的地方。通常认为，外海开阔海水为Ⅰ类水体，沿岸水体属于Ⅱ类水体。

实际上，Ⅰ类水体和Ⅱ类水体分类的依据是三类物质所起的相对作用，与个别物质所起作用的大小无关。国际海洋水色协调工作组（International Ocean Colour Coordinating Group, IOCCG）给出了两类水体的图示，见图 3-4。

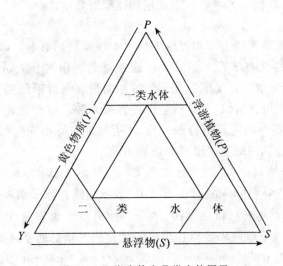

图 3-4 Ⅰ类水体和Ⅱ类水体图示

从图 3-4 可以看出，浮游植物并不是主宰Ⅰ类水体颜色的唯一物质。对于Ⅰ类水体而言，浮游植物以外的其他物质的影响相对较小，而且，这种影响能以浮游植物浓度的函数予以模拟。而对于Ⅱ类水体而言，其中的悬浮颗粒和/或黄色物质可对水体光学性质造成显著影响，而且，这些影响与浮游植物浓度没有明显的相关关系。因此可以认为，Ⅰ类水体是指浮游植物起主要作用的水体，而Ⅱ类水体代表了所有其他情况，它一般具有下面的一种或多种特征：

（1）高混浊度；

（2）高含量的陆源黄色物质；

（3）受人类活动、城市、工业等的影响比较大。

基于上述原因,Ⅰ类水体水色遥感的应用比Ⅱ类水体的应用要成功得多,但是,Ⅱ类水体与人类的关系更为密切,Ⅱ类水体水色遥感也因此成为研究的重点和难点。

4. 水体的固有光学特性与表观光学特性表征量

任何目标的光学遥感都必须深入了解目标物的光学特性。在水色遥感中,目标光学特性的研究尤为重要。其原因有两个方面:一是水色传感器接收到的总信号中的水体信号(离水反射率)贡献较小(一般小于10%);二是水色遥感反演算法对离水反射率的误差比较敏感。水体的光谱特性主要包括固有光学特性(Inherent Optical Properties,IOPs)和表观光学特性(Apparent Optical Properties,AOPs)。

1) 固有光学特性

固有光学量仅与水体成分有关,不随入射光场的变化而变化,如光束衰减系数 c、吸收系数 a、散射系数 b、散射相函数 P 等。一般而言,属于固有光学性质的量包括:吸收系数(水分子的吸收系数 a_w、Chl-a 的吸收系数 a_c、Chl-a 的单位吸收系数 a_c' (Specific Absorption Coefficient)、黄色物质的单位吸收系数 a_y',其他成分包括无机物、碎屑(Detritus)等的吸收系数);散射系数(水分子的散射系数 b_w、水分子的散射相函数 P_w、Chl-a 的散射系数 b_c、Chl-a 的单位散射系数 b_c'、Chl-a 的后向散射系数 b_b、Chl-a 的前向散射系数 b_f,其他成分包括无机物、碎屑等的散射系数);固有光学特性中还包括体散射相函数。

2) 表观光学特性

表观光学特性受光场角度分布和媒质中物质本质属性的影响。研究表明,水体的固有光学特性与表观光学特性有依赖关系。水色遥感就是利用这种关系,通过表观光学特性(AOPs)来反演水体组分浓度。属于表观光学特性的量有下行辐照度、上行辐照度、离水辐射率、遥感反射率、辐照度比等,以及这些量的漫衰减系数。由于表观光学量随入射光场的变化而变化,所以,这些参数应该进行归一化,才有可能进行不同时间、地点测量结果的比较。水色遥感反演模型利用的主要辐射参数量如下:

(1) 刚好处于水表面以下/上的上行辐亮度。符号为 $L_u(0^-)/L_u(0^+)$,$L_u(0^-)$ 表示刚好处于水表面以下的上行(Upwelling)辐亮度,0^- 表示为刚好处于水表面以下;$L_u(0^+)$ 表示为刚好处于水表面以上的上行辐照度,0^+ 表示为刚好处于水表面以上。其中 L 为辐射率(辐亮度,Radiance),表示单位辐照面在单位立体角内的辐射通量。单位为 $W/(m^2 \cdot sr)$,海洋光学中常用单位为 $\mu W/(cm^2 \cdot nm \cdot sr)$ 或 $mW/(cm^2 \cdot \mu m \cdot sr)$。

(2) 离水辐射率(Water-Leaving Radiance):单位面积上离水辐射功率。符号为 L_w,单位为 mW/cm^2。定义如下:

$$L_w = \frac{1 - \rho_{wa}}{n^2} L_u(0^-) \tag{3-8}$$

式中:n 为水体折射系数,一般取 1.34;ρ_{wa} 为水-气界面的反射率,与海面粗糙度、入射角度有关。有时也可简单地令 $L_w = 0.543 L_u(0^-)$。

(3) 归一化离水辐射率(Normalized Water-Leaving Radiance):当太阳位于天顶处且忽略大气影响时,水面离水辐射率的近似表示。符号为 L_{wn},公式为:

$$L_{wn} = L_w \cdot \frac{F_0}{E_s} \tag{3-9}$$

式中:F_0 是大气层外垂直入射的太阳辐照度;E_s 是海面入射辐照度(或海面下行辐照度)。

(4)海面入射辐照度(或海面下行辐照度)。符号为 E_s 或 $E_d(0^+)$,0^+ 表示刚好处于水表面以上。

(5)遥感反射率(Remote Sensing Reflectance)R_{rs}:离水辐射率与同一位置的下行辐照度之间的比值,单位为 Sr^{-1},公式为:

$$R_{rs} = \frac{L_w}{E_d(0^+)} \tag{3-10}$$

3.1.2 水体光谱测量

水体光谱是水色遥感定量反演算法及模型开发、验证的基础,也是传感器辐射校正及其数据真实性检验所必需的数据源。水体光谱的现场测量方法主要有三种:剖面法(Profiling Method)、固有光学特性测量法(Inherent Optical Property Measurements)和水面以上测量法(Above-Water Method)。其中,固有光学特性测量法由于诸多原因开展得较少,本节将重点介绍当前使用较为广泛的剖面法和水面以上法。水体光谱测量的参数主要包括与水色遥感直接相关的表观光学参量,即离水辐射率 L_w、归一化离水辐射率 L_{wN}、遥感反射率 R_{rs} 和刚好处于水面以下 0^- 深度的辐照度比 $R(0^-)$ 等。这些参数都不能直接获得,必须与一定的测量方法和相应的数据处理分析相结合才能得到。

1. 剖面法

剖面法是由水下光场测量外推得到水表信号,受水体外环境因素(如直射太阳光反射、天空漫射发射等)的影响较小,获得的是水体内部信息,可在后期处理中对诸如水体层化效应等问题进行详细的分析处理,从而更好地刻画出水体光场的垂直变化。因此,国际水色遥感界将此方法作为 I 类水体光谱测量的首选方法。

1)基本原理

在假设观测深度水域内水体光学特性均匀的条件下,利用在不同深度 Z_1、Z_2 处测得的水体上行辐亮度 $L_u(\lambda, Z_1)$ 和 $L_u(\lambda, Z_2)$,可计算出水体上行光谱辐亮度的漫衰减系数 $K_L(\lambda)$:

$$K_L(\lambda) = \frac{1}{Z_2 - Z_1} \ln \frac{L_u(\lambda, Z_1)/E_s(\lambda, t_{Z1})}{L_u(\lambda, Z_2)/E_s(\lambda, t_{Z2})} \tag{3-11}$$

式中:t_Z 代表剖面单元位于 Z 深度时表面单元的测量时刻,$E_s(\lambda, t_Z)$ 的作用是对测量过程中光照条件的变化进行补偿。

获得 $K_L(\lambda)$ 后,根据某深度的上行辐亮度数据即可外推得到刚好处于水表面以下的上行辐亮度 $L_u(\lambda, 0^-)$:

$$L_u(\lambda, 0^-) = L_u(\lambda, Z_1) e^{K_L(\lambda) Z_1} \tag{3-12}$$

$L_u(\lambda, 0^-)$ 透过海面就得到离水辐亮度 $L_w(\lambda)$:

$$L_w(\lambda) = \frac{1 - \rho(\lambda)}{n_w^2(\lambda)} L_u(\lambda, 0^-) = \frac{1 - \rho(\lambda)}{n_w^2(\lambda)} L_u(\lambda, Z_1) e^{K_L(\lambda) Z_1} \tag{3-13}$$

式中:$\rho(\lambda)$ 是海水的菲涅耳反射系数;$n_w(\lambda)$ 是海水的折射指数。

由此可见,利用剖面法准确测量离水辐射率的关键是要精确计算上行光谱辐亮度的漫衰减系数 $K_L(\lambda)$。对于 I 类水体,由于 $K_L(\lambda)$ 较小,即等效光学深度 Z_{90} 较大,因此,可以在较深水处获得足够的有效数据来计算较浅水处的水体光学特性。但对于 II 类水体,虽然水体也可假设为水平层化,且在上层水体内光学特性也较均匀,但是,由于水中水体组分浓度的增加,入射辐照度随深度衰减很快,即等效光学深度 Z_{90} 较小,使得深水处可用于估算近表层水体光学特性的有效数据点很少。另外,由于海面波浪作用,使得近表层的 $L_u(\lambda,Z)$ 存在较大的随机误差,导致外推区间选取困难,从而使计算得到的离水辐亮度的不确定性增大。基于上述原因,剖面法虽被广泛用于Ⅰ类水体的光谱测量,但却并不适用于Ⅱ类水体的光谱测量。

2)数据处理

剖面法现场光谱测量的误差按来源可以分为3类:仪器定标误差、测量误差和数据处理误差。

对仪器进行精确的实验室绝对辐射定标是数据定量化的前提。实验室定标存在一定的不确定度,目前,NASA SeaWiFS 海洋光学规范中要求的不确定度为小于3%。

剖面法的测量误差存在四个主要的不确定性源:

(1)船体阴影的影响。船体阴影对 $E_d(z,\lambda)$、$E_u(z,\lambda)$、$L_u(z,\lambda)$ 垂直剖面的影响与太阳天顶角,水柱的光谱衰减特性,云量,船的大小、颜色,以及仪器布放几何有关。对于 $E_u(z,\lambda)$,要求离船距离至少 $3/K_t(\lambda)$ m;对于 $L_u(z,\lambda)$,距离要求为 $1.5/K_t(\lambda)$ m。

(2)压力偏移的影响:压力偏移的细小误差将造成剖面光谱数值对应深度的不准确,使得外推 $K_t(\lambda)$ 出现偏差,因此,在剖面仪深度测量时,需要进行压力偏移校正。

(3)传感器自身阴影的影响。传感器自身阴影的影响和太阳天顶角、总入射辐照度中直射与漫射光的比例,以及仪器直径相对于被测水体的吸收系数 $a(\lambda)$ 的大小有关。要使现场测量的 L_u 因自身阴影导致的误差小于5%,在不进行模拟修正的情况下,根据 Gordon 等人的研究结果,测量 $E_u(0^-,\lambda)$ 的仪器半径 r 必须满足 $r \leq [40a(\lambda)]^{-1}$,而测量 $L_u(0^-,\lambda)$ 的仪器半径 r 必须满足 $r \leq [100a(\lambda)]^{-1}$。

(4)光照条件变化的影响。由于光照条件的变化对剖面产生很大的影响,使得各深度对应的光谱值无法在相同的光照条件下进行计算,数据处理误差大,甚至无法计算。

剖面数据处理主要包括以下步骤:

(1)缺漏数据点补帧;

(2)异常点剔除;

(3)光照归一化;

(4)压力偏移校正;

(5)分别确定 $L_u(z,\lambda)$ 和 $E_u(z,\lambda)$ 各波段的外推区间 $[z_1,z_2]$;

(6)数据平滑;

(7)计算 K 剖面:

$$K_1(\lambda) = -[\ln(L_u(z_2,\lambda)) - \ln(L_u(z_1,\lambda))]/(z_2 - z_1) \tag{3-14}$$

$$K_d(\lambda) = -[\ln(E_d(z_2,\lambda)) - \ln(E_d(z_1,\lambda))]/(z_2 - z_1) \tag{3-15}$$

(8)外推刚好处于水表面以下的 $L_u(0^-,\lambda)$ 和 $E_u(0^-,\lambda)$:

$$L_u(0^-,\lambda) = L_u \exp[+K_1(\lambda) \cdot (z)] \tag{3-16}$$

$$E_d(0^-,\lambda) = E_d \exp[+K_d(\lambda) \cdot (z)] \tag{3-17}$$

(9)计算离水辐亮度 $L_w(\lambda)$、归一化离水辐亮度 $L_{wn}(\lambda)$ 和遥感反射率 $R_{rs}(\lambda)$(参见3.1.1节)。

在数据处理过程中,选取合适的算法,可以减少数据处理中的误差。目前,获取漫射衰减系数的常用方法是 Smith 和 Baker 局部线性回归法,其核心就是在经过一系列的数据处理后,对第一光学深度的剖面数据取对数,选定一个外推区间,然后进行线性拟合,其斜率即为漫射衰减系数。

2. 水面以上测量法

水面以上测量法采用与陆地光谱测量近似的仪器,在经过严格定标的前提下,通过合理的观测几何安排和测量积分时间设置,利用便携式瞬态光谱仪和标准板直接量测进入传感器的总信号 L_u、天空光信号 L_{sky} 和标准板的反射信号 L_p,进而推导出离水辐射率 L_w、归一化离水辐射率 L_{wn}、遥感反射率 R_{rs} 和刚好处于水面以下的辐照度比 $R(0^-)$ 等参数。

1) 基本原理

水面以上的水体信号组成见图 3-5。对于现场测量,可忽略大气散射信号。则水面以上的光谱辐射信号组成为:

$$L_u = L_w + \rho_f \cdot L_{sky} + L_{wc} + L_g \tag{3-18}$$

式中: L_u 是进入传感器的总信号,可直接量测; L_w 是进入水体的光被水体散射回来后进入传感器的离水辐射率; $\rho_f L_{sky}$ 是天空光经水面反射以后进入传感器的信号,没有携带任何水体信息, ρ_f 是气-水界面反射率,也称为菲涅耳反射系数, L_{sky} 为天空光信号,可直接量测; L_{wc} 是来自海面白帽(White Cap)的信号, L_g 是水面波浪对太阳直射光的随机反射(Sunglint,太阳耀斑)信号, L_{wc} 和 L_g 不携带任何水体信息,具有不确定性和随机性,不利于后续的光谱分析和处理,因此,在测量中应当采用合适的观测几何,尽量减小 L_{wc} 和 L_g 的影响。

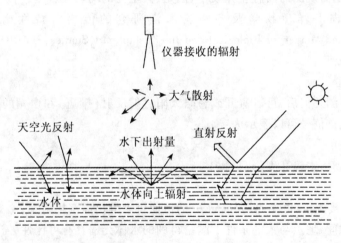

图 3-5 水面以上的水体信号组成

离水辐射率 L_w 在天顶角 0°~40°范围内变化不大,所以,为了避开太阳直接反射和船舶阴影对光场的破坏,现场(如船舶上)的观测几何最好按以下方式设定(以下角度均以光线矢量的走向为依据):

(1) 仪器观测平面与太阳入射平面的夹角 $90° \leq \phi_v \leq 135°$(背向太阳方向);

(2) 仪器与海面法线的夹角 $30° \leq \theta_v \leq 45°$,这样便可避免绝大部分的太阳直射反射,同时减少船舶阴影的影响;

(3) 在仪器面向水体进行测量后,将仪器在观测平面内向上旋转一个角度,使天空光辐亮度 L_{sky} 的观测方向天顶角等于水面测量时的观测角 θ_v。见图3-6。

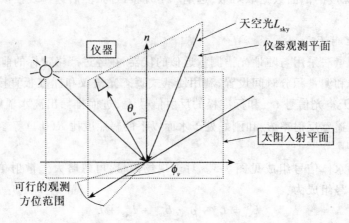

图3-6 光谱仪水面以上观测几何

目前,较为典型的观测几何设置为:$\phi_v = 90°$,$\theta_v = 40°$ 和 $\phi_v = 135°$,$\theta_v = 40°$ 两种。前一种的天空光分布均匀,天空光的测量受船舶摇摆的影响较小;反射率受水面粗糙度的影响较小;但与剖面观测结果的固有差异较大,并且,太阳直射反射比较严重,需要快速获取大量的数据进行太阳耀斑剔除工作,有效数据量可能仅为5%左右;后一种可更好地避免太阳直接反射,其结果与剖面观测的固有差异较小,但是,天空光的均匀性较差,船舶的晃动会产生一定的影响。面向海洋生物学及多学科海洋研究的传感器特性比较计划(Sensor Intercomparison and Merger for Biological and Interdisciplinary Studies,SIMBIOS)研究组推荐采用后一种观测几何。

2) 数据处理

采用上述观测几何后,可以避开或忽略太阳直射反射(耀斑)和白帽的影响,此时,光谱仪测量的水体光谱信号可以表示为:

$$L_u = L_w + \rho_f \cdot L_{sky} \tag{3-19}$$

由此,便可以得到离水辐亮度(辐射率):

$$L_w = L_u - \rho_f \cdot L_{sky} \tag{3-20}$$

L_u 和 L_{sky} 均可直接测量,可见,只要确定 ρ_f 的值便可求解出离水辐射率。

为使不同时间、地点与大气条件下测量得到的水体光谱具有可比性,需要对测量结果进行归一化。所谓归一化是将太阳移到测量点的正上方,去掉大气影响。归一化离水辐射率的计算见式(3-9),水面入射辐照度 $E_d(0^+)$ 可由测量标准板的反射 L_P 得到:

$$E_d(0^+) = \pi \cdot L_P / \rho_P \tag{3-21}$$

式中:L_P 为标准板的反射信号;ρ_P 为标准板的反射率,建议采用 $10\% \leq \rho_P \leq 30\%$ 的标准板,Carder等人采用10%的标准板,以便使仪器在观测水体和标准板时工作在同一状态(积分时间一致)。

除离水辐射率、归一化离水辐射率之外,遥感反射率 R_{rs} 也越来越多地应用于水色遥感反演模型,遥感反射率的获取具有重要的应用价值。在测量遥感反射率时,只要测量仪器稳定、线性度好(或测量标准板和水体时的信号幅度接近),则只需对标准板进行严格定标而不需要对光谱仪进行严格定标,从而大大降低了仪器定标的工作量。

由遥感反射率的定义 $R_{rs} = L_w/E_d(0^+)$,并结合式(3-20)和式(3-21)便可计算出遥感反射率:

$$R_{rs} = \frac{(L_u - \rho_f \cdot L_{sky}) \cdot \rho_P}{\pi \cdot L_p} \tag{3-22}$$

式中:L_u、L_{sky}、L_p 分别为光谱仪面向水体、天空和标准板时的测量信号。一个粗略估计测量结果是否可信的方法是,除了在高浓度泥沙水体,R_{rs} 在各波段的值一般小于 0.051。

对于刚好处于水体表面以下的辐照度比 $R(0^-) = E_u(0^-)/E_d(0^-)$,其计算公式如下:

$$R(0^-) = \frac{n^2 \cdot Q}{t(1-\rho_{aw})} \cdot \frac{L_w}{E_d(0^+)} = \frac{n^2 \cdot Q}{t(1-\rho_{aw})} \cdot R_{rs}$$

式中:Q 为光场分布参数,通常取值为 4.0;n 为水体的折射率;t 为水-气界面的透射率;ρ_{aw} 为水-气表面的辐照度反射率,在 0.04 ~ 0.06 之间。$R(0^-)$ 计算的最大误差来源于 Q 的变化,对于不同水体、太阳角度、观测角度,Q 可在 1.7 ~ 7 之间变化。

3) 关键问题

(1) 水-气界面反射率 ρ_f 的确定

在可见光近红外范围内,水-气界面反射率不随波长变化。但在实际数据处理中,影响水-气界面反射率的因素众多,水-气界面反射率主要取决于太阳位置(θ_0, ϕ_0)、观测几何(θ_v, ϕ_v)、风速风向($\vec{W}$)或海面粗糙度等因素,可以表示为 $\rho_f = \rho_f(\vec{W}, \theta_v, \phi_v, \theta_0, \phi_0)$。按照 NASA 的有关规范,如果观测天顶角为 40°、海面平静,可以将 ρ_f 固定为理论值 0.022。

在 I 类水体的光谱数据处理中,通常假设近红外波段的离水辐射率为 0,那么在近红外波段的水体量测数据就是天空光反射的结果,而这些波段的水体目标信号就是天空光反射信号,就此可以确定 I 类水-气界面的反射率为:

$$\rho_f = L_u(800-900nm)/L_{sky}(800-900nm) \tag{3-23}$$

根据上式计算的 ρ_f 如果小于 2.1% 或大于 4.5%,则表示测量数据存在问题。

对于 II 类水体而言,近红外波段的离水辐射率为 0 的假设不再成立,式(3-23)的计算方法不再适用。

实际上,根据遥感反射率与固有光学量的理论分析,在近红外波段,由于水体的后向散射系数比较平缓,光谱特性主要由水体的吸收系数决定。因此可以将以下公式作为确定水-气界面的反射率正确与否的理论判据:

$$R_{rs}(NIR_1)/R_{rs}(NIR_2) \approx a_w(NIR_1)/a_w(NIR_2) \tag{3-24}$$

(2) 标准板双向反射率的校正

标准板的双向反射率特性和随波长变化的反射率必须在实验前精确标定。特别是对于晴天的测量,必须对标准板结果进行双向反射率校正,步骤如下:

① 根据测量日期、时间、经纬度,计算太阳天顶角 θ_0;

② 首次总辐照度测量:

$$E_{tot}^{err} = \pi L_P/\rho_P(\theta_0) \tag{3-25}$$

③ 遮挡标准板测量:

$$E_{dif} = \pi L_{dif}/\rho_P \tag{3-26}$$

ρ_P 表示标准板的半球反射率(忽略漫射辐照度方向性);

④ 计算接近正确值的直射太阳辐照度:

$$E_{\text{dir}}^{\text{corr}} = \pi(L_P - L_{\text{dif}})/\rho_P(\theta_0) \tag{3-27}$$

更准确的直射辐照度需要对遮挡的前向散射部分进行补偿;

⑤ 最后得到正确的水面入射总辐照度:

$$E_{\text{tot}}^{\text{corr}} \equiv E_d(0^+) \equiv E_s = E_{\text{dir}}^{\text{corr}} + E_{\text{dif}} \tag{3-28}$$

(3) 残余太阳反射的修正

由于水表面毛细波的作用,往往会有一部分太阳直射光被随机地反射进入到仪器视场,使得实际测量的辐射率为:

$$L_u = L_w + \rho_f L_{\text{sky}} + L_g \tag{3-29}$$

式中 L_g 为随机反射入仪器视场的太阳直射光。

对于不太浑浊的水体,可利用 760~900nm 之间的波段 λ_0,如 780nm、865nm 等,由于其 $L_w(\lambda_0) \approx 0$,因此只要测得其天空光 L_{sky},便可得到 $L_g(\lambda_0)$;再利用现场测量获得的各波段直射太阳辐照度 $E_{\text{dir}}(0_+,\lambda)$,便可得到其他波段的 $L_g(\lambda)$:

$$L_g(\lambda) = L_g(\lambda_0) \cdot E_{\text{dir}}(0^+,\lambda)/E_{\text{dir}}(0^+,\lambda_0) \tag{3-30}$$

对于近岸和内陆Ⅱ类水体,$L_w(\lambda_0) \neq 0$。但是,考虑到天空光比较均匀,多次测量值间的波动基本上源于随机直接反射的变化。所以,可以通过连续进行多次测量,剔除掉较大的曲线的方法来减小毛细波对实测辐射率的贡献。

剖面测量法和水面以上测量法相对独立,两种测量方法的误差源及信号处理过程也不相同,但是它们的使用范围具有互补性。在水体光谱测量中,应根据研究对象选取适合的方法。

3.2 水色遥感大气校正

海洋水色卫星传感器接收到的辐射能量 80% 以上来自大气的干扰,而来自海面的辐射只有 3%~15%。因此,如何消除大气程辐射的干扰,获得有效的离水辐射信号,实现遥感数据的大气校正是水色遥感信息提取中必不可少的关键技术之一。

1978 年,Gordon 首先提出大气校正思想,此后,在 CZCS 影像处理及 SeaWiFS、MODIS 等其他海洋水色传感器预研和应用工作中,Gordon 算法不断发展,其他的大气校正方法也在不断探索中得到了长足的进步。本节在介绍水色遥感大气辐射传输过程的基础上,给出水色遥感大气校正方程,并按照水色遥感发展过程分别介绍Ⅰ、Ⅱ类水体的大气校正。

3.2.1 海洋-大气辐射传输模型

要将空中探测到的信号转换为某些地面属性的度量,需要理解这个信号是怎么抵达传感器的,即辐射传输过程。由于受大气散射和吸收作用的影响,太阳辐射能入射至海洋表面的大约只占总能量的 30%。而入射至海面的辐射能一部分进入海水,另一部分被海面反射回天空中。从图 3-7 可以看出,传感器接收到的辐射包括:衰减的离水辐射 b、水面反射的太阳辐射 d、水面反射的天空光辐射 e、太阳光散射辐射 h、大气散射辐射 i、瞬时视场外的离水辐射被散射之后进入传感器的辐射 j 和瞬时视场外的水面反射辐射被散射之后进入传感器

的辐射 k。为了得到离水辐射,就必须去除接收数据中的大气影响,这个去除大气影响的过程就是大气校正。根据经验可知,在传感器接收的总辐射中,只有10％左右的辐射是对水色遥感反演有用的离水辐射,因此,水色遥感的大气校正是一个从大信号中提取小信号的过程,是水色遥感应用亟待解决的关键技术之一。

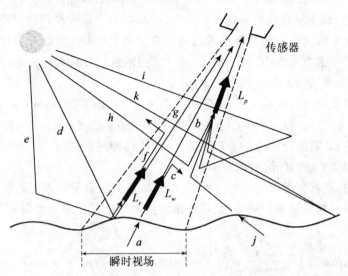

a:离水辐射;b:离水辐射的衰减;c:散射出瞬时视场的离水辐射;
d:太阳光(水面反射);e:天空光(水面反射);f:散射出瞬时视场的辐射;
g:反射辐射的衰减;h:太阳散射辐射进入传感器;i:大气散射辐射进入传感器;
j:瞬时视场外的离水辐射被散射入传感器;
k:瞬时视场外的水面反射光线被散射入传感器;
L_w:总离水辐射;L_r:瞬时视场内的总水面反射;L_p:大气辐射

图 3-7 水色遥感辐射传输过程

根据上述的典型海洋-大气辐射传输过程,可以看出,海洋水色传感器接收到的辐射,由三个部分构成,即海面离水辐射、海面反射辐射、大气散射辐射。考虑各种因素影响,可以将水色卫星遥感大气校正方程表述为:

$$L_t(\lambda) = L_r(\lambda) + L_a(\lambda) + L_{ra}(\lambda) + T(\lambda)L_g(\lambda) + L_b(\lambda) + t(\lambda)L_f(\lambda) + t(\lambda)(1-w)L_w(\lambda) \tag{3.31}$$

式中:$L_t(\lambda)$为水色传感器接收到的总辐射量;$L_r(\lambda)$为来自大气分子的瑞利散射;$L_a(\lambda)$为来自大气的气溶胶散射;$L_{ra}(\lambda)$为来自瑞利与气溶胶之间的多次散射;$T(\lambda)L_g(\lambda)$为进入传感器视场的直射太阳光在海洋表面的反射(又称太阳耀斑),$T(\lambda)$为太阳直射辐射透过率,又称光束透过率(Beam Transmittance);$L_b(\lambda)$为来自水体底部的反射;$t(\lambda)L_f(\lambda)$为进入传感器视场的白泡云反射影响,$t(\lambda)$为海面到卫星传感器之间的大气传递衰减系数,又称大气漫射透过率(Diffuse Transmittance);w为白泡云覆盖率;$L_w(\lambda)$为离水辐射。

根据卫星传感器接收的各辐射量的权重及其影响大小,可以将影响大气校正的因素分为三个等级:对大气校正精度影响最大是瑞利散射辐射,它约占大气程辐射的80％左右;其次是气溶胶散射辐射;影响较小的则是多次散射、偏振、海面粗糙度及白泡云反射、离水辐射的二向性影响、气压及臭氧浓度的时空变化。在水色遥感数据处理中,对大气校正精度影响较小的有些参数可能会忽略不计。

3.2.2 Ⅰ类水体大气校正

搭载有海岸带水色扫描仪(Coastal Zone Colour Scanner,CZCS)的雨云(Nimbus)7号于1978年发射升空,该卫星在轨运行达8年之久,所提供的大量海洋信息,证明了通过水色遥感实现海洋叶绿素浓度的定量估算的可行性。在研究CZCS数据处理的过程中,Gordon等首先提出了适用于Ⅰ类水体的"清洁水体"单次散射的近似计算大气校正的方法。

1. Gordon CZCS 清洁水体单次散射算法

在单次散射理论的假设基础上,不考虑太阳耀斑等影响,可以将式(3-31)简化为:

$$L_t(\lambda) = L_r(\lambda) + L_a(\lambda) + t(\lambda)L_w(\lambda) \tag{3-32}$$

为了获取 $L_w(\lambda)$,只需要计算得出 $L_r(\lambda)$、$L_a(\lambda)$、$t(\lambda)$ 即可。

1)瑞利散射 $L_r(\lambda)$ 和气溶胶散射 $L_a(\lambda)$

在水平均匀、垂直分层大气结构条件下,Gordon研究小组采用逐次散射项法(Successive Order of Scattering)求解辐射传输方程,可得单次散射理论下的瑞利散射和气溶胶散射的计算公式:

$$L_x(0,\theta,\varphi) = -\frac{F_0\omega\tau_x}{\cos\theta}\{p_x(\alpha) + [\rho(\theta) + \rho(\theta_0)]p_x(-\alpha)\}; x = r \text{ 或 } a \tag{3-33}$$

式中:r 或 a 分别表示瑞利散射与气溶胶散射的对应量下标;F_0 为大气层外垂直入射的太阳辐照度,其数值随着日地距离的季节性变化而变化;ω 为单次散射反照率;τ_x 为研究水域上空大气分子或气溶胶的光学厚度;$p_x(\alpha)$ 和 $p_x(-\alpha)$ 分别为瑞利或气溶胶散射相函数;$\rho(\theta)$ 和 $\rho(\theta_0)$ 为水-气界面的菲涅耳反射系数;α 为直射光与反射光之间的散射角,可以由太阳天顶角 θ_0、方位角 φ_0 和传感器天顶角 θ、方位角 φ 通过式(3-34)计算得到:

$$\cos\alpha = \cos\theta\cos\theta_0 + \sin\theta\sin\theta_0\cos(\varphi - \varphi_0) \tag{3-34}$$

若考虑高层臭氧的吸收削弱作用,实际代入方程(3-33)的大气层外垂直入射的太阳辐照度应该为 F_0':

$$F_0' = F_0\exp\left[-\tau_{oz}\left(\frac{1}{\cos\theta_0} - \frac{1}{\cos\theta}\right)\right] \tag{3-35}$$

式中:τ_{oz} 为垂直方向高度 Z 处的臭氧光学厚度。

由于大气的组成成分较为稳定,大气密度变化较小,加之人们对瑞利散射规律的认识和掌握都很成熟,因此,较精确地计算瑞利散射 $L_r(\lambda)$ 并不难。但气溶胶的浓度、组成成分、物理性质、垂直结构的时空变化都很大,因此,精确确定像元尺度下的气溶胶散射 $L_a(\lambda)$ 比较困难。实践证明,当Ⅰ类水体的叶绿素浓度低于 0.25mg/m^3 时,近红外波段离水辐射率可以近似为零,该水域可以认为是"清洁水体"。对CZCS而言,在"清洁水体"区域,$L_a(670) \approx L_t(670) - L_r(670)$,通过定义气溶胶散射比值关系 $\varepsilon(\lambda_i,670) = L_a(\lambda_i)/L_a(670)$(后面将描述气溶胶散射波段之间关系的类似的量,简称为"大气校正因子"),通过海洋光学模型可以获取 $\varepsilon(\lambda_i,670)$ 跟波长 λ_i 之间的关系,然后通过 $\varepsilon(\lambda_i,670)$ 和 $L_a(670)$ 就可求解得到 $L_a(\lambda_i)$。

2)大气漫射透过率 $t(\lambda)$

在各向同性的假设条件下,卫星观测条件满足传感器天顶角 $\theta \in [0°, 35°]$ 时,大气漫射透过率可以用下式计算:

$$t(\lambda) = \exp\left[\left(\frac{\tau_r(\lambda)}{2} + \tau_{oz}(\lambda)\right)\Big/\cos\theta\right] \cdot \exp[(1 - \omega_a f_a)\tau_a/\cos\theta] \quad (3\text{-}36)$$

式中:瑞利散射的光学厚度取 $\tau_r/2$,是因为分子散射的对称性,在上行辐射传输过程中,只有后向散射才能对太阳辐射起到真正的削弱作用;$\tau_{oz}(\lambda)$ 为垂直方向高度 Z 处的臭氧光学厚度;f_a 为气溶胶前向散射的概率,一般情况下,f_a 可以取 1,因此气溶胶颗粒的吸收特性是影响大气透率计算的主要因素;ω_a 为气溶胶单次散射反照率;τ_a 为气溶胶光学厚度。

2. 第二代水色传感器大气校正算法

由于第二代水色传感器灵敏度、量化等级、波段设置等技术指标都有很大提高,因此,适用于 CZCS 的单次散射近似计算理论已不再适用于第二代水色传感器。1994 年,Gordon 和 Wang Menghua 在 CZCS 的研究基础上,提出了利用 SeaWiFS 传感器两个近红外波段进行大气校正的算法。该算法假设近红外波段 765nm 和 865nm 的离水辐射为零,由此估测气溶胶辐射值,并由近红外波段外推到可见光波段,最终提取可见光波段的水面离水辐射。由于该算法对现场实测参数要求最少,对业务化支持最好,其应用也最广,现已经被 NASA 作为 SeaWiFS 和 MODIS 的 I 类水体大气校正标准算法,其模块已经嵌入到 SeaDAS 软件中。该大气校正算法考虑精确的瑞利散射、气溶胶与大气分子之间的多次散射:

$$L_t(\lambda) = L_r(\lambda) + L_{am}(\lambda) + t(\lambda)L_w(\lambda) \quad (3\text{-}37)$$

式中:$L_r(\lambda)$ 为精确瑞利散射。

Gordon 等考虑偏振特性、粗糙海表状况、多次散射特性对精确瑞利散射计算问题进行了较为全面详尽的探讨。目前 $L_r(\lambda)$ 已经可以很精确地得到,特别是对于 SeaWiFS 和 MODIS 的对应波段,Gordon 等已给出对应不同太阳天顶角和方位角下传感器不同观测角和方位角的瑞利散射计算数据表格,该数据表格可以随 SeaDAS 软件一起免费下载。$L_{am}(\lambda)$ 为气溶胶散射 $L_a(\lambda)$ 及气溶胶与大气分子之间的多次散射 $L_{ra}(\lambda)$ 之和,下标 m 表示多次散射(Multiple Scattering)。Gordon 等研究发现多次散射 $L_{am}(\lambda)$ 与单次散射 $L_{as}(\lambda)$ 之间存在着较好的线性关系,因此,结合单次散射理论,将多次散射算法进行简化,可以解决第二代水色传感器的大气校正问题。解决方法如下:

(1) 将气溶胶分为 N 类,计算出该类气溶胶多次散射 $L_{am}(\lambda)$ 与单次散射 $L_{as}(\lambda)$ 的线性关系。

(2) 利用"较清洁水体"近红外波段(SeaWiFS:765nm 和 865nm;MODIS:748nm 和 869nm)离水辐射率近似为零的条件,得到近红外(Near Infrared, NIR)波段的气溶胶多次散射值 $L_{am}(\text{NIR})$,然后再利用(1)步骤中所得的 N 类气溶胶模型 $L_{am}(\lambda)$ 与 $L_{as}(\lambda)$ 之间的线性关系,可以得到 N 个"大气校正因子"$\varepsilon_i(\text{NIR}_1, \text{NIR}_2)$。

(3) 对 N 个"大气校正因子"求平均得 $\varepsilon(\text{NIR}_1, \text{NIR}_2)$,这个 $\varepsilon(\text{NIR}_1, \text{NIR}_2)$ 必定介于某两个模型的 ε 之间;其他波段 λ 的 $\varepsilon(\lambda, \text{NIR}_2)$ 可以根据这两个气溶胶模型的 ε 值进行内插获得。

(4) 利用式(3-33)得到其他可见光波段的气溶胶单次散射值 $L_{as}(\lambda)$,再利用选定的两个气溶胶模型的单次散射与多次散射的关系计算出 $L_{am1}(\lambda)$、$L_{am2}(\lambda)$,然后通过内插即可得 $L_{am}(\lambda)$。

Gordon 提出的第二代水色传感器大气校正算法的关键是获得研究海区可能存在的各种气溶胶的光学特性。由于气溶胶特性的高时空变化特性和人们对气溶胶了解的局限性，利用 SeaDAS 中内嵌的大气气溶胶模型彻底解决水色遥感大气校正问题，特别是Ⅱ类水体的大气校正问题是不太可能的。

3.2.3 Ⅱ类水体大气校正

对于Ⅱ类水体，尤其是近岸高泥沙含量的浑浊水体，不存在 $L_w(\lambda)=0$ 的波段，这成为标准大气校正算法在校正Ⅱ类水体时失败的主要原因。对 Gordon"较清洁水体"大气校正算法进行适当改进，实现离水辐射信号与气溶胶影响的分离，一直是水色遥感界努力探索的方向。Ⅱ类水体水色遥感不同大气校正算法的区别也主要体现在气溶胶影响的处理上。

1. 光谱迭代算法

光谱迭代算法利用合理假设，对 Gordon 标准算法进行改进，通过光谱迭代实现近红外波段的离水辐射与气溶胶散射分量的分离。比较有代表性的主要有：

（1）假设小的空间尺度（大约 50~100km）气溶胶类型不会发生太大的变化，采用一种"最邻近位置"方法，借用邻近较清洁水体或陆地暗像元的大气参数（气溶胶类型）来处理浑浊水体像元，从而得到近红外波段的气溶胶和离水反射率，然后，对其在特定研究海域进行验证。

（2）将叶绿素、悬浮颗粒物等水体成分浓度等先验知识引入参与近红外波段的光谱迭代。

（3）采用较 865nm 更长的波段以及光谱匹配方法来估计气溶胶光学参数，以进行高光谱或超光谱数据的混浊Ⅱ类水体大气校正。

2. 优化算法

到目前为止，先后引入水色遥感大气校正研究的优化算法主要有光谱优化、神经网络、主成分分析等。

（1）光谱优化（Spectral Optimization）：其重点在于大气气溶胶模型、海面离水反射光谱模拟及误差函数的选取。

（2）神经网络：与传统的优化方法相比，神经网络优化法的非线性逼近能力更强，模型的推广能力更好，并且由于采用网络权值进行多项式计算，运算速度大大提高。

（3）主成分分析：该方法以最优加权系数和多变量线性回归为基础，但因为典型Ⅱ类水体的各成分与光谱辐射之间的线性相关性并不很高，所以，该方法对复杂Ⅱ类水体的适应能力比较有限。

此外，在某些受气溶胶吸收特性影响较为严重的水域，针对气溶胶的吸收特性及其垂直结构的研究也引起了广泛的关注，主要体现在采用多种探测手段和建立假设来提高大气气溶胶影响的估算精度。

这些探索改善了标准大气校正算法在浑浊Ⅱ类水体的应用性能，大气校正结果得到一定改进。然而，由于探测手段和研究方法的局限性，获取与像元尺度匹配的大气气溶胶数据还存在一定难度。当前，大气校正研究的重点和核心问题依然是，在考虑大气气溶胶类型和吸收、散射特性的情况下，采用多源气溶胶数据，建立和改进气溶胶模型，获取有效的大气气溶胶数据，提高大气校正精度，这也是Ⅱ类水体水色遥感研究未来的发展方向。

3.2.4 中国海岸带Ⅱ类水体大气校正研究实例

由于我国绝大部分海域都属于Ⅱ类水体,为了加强我国水色遥感资料的应用,一直以来,许多专家学者都在研究适用于我国Ⅱ类水体区域的大气校正算法。本书对2002年中国科学院南海海洋研究所的韦均、陈楚群、施平等人提出的适用于珠江口及邻近海域的Ⅱ类水体 SeaWiFS 资料大气校正算法进行概要描述。

根据公式(3-31),忽略耀斑、白泡和水底反射的影响,考虑多次散射影响,SeaWiFS 传感器接收到的总辐射可以表示为:

$$L_t(\lambda) = L_r(\lambda) + L_{am}(\lambda) + t(\lambda)L_w(\lambda) \tag{3-38}$$

式中:$L_{am}(\lambda)$ 为 $L_a(\lambda)$ 和 $L_{ra}(\lambda)$ 之和,下标 m 表示多次散射;同时我们定义:

$$L_{t-r}(\lambda) = L_t - L_r \tag{3-39}$$

那么对离水辐射率为零的热红外波段,可以认为气溶胶的贡献为

$$L_{am} = L_t - L_r = L_{t-r} \tag{3-40}$$

研究发现珠江口及其附近海域 $L_{t-r}(765)$ 和 $L_{t-r}(865)$ 的值具有明显的线性关系和空间一致性。另外,由于清洁水体 765nm 和 865nm 波段的离水辐射率为零(因此有 $L_{am} = L_t - L_r = L_{t-r}$),所以 765nm 和 865nm 波段的气溶胶多次散射之间的关系表示为式(3-41),并可以将其应用于整景影像:

$$L_{am}^{(7)} = \varepsilon_{am}^{(7,8)} L_{am}^{(8)} + C_1 \tag{3-41}$$

式中:上标括号中的数字 7 和 8 分别表示 SeaWiFS 第 7 和第 8 波段。

由于近岸Ⅱ类水体的离水辐射率不为零,而整幅影像的 $L_{t-r}(765):L_{t-r}(865)$ 和 $L_{am}(765):L_{am}(865)$ 都保持着很好的线性关系,所以认为该Ⅱ类水体区域的离水辐射率也具有某种线性关系,于是得出 765nm 和 865nm 波段的离水辐射率表示为式(3-42),并应用于Ⅱ类水体区域的大气校正:

$$L_w^{(7)} = \varepsilon_w^{(7,8)} L_w^{(8)} + C_2 \tag{3-42}$$

对于不同的海域,可以通过选择不同的 $\varepsilon_{am}^{(7,8)}$, $\varepsilon_w^{(7,8)}$ 和 C 值作为大气校正因子,然后求出气溶胶多次散射值。将式(3-41)和式(3-42)代入 $L_{t-r}(\lambda) = L_t(\lambda) - L_r(\lambda) = L_{am} + t(\lambda) L_w(\lambda)$,从而得出:

$$L_{am}^{(8)} + t^{(8)} L_w^{(8)} = L_{t-r}^{(8)} \tag{3-43}$$

$$[\varepsilon_{am}^{(7,8)} L_{am}^{(8)} + C_1] + [t^{(7)} \varepsilon_w^{(7,8)} L_w^{(8)} + C_2] = L_{t-r}^{(7)} \tag{3-44}$$

将两式用消元法解方程便可以求出 765nm 和 865nm 波段的气溶胶多次散射:

$$L_{am}^{(8)} = \frac{L_{t-r}^{(7)} - \left(\frac{t^{(7)}}{t^{(8)}}\right)\varepsilon_w^{(7,8)} L_{t-r}^{(8)} - (c_1 + t^{(7)} c_2)}{\varepsilon_{am}^{(7,8)} - \left(\frac{t^{(7)}}{t^{(8)}}\right)\varepsilon_w^{(7,8)}} \tag{3-45}$$

$$L_{am}^{(7)} = \varepsilon_{am}^{(7,8)} L_{am}^{(8)} + c_1 \tag{3-46}$$

再根据气溶胶组分均匀的大气情况,引入大气校正因子 ε:

$$\varepsilon(\lambda_7, \lambda_8) = \frac{F_0(\lambda_8) T_{oz}(\lambda_8)}{F_0(\lambda_7) T_{oz}(\lambda_7)} \cdot \frac{L_t(\lambda_7) - L_r(\lambda_7)}{L_t(\lambda_8) - L_r(\lambda_8)} \tag{3-47}$$

$$n_{7,8} = \log[\varepsilon(\lambda_7, \lambda_8)] \Big/ \log\left[\frac{\lambda_7}{\lambda_8}\right] \tag{3-48}$$

再由

$$\varepsilon(\lambda_i, \lambda_8) = \left[\frac{\lambda_i}{865}\right]^{n_{7,8}} \tag{3-49}$$

即可得出前6个可见光波段与近红外波段之间的大气校正因子。

$$L_{am}(\lambda_i) = \frac{\varepsilon(\lambda_i, \lambda_8) F_0(\lambda_i) T_{oz}(\lambda_i) \cdot L_{am}^{(8)}}{F_0(\lambda_8) T_{oz}(\lambda_8)} \tag{3-50}$$

联立式(3-45)和式(3-50)得到 $L_{am}(\lambda_i)$，再结合式(3-38)可以推出

$$L_w(\lambda_i) = \frac{L_t(\lambda_i) - L_r(\lambda_i) - L_{am}(\lambda_i)}{t(\lambda_i)} \tag{3-51}$$

由此便得到离水辐射率，达到大气校正的目的。笔者依照上述方法对2001年3月1日珠江口的SeaWiFS影像进行了大气校正，结果如图3-8所示(490nm波段，555nm波段)。

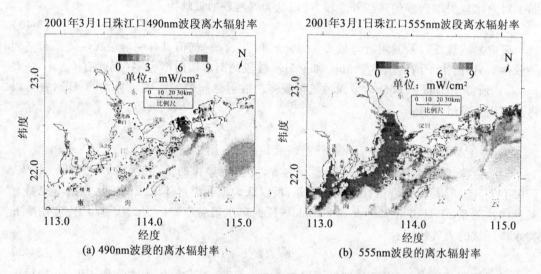

图3-8　2001年3月1日珠江口及邻近海域SeaWiFS影像大气校正结果

此外，潘德炉、唐军武、何贤强等人对SeaWiFS、COCTS等水色传感器在我国Ⅱ类水体的大气校正研究也进行了许多有益的探讨，基本解决了"标准"大气校正算法在我国复杂水体区域校正结果出现负值的情况。由于篇幅关系，本节不再赘述，请读者参阅作者发表的相关论文。

由于问题本身的复杂性，目前离彻底解决水色遥感大气校正问题还有很长一段距离，大气校正精度也还有待于进一步提高。当前还没有普适性的Ⅱ类水体大气校正算法问世，读者在实际工作中，需要综合遥感资料和研究区域的特点、要达到的精度、辅助资料情况等因素，选择合适的大气校正算法。

3.3　水色遥感参数的定量反演算法

水色遥感参数主要包括叶绿素、悬浮颗粒物和黄色物质三种，利用遥感手段进行水色参数的定量反演模型算法研究正是围绕这三个要素展开的。自20世纪70年代初第一个遥感

反演模型问世以来,国内外学者针对水色遥感参数的定量反演算法做出了大量卓有成效的工作,水色遥感定量反演理论研究得到了长足发展。水色遥感参数反演算法一般可分为两类,即经验统计法和理论算法。此外,随着计算机和人工智能等科学技术的发展,由理论算法加以推广的某些特殊算法和黑箱方法也被引入到水色要素的反演问题中来,如光谱混合分析法、代数算法、非线性优化算法、主成分方法、神经网络方法、遗传算法、贝叶斯方法、支持向量机、最小二乘法等。本章将主要针对经验算法和理论算法在各类水色要素反演中的应用与最新研究进展展开论述。最后,简单介绍部分特殊算法在不同水色参数反演中的应用。

3.3.1 叶绿素浓度反演算法

自 CZCS 运行以来,在水色遥感几十年的发展历程中,诸多学者提出了多种提取水体叶绿素浓度的算法,大致可归为三个方面:经验算法、理论算法和荧光高度法。

1. 经验算法

经验算法的实质是在实测数据基础上的,建立海表层以上或以下反射率(或辐射率)光谱和现场同步测量浓度之间的定量关系。常用的表达公式为:

$$C = a\left(\frac{R_1}{R_2}\right)^\beta + r \tag{3-52}$$

或

$$\log_{10}c = \log_{10}a + \beta\log_{10}\frac{R_1}{R_2} = \log_{10}a + \beta\lg\frac{L_w(\lambda_1)}{L_w(\lambda_2)} \tag{3-53}$$

式中:C 为待估的物理量(如叶绿素浓度),R_i 为光谱通道或特定波长 λ_i 的反射率(或辐射率)。系数 α,β 和 γ 是常数,可根据实验数据得出的辐亮度与各种物理量性质之间的回归方程推导求得。

由式(3-52)不难看出,通过选取合适的波段,可以在一定程度上提高经验公式法的反演精度。"蓝绿波段比值法"就是其中一个成功的范例,该方法利用离水辐射率光谱峰随着叶绿素浓度的增大,从蓝光波段向绿光波段移动的特性,以水体在这两个波段处的离水辐射率比作为回归分析的输入量,叶绿素浓度值作为反演的结果值,可以得到较高的反演精度。

表3-3 列举了各种常见的叶绿素浓度反演经验模型表达式以及选取的比值波段和回归系数。

表3-3 水色反演的各种统计模式

算法	类型	结果公式	波段比值与公式系数
Gordon 双通道法	幂指数	$C_{13} = 10^{(a_0 + a_1 \cdot R_1)}$ $C_{23} = 10^{(a_2 + a_3 \cdot R_1)}$ $[C + P] = C_{13}$; if C_{13} and $C_{23} > 1.5\mu g/L$ then $[C + P] = C_{23}$	$R_1 = \log(L_{wn}443/L_{wn}550)$ $R_2 = \log(L_{wn}520/L_{wn}550)$ $a = [0.053, -1.705, 0.522, -2.440]$
Clark 三通道法	幂指数	$[C + P] = 10^{(a_0 + a_1 \cdot R)}$	$R = \log((L_{wn}443 + L_{wn}520)/L_{wn}550)$ $a = [0.745, -2.252]$

续表

算法	类型	结果公式	波段比值与公式系数
K 算法	多元回归	$K(490) = a_1 + a_2 \cdot R^{a_3}$ $K(520) = b_1 + b_2 \cdot R^{b_3}$	$R = L_w(443)/L_w(555)$ $a = [0.022, 0.0883, -1.491]$ $b = [0.44, 0.0663, -1.398]$
Aiken-C	双曲线 + 幂指数	$C_{21} = \exp(a_0 + a_1 \cdot \ln R)$ $C_{23} = (R + a_2)/(a_3 + a_4 \cdot R)$ $C = C_{21}$; if $C < 2.0 \mu g/L$ then $C = C_{23}$	$R = L_{wn}490/L_{wn}555$ $a = [0.464, -1.989, -5.29, 0.719, -4.23]$
Aiken-P	双曲线 + 幂指数	$C_{22} = \exp(a_0 + a_1 \cdot \ln R)$ $C_{24} = (R + a_2)/(a_3 + a_4 \cdot R)$ $[C + P] = C_{22}$; if $[C + P] < 2.0 \mu g/L$ then $[C + P] = C_{24}$	$R = L_{wn}490/L_{wn}555$ $a = [0.696, -2.085, -5.29, 0.592, -3.48]$
OCTS-C	幂指数	$C = 10^{(a_0 + a_1 \cdot R)}$	$R = \log((L_{wn}520 + L_{wn}565)/L_{wn}490)$ $a = [-0.55006, 3.497]$
OCTS-P	多元回归	$[C + P] = 10^{(a_0 + a_1 \cdot R_1 + a_2 \cdot R_2)}$	$R_1 = \log(L_{wn}443/L_{wn}520)$ $R_2 = \log(L_{wn}490/L_{wn}520)$ $a = [0.19535, -2.079, -3.497]$
POLDER	三次曲线	$C = 10^{(a_0 + a_1 \cdot R + a_2 \cdot R^2 + a_3 \cdot R^3)}$	$R = \log(R_{rs}443/R_{rs}565)$ $a = [0.438, -2.114, 0.916, -0.851]$
CalCOFI 2 波段线性	幂指数	$C = 10^{(a_0 + a_1 \cdot R)}$	$R = \log(R_{rs}490/R_{rs}555)$ $a = [0.444, -2.431]$
CalCOFI 2 波段三次曲线	三次曲线	$C = 10^{(a_0 + a_1 \cdot R + a_2 \cdot R^2 + a_3 \cdot R^3)}$	$R = \log(R_{rs}490/R_{rs}555)$ $a = [0.450, -2.860, 0.996, -0.3674]$
CalCOFI 3 波段	多元回归	$C = \exp(a_0 + a_1 \cdot R_1 + a_2 \cdot R_2)$	$R_1 = \log(R_{rs}490/R_{rs}555)$ $R_2 = \log(R_{rs}510/R_{rs}555)$ $a = [1.025, -1.622, -1.238]$
CalCOFI 4 波段	多元回归	$C = \exp(a_0 + a_1 \cdot R_1 + a_2 \cdot R_2)$	$R_1 = \log(R_{rs}443/R_{rs}555)$ $R_2 = \log(R_{rs}412/R_{rs}510)$ $a = [0.753, -2.583, 1.389]$
Morel-1	幂指数	$C = 10^{(a_0 + a_1 \cdot R)}$	$R = \log(R_{rs}443/R_{rs}555)$ $a = [0.2492, -1.768]$

续表

算法	类型	结果公式	波段比值与公式系数
Morel-2	幂指数	$C = \exp(a_0 + a_1 \cdot R_1)$	$R = \log(R_{rs}490/R_{rs}555)$ $a = [1.077835, -2.542605]$
Morel-3	三次曲线	$C = 10^{(a_0 + a_1 \cdot R + a_2 \cdot R^2 + a_3 \cdot R^3)}$	$R = \log(R_{rs}443/R_{rs}555)$ $a = [0.20766, -1.82878, 0.75885, -0.73979]$
Morel-4	三次曲线	$C = 10^{(a_0 + a_1 \cdot R + a_2 \cdot R^2 + a_3 \cdot R^3)}$	$R = \log(R_{rs}490/R_{rs}555)$ $a = [1.03117, -2.40134, 0.3219897, -0.291066]$
OC4	四次曲线	$C_{chl-a} = 10^{(a_0 + a_1 \cdot R + a_2 \cdot R^2 + a_3 \cdot R^3 + a_4 \cdot R^4)}$	$R = \max(R_{rs}443, R_{rs}490, R_{rs}510)/R_{rs}555$ $[a_0, a_1, a_2, a_3, a_4] = [0.366, -3.067, 1.930, 0.649, -1.532]$

以上经验反演算法在 I 类水体的叶绿素反演中,尤其在全球海洋叶绿素浓度分布获取时取得了令人满意的结果,形成了诸多业务化的标准算法。如美国 NASA 戈达德空间飞行中心开发了适用于大洋水域的 NASA 标准算法,并专门开发了一套处理软件 SeaDAS,用于产生 SeaWIFS 各级产品资料;美国 NASA 的 SeaBAM(SeaWIFS Bio-Optical Algorithm Mini-Workshop)小组收集全球范围内海水叶绿素浓度与辐射的同步测量数据,提出适用于 SeaWIFS 的全球叶绿素浓度统计算法。图 3-9 显示了利用 NASA 标准算法反演 SeaWiFS 资料获得的在赤道太平洋热带不稳定波影响下的叶绿素分布图。

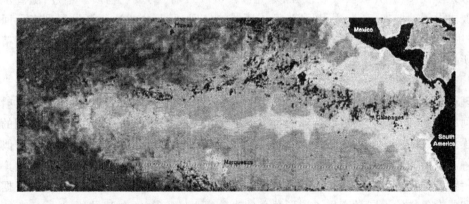

图 3-9 SeaWiFS 观测获得的在赤道太平洋热带不稳定波影响下的叶绿素分布图

对于 II 类水体,经验算法也能获取一定精度的反演结果,图 3-10 为笔者采用经验公式法反演得到的 2001 年 3 月 1 日珠江口及其邻近海域叶绿素浓度分布图。

经验公式法的数学运算相对简单,数据量要求不高,即使在所需范围内进行有限次的测量也能进行推导,而且,算法操作和测试简便。然而,就 II 类水体经验公式法的实质而言,它仍然是一种区域性的算法,受到时空条件的限制。由此,推导出的关系式仅适用于确定性关系,并采用相同的数据集的统计数据有效。另一方面,由于经验公式法是基于统计而不是基于解析的方法,使得经验公式法很难从理论上进行系统灵敏度分析,无法进行不同误差源的误差估算。

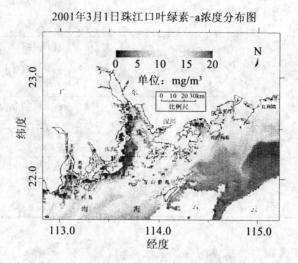

图 3-10　2001 年 3 月 1 日珠江口及其邻近海域叶绿素浓度反演结果

从目前水色遥感反演的效果来看,Ⅰ类水体叶绿素的反演比较成功,也出现了许多精度较高的反演算法。这是因为Ⅰ类水体的水色要素主要由浮游生物所含的叶绿素 a(Chlorophyll-a)及其降解物褐色素 a(Phea-a)和碎屑(Detritus)组成,组分相对简单。对于水体组分复杂的Ⅱ类水体,经验算法精度不高,主要原因是组分复杂的水体中含有与叶绿素具有类似光学性质(蓝光波段吸收最强,绿光波段吸收最弱)的黄色物质。不过,随着水色传感器波段设置的增加,高光谱、超高光谱传感器的出现,经验公式法逐渐发展到多元回归分析,采用多波段组合,考虑更广光谱范围内的水体信号变化,Ⅱ类水体的叶绿素反演精度也会有所提高。

2. 理论算法

理论算法的共性是,利用生物-光学模型描述水中各组分与离水辐射率或遥感反射率光谱之间的关系;同时,利用辐射传输模型来模拟光在大气和水体中的传播过程。常用的大气传输模型有:Plass 等人提出的 Monte Carlo 模型和 Gordon 等人提出的准单次散射近似计算模型等。严格的理论算法由于解析过程复杂,不便于业务化运行,于是,在利用理论算法对辐射传输方程求解时,需要引入各种假设和条件,加入实测光谱及水色要素信息。根据附加信息和假设条件的不同又产生了形形色色的半分析半经验算法,如代数法。

代数法又称为半分析型生物光学算法,用代数表达式描述海洋水色与地球物理光学特征的相关性,是最简单的理论算法之一。这种方法应用按照一定周期测量的光谱数据,建立光谱特征与水中物质组分浓度之间的定量关系。水体的固有光学量与遥感反射率 R 具有如下关系:

$$R_{rs} = \frac{L_w(\lambda)}{E_d(\lambda,0^+)} \approx \sum_{i=1}^{2} g_i \left(\frac{b_b}{a+b_b} \right)^i \tag{3-54}$$

式中:$g_1 \approx 0.0949I$;$g_2 \approx 0.0794I$;这里 $I \approx t^2/n^2$;t 为海-气透射比;n 为海水折射率;a 为各种

水色要素的总吸收系数；b_b 是各类水色要素的后向散射系数；$a+b_b$ 就是衰减系数。

通过近似的方法减少未知数的个数，简化未知数之间的相互关系，就可以将某一种水色要素的浓度与总吸收系数和后向散射系数直接联系在一起。Lee 等人对公式(3-54)进行改进，对叶绿素浓度范围在 $0.07\sim50\mathrm{mg/m^3}$ 的海湾水体进行了反演，取得了较高的反演精度。

代数算法将水色要素的已知光学特性与理论模式耦合起来，对特定的Ⅱ类水体区域能够获得较精确的反演结果。但这种方法也具有一定局限性：由特定水域水色要素特性构建的代数算法模型只能适用于特定的条件；对不同水域的水色参数进行估算时，需要进行参数校正；该方法只能同时反演个数有限的水色要素的浓度。

3. 荧光高度法

从叶绿素光谱特征中可以发现，叶绿素在中心波长 668nm 处有明显的峰值，这一峰值的高度与叶绿素浓度有关，称为荧光发射峰。Smith 和 Baker 首先通过高质量、窄波宽辐射测量清楚地显示了这种现象。随后许多研究人员，包括 Gordon 和 Topliss 等，对这一效应进行了相应的研究。

20 世纪 70 年代末期，研究者利用叶绿素的荧光特性，研制了能够通过窄波探测器探测叶绿素对光源（通常认为是太阳）的荧光效应的叶绿素荧光计。首次从飞机上测量了太阳激发的叶绿素荧光，并出现了专为荧光测量的机载成像光谱仪，用以从飞机和卫星上获取叶绿素荧光数据，进而估算探测区域的叶绿素浓度，叶绿素荧光高度算法也应运而生。

荧光线高度（Fluorescence Line Height，FLH）是常用的叶绿素荧光高度表达方式之一。荧光线高度算法通过叶绿素荧光波段任意侧的多个波段构建基线，估算叶绿素荧光产生的辐亮度值，其计算公式如下：

$$C = a \cdot (\mathrm{FLH}) + b \tag{3-55}$$

式中：FLH 为荧光线高度$(\mathrm{mW\cdot cm^{-2}})/(\mathrm{sr\cdot nm})$；$C$ 为叶绿素浓度$(\mathrm{mg\cdot m^{-3}})$；$a,b$ 为多次实验得到的回归系数。

叶绿素荧光高度算法的输入为归一化离水辐射率，由于瑞利散射对荧光基线波段的影响较小，气溶胶散射在各个波段的影响可认为近似相同。因此，叶绿素荧光算法与蓝/绿波段比算法相比，只需进行简单的大气校正和观测角的变化及太阳几何的影响校正，而不需要复杂的瑞利和气溶胶校正。

3.3.2 悬浮颗粒物浓度反演算法

悬浮颗粒物浓度遥感定量反演的关键是水体光谱反射率与悬浮颗粒物浓度之间关系的建立。即

$$S = f(R_{rs}) \tag{3-56}$$

式中：R_{rs} 为光谱反射率；S 为悬浮颗粒物浓度。

国内外学者利用悬浮颗粒物原样配比、监测水槽中悬浮颗粒物水体的光谱特性，分析水面光场以及水中光场与水体颗粒物含量的关系，得出如下结论：

(1) 悬浮颗粒物水体离水辐射率(R_{rs}) 随着悬浮颗粒物浓度(S) 的增加而增加，即 $dR_{rs}/dS > 0$；

(2) 变化率 dR_{rs}/dS 不是常量，它随着 S 的增加而减小，即 $d^2R_{rs}/dS^2 < 0$；

(3) $S=0$ 时，R_{rs} 为一大于 0 的常数；R_{rs} 随 S 的增加而迅速地趋于一个小于 1 的极值。

与叶绿素反演算法类似,悬浮颗粒物反演算法也分为理论算法与经验算法。

1. 理论算法

理论算法以海洋光学和辐射传输理论为基础,通过模拟实验,探索电磁辐射与悬浮颗粒物浓度之间的相关性,并由此衍生出一系列半分析算法,该算法结合辐射传输模型与经验方程,对辐射传输方程进行近似简化求解。常见的悬浮颗粒物反演半分析/理论模型有Gordon模型、负指数模型、幂指数模型以及统一模式等。

1) Gordon模型

Gordon等人在对悬浮颗粒物水体光漫反射的理论模型作了一次近似后,提出了泥沙水体遥感反射率R_{rs}的近似模型为:

$$R_{rs} = f\left[\frac{b_b(\lambda)}{a(\lambda) + b_b(\lambda)}\right] \tag{3-57}$$

式中:a为海水的总吸收系数;b_b为海水的总后向散射系数;f为某种函数关系。

假设吸收系数a和后向散射系数b_b均为含沙量S的线性函数,即

$$\begin{cases} a = a_1 + b_1 \cdot s \\ b_b = a_2 + b_2 \cdot s \end{cases} \tag{3-58}$$

将式(3-58)代入式(3-57)。再假设水分子散射量很小,可忽略不计,最后得到Gordon公式:

$$R_{rs} = C + \frac{S}{A + B \cdot S} \tag{3-59}$$

式中,R_{rs}为光谱反射率,S代表泥沙浓度,A、B、C均为常数。

需要指出的是,式(3-59)在实际运用中,反演精度并不高。究其原因有两点:一是该式由式(3-57)近似而来,而Whitlock的研究表明,含悬浮颗粒物的水体的辐射率L与$\frac{b_b(\lambda)}{a(\lambda) + b_b(\lambda)}$之间具有明显的非线性关系,说明Gordon公式的近似精度不够;二是Gordon公式是基于水体光学性质完全均一的假设得到的,这一点对含悬浮颗粒物的水体来说是不成立的,实际上水体含沙量在垂直方向上有明显的变化,因此,含沙水体的光学性质在垂直方向上也有明显变化。

2) 负指数模型

在对辐射传输方程进行简化时,考虑到含悬浮颗粒物的水体光学性质的垂向变化,采用平面分层模型,认为水体的光学性质随水深变化,是水深z的函数,得到负指数模式:

$$R_{rs} = A + B(1 - e^{-D \cdot S}) \tag{3-60}$$

式中:A、B、D为无量纲常数。

负指数关系式克服了其他关系式只适用于低浓度泥沙含量的缺点,从函数本身的数学特性上更接近遥感反射率随悬浮泥沙浓度的变化趋势。

3) 幂指数模型

恽才兴(1987)通过理论模型推导出幂指数模型:

$$S = [R_{rs}/(a_0 - b_0 \cdot R_{rs})]^d \tag{3-61}$$

式中:a_0、b_0、d为常数。该模式运用于长江口、杭州湾与鸭绿江等河口海域的海面悬浮颗粒物的遥感定量反演中,其相对误差为10%。

4) 统一模式

黎夏(1992)年提出了悬浮颗粒物定量遥感的统一模式：

$$R_{rs} = \text{Gordon}(S) \cdot \text{Index}(S) = A + B[S/(G+S)] + C[S/(G+S)]e - D \quad (3\text{-}62)$$

式中：A、B、C 为相关式的待定系数；S 即为含沙量；G、D 是待定参数；$S/(G+S)$ 和 $[S/(G+S)]e - D$ 为相关项。该式将 Gordon 模型和负指数模型统一到一个表达式中。

半分析模型作为理论模型的近似与简化，相对简单，更利于业务化应用。但是，该模型在构建时，为了减少算法中的未知量而采用了一些大胆却并不准确的假设；且半分析模型还在一定程度上依赖于地面测量数据的准确性，这都将导致半分析模型的反演结果存在不可避免的误差。

2. 经验算法

经验算法则是利用遥感数据与地面同步或准同步测量数据建立相关关系式。它基于以下几点假设的情况下提出的：

(1) 悬浮颗粒物浓度对传感器接收到的辐射量 $L(\lambda)$ 的影响与 $L(\lambda)$ 对悬浮颗粒物浓度的敏感相同；

(2) 悬浮颗粒物浓度的实测值足够准确；

(3) $L(\lambda)$ 的误差与固体悬浮颗粒物浓度无关。

经验算法需要与影像同步或准同步的实测数据，测量要求较严格，尤其是在河口或受潮流、天气影响，水文条件变化较大的地区，同步测量的要求更为严格。已有的经验算法关系式有线性关系式、对数关系式和多波段关系式三种。

1) 线性关系式

线性关系式的一般表达式为：

$$R_{rs} = A + B \cdot S \quad (B > 0) \quad (3\text{-}63)$$

式中，R_{rs} 为某一波长处的光谱反射比；S 为水体含沙量；A、B 为常系数。从数学观点来看，该式并不能满足前面提到的悬浮颗粒物浓度与离水辐射率的关系特性，因此，只适用于低浓度水体的粗略计算。

2) 对数关系式

对数关系式的一般表达式为：

$$R_{rs} = A + B \cdot \ln(S) \quad (B > 0) \quad (3\text{-}64)$$

式中：A、B 为常系数。

对数关系式仅适合于颗粒物含量较低的水域，对于颗粒物含量高的水域，对数关系式反演的结果与实测结果相差较大，所以不太适用。

3) 多波段关系式

多波段关系式的经验算法是建立颗粒物含量 S 与多个波段的离水辐射率 R_{rs_i} 或辐射率 L_i 的某种组合之间的函数关系，但是，由于各波段的辐射透视深度不同，所以，这种方法的误差较大。此外，由于不同传感器的波段设置不同，多波段组合的方法不具备通用性。因此，这里不再对多波段关系式加以论述。

当前，悬浮颗粒物遥感反演存在很大的困难。对于悬浮颗粒物含量较低的水体，任何波段的反射率与悬浮物浓度都呈显著相关，随着水体中悬浮颗粒物浓度的增加，悬浮颗粒物引起的反射辐射将会达到饱和。但是，悬浮颗粒物的饱和浓度在不同的波段范围内表现并不一致：短波区悬浮颗粒物的饱和浓度较低，长波区悬浮颗粒物的饱和浓度较高。悬浮颗粒物这种复杂的特性,导致至今仍没有真正统一的悬浮颗粒物遥感模型出现,目前常用的定量模式多数为具有区域特性的经验统计模式或半经验模式,而建立此类模式往往需要大量同步实测资料,耗费人力物力,且针对不同水域得到的经验模式不能实现时间空间上的有效移植。如何解决悬浮颗粒物定量反演中对实测资料的过度依赖问题,建立真正意义上的统一模式,仍需要进一步的深入研究。

3.3.3 黄色物质浓度反演算法

水色遥感中,黄色物质浓度反演研究大致分为两个方面:一方面是,进行其他水色参数反演时,消除黄色物质的干扰;另一方面是,研究水色遥感反演黄色物质浓度的方法。

目前,对黄色物质浓度遥感反演模式研究主要包括两类:一类是直接提取黄色物质浓度信息模式;另一类模式是计算黄色物质在某一特征波段的吸收系数,用吸收系数来表示黄色物质浓度,即间接提取模式。

1. 直接提取模式

以实测的黄色物质资料和模拟光谱资料,建立黄色物质浓度与最佳波段组合光谱反射率值之间的反演模式:

$$\lg(DOC) = 1.2419 \cdot \lg\left(\frac{R_{670}}{R_{412}}\right) - 0.2614 \quad (n = 130, r = 0.916) \tag{3-65}$$

式中:R 为模拟光谱反射率。

根据科罗拉多 8 个水库的实测光谱资料和溶解有机碳浓度资料,建立的提取溶解有机碳的回归关系式为:

$$DOC = 0.55 \cdot \left[\left(\frac{R_{716}}{R_i}\right)^{-9.6}\right]\left[\left(\frac{R_{706}}{R_{670}}\right)^{-9.6}\right] \tag{3-66}$$

式中:R_i 为光谱反射率。

2. 间接提取模式

国家海洋技术中心等机构建立分析黄色物质特征波段的遥感反射率与吸收系数的关系,利用 HY-1 卫星资料提取我国近海黄色物质吸收系数,得到提取模式如下:

$$a_y(440) = 0.006738 \cdot \left[\frac{R_{rs}(490)}{R_{rs}(412) \cdot R_{rs}(443)}\right]^{0.5} R_{rs}(\lambda_i) \tag{3-67}$$

式中:$a_y(440)$ 为黄色物质在 440nm 波长的吸收系数,$R_{rs}(\lambda_i)$ 为某波段的遥感反射率。

根据那不勒斯海湾的有关资料,Tassan S 建立了利用 SeaWiFS 资料提取黄色物质在 440nm 波长的吸收系数的模式:

$$\lg[-a_g(440)] = -3.0 - 1.93\lg\left[\left(\frac{R_1}{R_3}\right)(R_2)^{0.5}\right] \tag{3-68}$$

式中:R_1、R_2、R_3 分别是 SeaWiFS 波段 1、2、3 的反射率,a_g 是黄色物质吸收系数。

3.3.4 其他反演方法

除上述针对某一水体组分光学特性的反演方法外,计算机科学的发展使得大批有效的水色反演手段涌现出来。与传统经验统计算法不同的是,这些方法或基于辐射传输机理,或基于黑箱原理,从全局把握各水色要素对水体光学特性的共同作用,进而实现对多水色参数的同时反演。非线性最优化法、主成分分析法、神经网络方法等就是其中较为典型、运用广泛的方法。

1. 非线性最优化法

非线性最优化法的原理是先确定一个海洋水色预测模型,通过不断调整作为输入参数的水体各组分反演浓度(即叶绿素、悬浮颗粒物、黄色物质和气溶胶光学厚度),计算与之对应的辐亮度值,当模式计算所得的辐亮度值与实际所测得的辐亮度值之间的误差 x^2 最小时,获得的水色预测模型参数即为非线性最优化结果。实测辐亮度与模型计算辐亮度的误差定义如下:

$$x^2 = \sum_\lambda (L_{sat} - L_{mod})^2 \tag{3-69}$$

式中:$\sum_\lambda$ 表示对所有波长求和;L_{sat} 是指卫星测得的辐亮度值;L_{mod} 是指使用模式的计算值。

在计算机迭代算法中,通常预设一个 χ^2 的阈值来限制测量和计算的次数,并约束迭代结果的精度。Simplex、Levenberg-Marquardt、Gauss-Newton 算法都是适用的减小误差的算法。

各水体组分与遥感反射率关系的构建可采用如下的分析模型:

$$R = \frac{k - a}{k + a} \tag{3-70}$$

式中:R 为离水反射率(上行辐照度与下行辐照度之比 E_u/E_d);k 是漫衰减系数;a 是吸收系数。这里 k 和 a 分别由纯水、浮游植物的叶绿素(phytoplankton chlorophylls)、无机悬浮物(suspended matter)和有机的黄色物质(gelbstoff)的贡献组成

$$k = k_w^* + C_{chl}k_{chl}^* + C_s k_s^* + k_g^* \tag{3-71}$$

$$a = a_w^* + C_{chl}a_{chl}^* + C_s a_s^* + a_g^* \tag{3-72}$$

式中:a^* 和 k^* 是单位浓度的吸收系数和漫衰减系数(即假如纯水里有单位浓度的叶绿素时,该水介质的吸收系数或者漫衰减系数);C 是浓度。

使用上述公式建立离水反射率 R 与海水三要素浓度的关系,再利用次表面漫反射率 R 推导获得离水辐亮度 L_w,建立离水辐亮度 L_w 与海水三要素浓度之间的关系。

以 CZCS 为例,非线性最优化法可采用的海洋水色预测模型如下:

$$L_{mod} = \alpha(\lambda, \lambda_4) \cdot LPA(\lambda_4) + t(\lambda) \cdot L_w(\lambda) \tag{3-73}$$

式中:L_w 是离水辐亮度,$LPA(\lambda_4)$ 是在 CZCS 第 4 波段的气溶胶散射辐亮度,$\alpha(\lambda, \lambda_4) \cdot LPA(\lambda_4)$,是在 λ 波长处气溶胶散射的辐亮度,$t(\lambda)$ 是大气和海气界面的透射率。离水辐亮度 L_w 包含海水中三种物质(即叶绿素、悬浮颗粒物和黄色物质)的浓度信息。L_{mod} 是不包含大气分子瑞利散射的辐亮度。

非线性最优化法用于海洋水色要素反演时,最大的优势在于它能够体现海水的非线性特征,不依赖先验的模拟数据集,易于区域化。但这种方法也有它的缺陷:首先,算法需要的计算时间太长,效率不高;其次,预测模型的参数设置时,反演的未知变量之间的相关性过高会严重影响运算结果的准确性,因此,在参数设置时,要考察各水色要素之间的相关性;再次,初始条件的设定对运算过程有一定的影响。如果无边界条件的约束,运算过程中,χ^2 出现许多最小值,方程出现多个解。为了保证运算结果的收敛性,应该为每一个需要反演的未知量设定各自的上限和下限,从而保证得到确切的最小值,这样还可以提高运算速度。

2. 主成分分析法

传统的水色反演算法,必须考虑大气散射和吸收对卫星遥感接收到的辐射的作用,因此,必须通过大气校正来消除电磁辐射在传输过程中的吸收和散射影响。主成分分析法根据海水组分浓度的变化范围、大气特性和卫星传感器的光谱特性,用辐射传递模型模拟大气层顶的辐射,因此,不必经过大气校正处理。主成分分析法通过确定反演所需的光谱波段数及每一个光谱波段在反演水色组分浓度时所占的权重,建立加权因子表来表征Ⅱ类水体在不同波段数据间的相关性影响。

对于传感器的 m 个光谱波段,若每个光谱波段有 n 个观测值,则遥感反射率或漫反射率可表示为 r_{it},其中 $i=1,2,\cdots,m;t=1,2,\cdots,n$。反射率数据的矩阵形式为:

$$R = (r_{it}) \tag{3-74}$$

将原变量矩阵 R 进行正交线性变换,得到新变量

$$z_{it} = \sum_{k=1}^{m} v_{ik} r_{kt} \quad (i=1,2,\cdots,m;t=1,2,\cdots,n) \tag{3-75}$$

对应的矩阵形式是

$$Z = V'R \tag{3-76}$$

求解待定的 V,归结为求解样本原变量 R 的协方差矩阵 S 的特征问题,即转化为求解方程

$$(S - \lambda I)V = 0 \tag{3-77}$$

式中:

$$S_{ij} = \frac{1}{n} \sum_{t=1}^{n} (r_{it} - \bar{r}_i)(r_{jt} - \bar{r}_j) \quad (i,j=1,2,\cdots,m) \tag{3-78}$$

式中:$\bar{r}_i$ 为 R 的第 i 个波段变量各观测值的均值;$\bar{r}_j$ 为 R 的第 j 个波段各观测值的均值。正交线性变换要求

$$|S - \lambda I| = 0 \tag{3-79}$$

利用雅可比(Jacobi)法可求 S 的特征值与对应的特征向量 V,m 阶矩阵有 m 个特征值 $\lambda_1 \geq \lambda_2 \geq \lambda_3 \geq \cdots \geq \lambda_m$,对应的特征向量是 $v_1,v_2,v_3,\cdots,v_m$。根据式(3-75)可求出主因子 $Z_1,Z_2,\cdots,Z_m$。根据所规定的方差贡献率确定选取主因子的个数,设选取 k 个主因子 $Z_1,Z_2,\cdots,Z_k(k<m)$,则反演浓度与主因子之间存在如下关系:

$$C_i = \sum z_{ij} L_j + E_i \tag{3-80}$$

式中:C_i 是各反演产品,如色素浓度;气溶胶光学厚度等;z_{ij} 为第 i 个变量对第 j 个波段的权重系数;L_j 是第 j 波段的辐射率值;E_i 是变量 i 的偏差值。

主成分方法采用线性算法,简单、稳定,运算速度快;大气影响自动体现在加权因子中,不必进行大气校正;在反演各组分的物质浓度时,可利用区域光学模式确定各个波段的加权因子,进行优化。即使实际水色因子与光谱辐射呈非线性关系,也可将数据分段进行线性分析,或引入辅助变量表示非线性,采用多变量准线性回归方法分析。

3. 神经网络方法

人工神经网络理论起源于对人脑功能的模拟,是 20 世纪 80 年代中后期迅速发展起来的一门前沿科学,具有集体运算和自适应学习能力,善于联想、综合和推广,其应用已渗透到各个领域。

多层、反向传播学习算法——BP(Back Propagation)算法是人工神经网络的重要模型之

一,应用尤为广泛。本节将对 BP 算法展开介绍。BP 算法实质是将一个输入/输出问题变为一个非线性优化问题,即以网络连接权矩阵 W 为变量,误差函数 $E(W)$ 为目标的多元极小值问题。

BP 算法主要包含两个过程:

一是由学习样本、网络权值 W 从输入层→隐含层→输出层逐次算出各层节点的输出;使用 f 表示各个神经元的输入与输出之间的关系函数,亦即

$$V_i^k = f(u_i^k) \tag{3-81}$$

$$u_i^k = \sum_j W_{ij} V_j^{k-1} \tag{3-82}$$

式中:u_i^k 为第 k 层的第 i 单元的输入,V_i^k 为第 k 层的第 i 单元的输出,W_{ij} 为由第 $k-1$ 层的第 j 个神经元到第 k 层的第 i 个神经元的权重。

二是反过来由实际输出与计算期望输出的偏差构出误差函数 $E(W_k)$,

$$E(W_k) = \frac{1}{2} \sum_j (V_j^m - y_j)^2$$

式中:y_j 是输出单元的期望输出,V_j^m 是实际输出。

采用梯度下降法调节网络权值,即

$$W_{k+1} = W_k + \eta \left(-\frac{\partial E}{\partial W_k} \right) \tag{3-83}$$

使误差函数 $E(W_{k+1})$ 减小。两个过程反复交替,直到收敛为止。

图 3-11 为一个三层反向传播算法的神经网络结构。在该结构中,输入节点可以是传感器各波段的接收到的总辐射和反射率、大气瑞利散射校正后的辐射或反射率、大气校正后的离水辐射等,输入层的值分发到隐含层的每个节点,并在此进行如上的运算,隐含层的输出值再次成为输出层的输入,并再次进行运算,输出节点可以是海水组分浓度或光学变量。隐含层的节点数由函数的复杂程度决定。

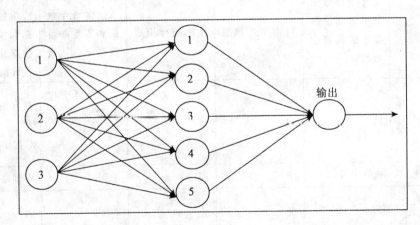

图 3-11 一个简单的三层神经网络结构

神经网络方法作为一种有效的非线性逼近方法,近年来在水色遥感中的应用越来越广泛。Tanaka 等应用双流神经网络模型模拟大气通道辐射率和透射率,分析了 OCTS 数据;Schiller 等利用模拟的 MERIS 各波段大气顶反射率数据集,通过神经网络模型反演了水色

三要素浓度和大气气溶胶光学厚度,并认为该模型可作为卫星数据的业务化算法使用;黄海清等用源于 SeaBAM 数据的训练样本,采用三层前馈型神经网络结构,以 5 种遥感反射率波段组合作为网络的输入,叶绿素浓度作为输出,结果表明反演结果和实测叶绿素浓度数据吻合得较好;此外,赵冬至、詹海刚等利用神经网络模型反演海水叶绿素浓度方法中,提出了适宜不同水域的方法。

神经网络技术反演算法将详细的遥感过程的物理描述与高速的计算机运算相结合,具有极高的实用性。但神经网络法毕竟是一种"黑箱"方法,其学习与样本的训练都需要耗费大量的时间与精力,还需要运用者在训练网络、方法设计和训练过程方面有广泛的经验。

3.3.5 反演算法对比分析

水色遥感在近30年的发展中,涌现了大批优秀的反演算法,本书介绍的只是其中具有代表性和应用较为广泛的几种。从现有的研究结果可以发现:在以叶绿素浓度反演为主的Ⅰ类水体的遥感反演中,利用叶绿素浓度与"蓝绿波段比"之间的关系的线性回归经验算法具有较高的反演精度;但对于水体组分复杂的Ⅱ类水体,传感器接收到某个波段的反射率不仅依赖一个水色变量,而是依赖于研究水域不同的水体组分构成的共同贡献,此时,简单的经验统计模式就不再具有较高的准确性和高度的全球统一性。非线性最优化算法、主成分分析法、神经网络法虽然在一定程度上解决了多种水色组分同时反演的问题,但仍然不能逃避对实测数据的高度依赖。表3-4 总结了上面介绍的几种模式算法的主要优缺点。

表3-4　　各种反演算法主要特点总结

算法属性	经验算法	半分析/理论算法	非线性最优化算法	主成分分析法	神经网络法
输入要求	生物-光学数据和实地测量数据中的代表性数据	生物-光学模型	生物-光学模型	生物-光学模型或生物-光学数据和实地测量数据中的代表性数据	生物-光学模型或生物-光学数据和实地测量数据中的代表性数据
复杂性级别	低	中	高	中等(对于模型和训练),低(对于计算)	高(对于模型和训练),低(对于计算)
反演准确性	低到中等	中	高	中到高	中到高
对模拟/训练数据的依赖性	无	无	无	有	有
适用的空间范围(区域/全球)	区域,依赖于输入的数据类型	通过局部模型适应	通过局部模型适应	通过局部LUTs自适应	通过局部网络自适应

尽管海洋水色卫星数据反演算法的研究已经取得可喜的进步，Ⅰ类水体水色遥感定量反演方法逐渐成熟，已经形成了诸多被广泛认可的全球性业务化算法。但是Ⅱ类水体水色遥感定量反演问题仍是水色遥感监测瓶颈，建立全球通用的大气校正与水色反演算法还是一个任重道远的过程，探讨是否存在普适性的Ⅱ类水体大气校正与水色反演算法也是一个学术争论的热点。我国拥有漫长的海岸线，渤海、黄海、东海的大部分和南海的近岸部分都属于Ⅱ类水体，由于当前Ⅱ类水体反演算法的区域性和不可移植性，使得开展Ⅱ类水体水色遥感定量反演的系统研究，发展适合我国近海水体特点的反演算法具有极高的科研意义与战略意义。

参 考 文 献

[1] 陈楚群，潘志林，施平．海水光谱模拟及其在黄色物质遥感反演中的应用[J]．热带海洋学报，2003,22（5）:33-39.

[2] 陈涛，李武，吴曙初．悬浮泥沙浓度与光谱反射率峰值波长红移的相关关系[J]．海洋学报，1994,16(1):38-44.

[3] 承继成，郭华东，史文中．遥感数据的不确定性问题．北京：科学出版社，2004.

[4] 丁静，唐军武，宋庆君，王晓梅．中国近岸浑浊水体大气修正的迭代与优化算法[J]．遥感学报，2006,10(5):732-741.

[5] 丁静．基于神经网络的二类水体大气修正与水色要素反演．博士学位论文．青岛：中国海洋大学，2004.

[6] 巩彩兰，樊伟．海洋水色卫星遥感二类水体反演算法的国际研究进展[J]．海洋通报，2002,21(2):77-83.

[7] 何贤强，潘德炉，白雁，龚芳．通用型海洋水色遥感精确瑞利散射查找表[J]．海洋学报，2006,28(1):47-55.

[8] 何贤强，潘德炉，尹中林，王迪峰．水色遥感卫星姿态对瑞利散射计算的影响[J]．遥感学报，2005,9(3):542-546.

[9] 黄海清，何贤强，王迪峰，潘德炉．神经网络法反演海水叶绿素浓度的分析[J]．地球信息科学，2004,6(2):31-57.

[10] 黄家浩．基于MODIS数据的海洋水色二类水体叶绿素浓度反演．硕士学位论文．武汉：武汉大学，2006.

[11] 黎夏．悬浮泥沙遥感定量的统一模式及其在珠江口中的应用[J]．环境遥感，1992,57(2):107-113.

[12] 李丽萍，贺明霞．东亚海域吸收性气溶胶对大气校正的影响及海色遥感若干问题．博士学位论文．青岛：中国海洋大学，2002.

[13] 李淑菁，毛天明，潘德炉．太阳反射光对海洋水色卫星遥感的影响研究[J]．热带海洋学报，1997,16(4):76-82.

[14] 李四海．近海海洋水色遥感机理及其应用．博士学位论文．上海：华东师范大学，2001.

[15] 李铜基，唐军武，陈清莲，任洪启．光谱仪测量离水辐射率的处理方法[J]．海洋技

术,2000,19(3):11-16.
- [16] 林敏基. 海洋与海岸带遥感应用. 北京:海洋出版社,1991.
- [17] 毛显谋,黄韦艮,楼秀琳,傅斌,朱乾坤,唐军武. 影响海洋光学遥感的海面白泡云研究回顾及进展[J]. 海洋科学进展,2005,23(4):536-542.
- [18] 毛志华,郭德方,潘德炉. 航空水色遥感中太阳耀光信息提取及消除方法的研究[J]. 遥感技术与应用,1996,11(4):15-20.
- [19] 毛志华,黄海清,朱乾坤,潘德炉. 我国海区 SeaWiFS 资料大气校正[J]. 海洋与湖沼,2002,32(6):581-587.
- [20] 梅安新,彭望琭,秦其明. 遥感导论. 北京:高等教育出版社,2001.
- [21] 潘德炉,Doerffer R. 海洋水色卫星的辐射模拟图像研究[J]. 海洋学报,1997,19(6):43-55.
- [22] 史丰荣,刘美娟,周维华,冯巍巍,张骏. 利用 SeaWiFS 资料对二类水体辐射大气校正方法的研究[J]. 内蒙古师范大学学报(自然科学汉文版),2006,35(4):424-427,432.
- [23] 唐军武,田国良,汪小勇,王晓梅,宋庆君. 水体光谱测量与分析Ⅰ:水面以上测量法[J]. 遥感学报,2004,8(1):37-44.
- [24] 唐军武. 海洋光学特性模拟与遥感模型. 博士学位论文. 北京:中国科学院遥感应用研究所,1999.
- [25] 童庆禧. 中国典型地物波谱及其特征分析. 北京:科学出版社,1990.
- [26] 汪小勇,李铜基,唐军武,杨安安. 二类水体表观光学特性的测量与分析——水面之上法方法研究[J]. 海洋技术,2004,23(2):1-6.
- [27] 韦钧,陈楚群,施平. 一种实用的二类水体 SeaWiFS 资料大气校正方法[J]. 海洋学报,2002,24(4):118-126.
- [28] 吴培中. 海洋水色卫星的用途和特点[J]. 国际太空,2000,3:22-25.
- [29] 徐希孺. 遥感物理. 北京:北京大学出版社,2005.
- [30] 杨安安,李铜基,陈清莲,毕大勇. 二类水体表观光学特性的测量与分析——剖面法方法研究[J]. 海洋技术,2005,26(3):111-115.
- [31] 恽才兴. 河口悬浮泥沙遥感定量研究及其应用实例. 北京:海洋出版社,1987.
- [32] 詹海刚,施平,陈楚群. 利用神经网络反演海水叶绿素浓度[J]. 科学通报,2000,45(1):1-6.
- [33] 张红梅. MODIS 数据的近海水色遥感模型研究. 硕士学位论文. 武汉:武汉大学,2006.
- [34] 张磊. 海洋水质遥感信息提取研究. 硕士学位论文. 大连:大连海事大学,2003.
- [35] 张绪琴,吴永森,张士魁,吴隆业. 胶州湾海水黄色物质荧光分布初步研究[J]. 遥感学报,2002,6(3):229-232.
- [36] 张绪琴,张士魁,吴永森,夏达英. 海水黄色物质研究进展[J]. 黄渤海海洋,2000,18(1):89-92.
- [37] 赵冬至,曲元,张丰收. 用 TM 图像估算海表面叶绿素浓度的神经网络模型[J]. 海洋环境科学,2001,20(1):16-21.

[38] 赵崴,林明森,陈光明,唐军武,牛生丽. HY-1 卫星 COCTS 水色遥感器精确瑞利散射算法研究[J]. 海洋学报,2006,28(3):139-143.

[39] Ahn Y H, Palanisamy, Shanmugam. Evaluation of the spectral shape matching method (SSMM) for correcting the atmospheric effects in the satellite VIS/NIR imagery Source. In: International Geoscience and Remote Sensing Symposium (IGARSS),2005,452-455.

[40] Arenz R F, Lewis W M, Saunders J F. Determination of chlorophyll and dissolved organic carbon from reflectance data for Colorado reservoirs[J]. International Journal Of Remote Sensing,1996,17(8):1547-1566.

[41] Austin, R W. Ocean Color Surface Truth Measurements [J]. Bound.-Layer Meteorol, 1980,18269-18285.

[42] Breon F M, Henriot N. Spaceborne observations of ocean glint reflectance and modeling of wave slope distributions[J]. Journal Of Geophysical Research-Oceans,2006,111(C6): CiteID C06005.

[43] Bricaud A, Babin M, Morel A. Variability in the chlorophyll-specific absorption coefficients of natural phytoplankton: Analysis and parameterization [J]. Journal of Geophysical Research,1995,100:13321-13332.

[44] Bricaud A, Morel A. Light attenuation and scattering by phytoplanktonic cells: a theoretical modeling[J]. Applied Optics,1986,25(4):571-580.

[45] Bukata R P, Jerome J H, Kondratyev K Y Satellite monitoring of optically-active components of inland waters: an essential input to regional climate change impact studies [J]. Journal of Great Lakes Research,1995,17:470-478.

[46] Chen C Q, Wei J, Shi P. Atmospheric correction of SeaWiFS imagery for turbid waters in Southern China coastal areas. In: The International Society for Optical Engineering,2003, 80-86.

[47] Chomko R M, Gordon H R. Atmospheric Correction of Ocean Color Imagery: Test of Spectral Optimization Algorithm with the Sea-viewing Wide Field-of-View Sensor[J]. Applied Optics,2001,40(18):2973-2984.

[48] Chomko R M., Gordon H R. Atmospheric correction of ocean color imagery: use of the Junge power-law aerosol size distribution with variable refractive index to handle aerosol absorption[J]. Applied Optics,1998,37(24):55-60.

[49] Cox C, Munk W. Measurement of the roughness of the sea surface from photographs of the sun's glitter,[J]. Journal of the optical society of America,1954,44(11):838-850.

[50] Ding K Y, Gordon H R. Analysis of the influence of O2 A-band absorption on atmospheric correction of ocean-color imagery[J]. Applied Optics,1995,34(12):2068-2080.

[51] Doerffer R, Fischer J. Concentrations of Chlorophyll, Suspended Matter, and Gelbstoff in Case II Waters Derived from Satellite Coastal Zone Color Scanner Data with Inverse Modeling Methods[J]. Journal of Geophysical Research,1994,1999(c4):7457-7466.

[52] Duforet L, Dubuisson P, Frouin Importance of aerosol vertical structure in satellite ocean-color remote sensing. In: The International Society for Optical Engineering,2005,1-12.

[53] Emecen E G, Kara G, Erdogmus F, Gardashov R. The determination of sunglint locations on the ocean surface by observation from geostationary satellites [J]. Terrestrial Atmospheric And Oceanic Sciences,2006,17(1):253-261.

[54] Fargion G S, McClain, Charles R, Fukushima, Hajime, Nicolas, Jean Marc, Barnes, Robert A. Ocean color instrument intercomparisons and cross-calibrations by the SIMBIOS Project. In: The International Society for Optical Engineering,1999,397-403.

[55] Fargion G S, Mueller J L.. Ocean Optics Protocols for Satellite Ocean Color Sensor Validation: NASA/TM-2000-209960,2000.

[56] Fu G, Baith K S, McClain C R. SeaDAS: the SeaWiFS data analysis system. In: Proceedings of the 4th Pacific Ocean Remote Sensing Conference,Qingdao 1998,73-77.

[57] Gao B, Montes M J, Ahmad X, Davis C O. Atmospheric correction algorithm for hyperspectral remote sensing of ocean color from space. [J]. Applied Optics,2000,39: 887-896.

[58] Gordon H R. Atmospheric correction of ocean color imagery in the Earth observing system era[J]. Journal of Geophysical Research,1997,102:17081-17106.

[59] Gordon H R. Diffuse reflectance of the ocean: the theory of its augmentation by chlorophyll a fluorescence at 685 nm[J]. Applied Optics,1979,18:1161-1166.

[60] Gordon H R, Brown J W, Evans R H. Exact Raleigh scattering calculations for use with the Nimbus-7 Coastal Zone Color Scanner.[J]. Applied Optics,1988,27:862-871.

[61] Gordon H R, Brown O B, Evans R H, Brown J W, Smith R C, Baker K S,Clark D K. A semianalytic radiance model of ocean color [J]. Journal of Geophysical Research,1988, 93:10909-10924.

[62] Gordon H R, Morel A. Remote Assessment of Ocean Color for Interpretation of Satellite Visible Imagery. In: Springer2Verlag,New York,1983.

[63] Gordon H R, Wang M H. Influence of oceanic whitecaps on atmospheric correction of ocean-color sensors[J]. Applied Optics,1994,33(33):7754-7763.

[64] Gordon H R, Wang M H. Surface-roughness considerations for atmospheric correction of ocean color sensors. The Rayleigh-scattering component[J]. Applied Optics, 1992, 31 (21):1631-1636.

[65] Gordon H R, Wang M H Retrieval of water-leaving radiance and aerosol optical thickness over the oceans with SeaWiFS: a preliminary algorithm[J]. Applied Optics,1994,33:443-452.

[66] Green R O, Pavri B, Boardman J. On-orbit calibration of an ocean color sensor with an underflight of the Airborne Visible/Infrared Imaging Spectrometer (AVIRIS). In: Advances in Space Research 2001: Calibration and characterization of satellite sensors and accuracy of derived physical parameter,133-142.

[67] He X Q, Pan D L, Bai Y, Gong F. General purpose exact Rayleigh scattering look-up table for ocean color remote sensing[J]. Acta Oceanologica Sinica,2006,25(1):48-56.

[68] Hu C M. Atmospheric correction and cross-calibration of LANDSAT-7/ETM + imagery over

aquatic environments: A multiplatform approach using SeaWiFS/MODIS[J]. Remote Sensing of Environment,2001,78:99-107.

[69] Hu C M, Muller K F, Carder K L. Atmospheric Correction of SeaWiFS Imagery Over Turbid Coastal Waters: A Practical Method[J]. Remote Sensing of Environment,2000,74: 195-206.

[70] Hu C M, Muller K F, Carder K L, Lee Z P. A method to derive optical properties over shallow waters using SeaWiFS. In: SPIE,1998.

[71] IOCCG. Remote Sensing Of Ocean Color in Coastal, and Other Optically-Complex Waters, 2000,Report No. : 3.

[72] Kirk, J T O. Light and photosynthesis in aquatic ecosystems: Cambridge University Press, 1994.

[73] Lavender S J, Pinkerton M H, Moore G F. Modification to the Atmospheric Correction of SeaWiFS Ocean Color Images Over Turbid Waters[J]. Continental Shelf Research,2005, 25:539-555.

[74] Lee Z P, Carder K L, Peacock T G. Method to derive ocean absoption coefficients from remote-sensing reflectance[J]. Applied Optics,1996,35:453-462.

[75] Mao Z H, Pan D L, Huang H Q. The atmospheric correction procedure for CMODIS. In: SPIE - The International Society for Optical Engineering 2006: Geoinformatics 2006: Remotely Sensed Data and Information,64191V.

[76] Mertes. Estimating Suspended Sediment Concentration in Surface Waters of the Amazon River Wetlands from Landsat Images[J]. Remote Sensing of Environment,1993,43:281-301.

[77] Mobley C D. Light and water-radiative transfer in natural wate. Academic Press,1994.

[78] Mobley C D, Gentili B, Gordon H R. Comparison of numerical models for computing underwater light fields[J]. Applied Optics,1999,38:3831-3843.

[79] Mohan M, Chauhan P. Simulations for optimal payload tilt to avoid sunglint in IRS-P4 Ocean Colour Monitor (OCM) data around the Indian subcontinent[J]. International Journal Of Remote Sensing,2001,22(1):185-190.

[80] Moore G F, Aiken J, Lavender S J. The Atmospheric Correction of Water Color and the Quantitative Retrieval of Suspended Particulate Matter in Case II Waters: Application to MERIS[J]. International Journal Of Remote Sensing,1999,20(9):1713-1733.

[81] Morel A, Prieur L. Analysis of variarations in ocean color[J]. Limnology and Oceanography,1977,22:709-722.

[82] Mueller J L, Fargion G S. Ocean Optics Protocols for Satellite Ocean Color Sensor Validation. In: 2002,NASA/TM-2002-210004.

[83] Mundey J C, landsat test of diffuse reflectance models for aquatic suspended solids measurement[J]. Remote Sensing of Encirnment,1979,8:169.

[84] Nelder J A, Mead R A simplex method for function minimization[J]. Journal of Computer, 1965,7:308-313.

[85] Neumann A, Krawczyk H, Walzel T. A Complex Approach to Quantitative Interpretation of Spectral High Resolution Imagery. In: Third Thematic Conference on Remote Sensing for Marine and Coastal Environments; Seattle 1995, USA Ⅱ-641-652.

[86] Nobileau D, Antoine D Detection of blue-absorbing aerosols using near infrared and visible (ocean color) remote sensing observations. Remote Sensing of Environment[J]. Remote Sensing of Environment,2005,95(3):368-387.

[87] Novo E M M, Steffen C A, Braga C Z F. Results of a laboratory experiment relating spectral reflectance to total suspended solids[J]. Remote Sensing of Environment,1991, 36:67-72.

[88] O'Reilly J E, Maritorena S, Mitchell B G. Ocean color chlorophyll algorithms for SeaWiFS [J]. Journal of Geophysical Research,1998,103:24932-24953.

[89] O'Reilly J E, Maritorena S, O'Brien M C, et al. SeaWIFS Postlaunch Calibration And Validation Analyses, Part 3[R]. NASA Goddard Space Flight Center, NASA Tech Memo 2000-206892,2000.

[90] Ransibrahmanakul V, Stumpf R P Correcting ocean colour reflectance for absorbing aerosols [J]. International Journal Of Remote Sensing,2006,27(9):1759-1774.

[91] Ross D B, Cardone V J. Observations of oceanic whitecaps and their relation to remote measurements of surface wind speed[J]. Journal of Geophysical Research,1974,79:444-452.

[92] Sathyendranath S, Prieur L, Morel A. Three component model of ocean color and its application to remote sensing of phytoplankton pigments in coastal waters[J]. International Journal Of Remote Sensing,1989,10(8):1373-1394.

[93] Schiller H, Doerffer R. Neural Network for Emulation of an Inverse Model-Operational Derivation of Case Ⅱ Water Properties from MERIS Data [J]. International Journal Of Remote Sensing,1999,20(9):1735-1746.

[94] Siegel D A, Wang M H, Maritorena S. Atmospheric Correction of Satellite Ocean Color Imagery: the Black Pixel Assumption[J]. Applied Optics,2000,39(21):3582-3591.

[95] Smith R C, Baker K S. Optical properties of the clearest natural waters (200 800nm)[J]. Applied Optics,1981,20:177-184.

[96] Smith R C, Wilson W H. Ship and Satellite Bio-Optical Research in the California Bight Gower J F R, Oceanography from Space. New York and London: Plenum Press, 1981, 281-294.

[97] Su W Y. New ε function for atmospheric correction algorithm[J]. Geophysical Research Letters,2000,27(22):3707-3710.

[98] Su W Y, Charlock T. P., Rutledge K. Observations of reflectance distribution around sunglint from a coastal ocean platform[J]. Applied Optics,2002,41(35):7369-7383.

[99] Tassan S. The effect of dissolved 'yellow substance' on the quantitative retrieval of chlorophyll and total suspended sediments concentrations from remote measurements of water color[J]. International Journal Of Remote Sensing,1988,9(4):787-797.

[100] Tassan S. A method for the retrieval of phytoplankton and suspended sediment concentrations from remote measurements of water colour. In: Proceedings of Fifteenth International Symposium on Remote Sensing of Environment,1981.

[101] Topliss B J. Optical measurements in the Sargasso Sea: solar stimulated fluores- cence[J]. Oceanol. Acta,1985,8:263-270.

[102] Toratani Mitsuhiro, Fukushima Hajime, Murakami Hiroshi, Kobayashi Hiroshi. Atmospheric correction scheme for GLI in consideration of absorptive aerosol. In: Proceedings of SPIE - The International Society for Optical Engineering 2005: Active and Passive Remote Sensing of the Oceans,45-53.

[103] Wang M H. Atmospheric correction of ocean color sensors: computing atmospheric diffuse transmittance[J]. Applied Optics,1999,38(3):451-455.

[104] Wang M H. The Rayleigh lookup tables for the SeaWiFS data processing: accounting for the effects of ocean surface roughness[J]. International Journal Of Remote Sensing,2002, 23(13):2693-2702.

[105] Wang M H, Shi W. Estimation of ocean contribution at the MODIS near-infrared wavelengths along the east coast of the U. S.: Two case studies[J]. Geophysical Research Letters,2005,32(13):13606.

第4章 植被指数反演模型

陆地植被作为陆地生态系统的重要组成部分(占陆地总面积的90%以上)和核心环节，对气候变化的调节与反馈作用是人类调节气候、减缓大气 CO_2 浓度增加的主要手段。植被初级生产力作为表征植物活动的关键变量，在地表与大气之间能量、物质与动量交换中扮演着重要角色，是陆地生态系统中物质与能量运转研究的重要环节。植被对全球变化的反应至关重要，因此，国际地圈-生物圈计划(IGBP)、全球变化与陆地生态系统(GCTE)和《京都议定书》都将植被的净初级生产力研究确定为核心内容之一。

人类自1972年发射第一颗地球资源卫星，就开始了研究并建立光谱响应与植被覆盖间的近似关系，从而实现对地表植被状况的简单、有效和经验的度量。要建立光谱与植被覆盖之间的对应关系，首先应该了解并掌握植被的结构特征及其光谱特征。本章在详细分析了植被自身叶片结构及其光谱特征的基础上，对影响植被指数光谱特征的因素逐个进行分析，最后总结出目前常用的几种植被指数及其分类体系，并简要介绍植被指数的简单应用。

4.1 植被指数的理论基础

4.1.1 植物叶片结构

叶片是绿色植物的主要受光组织，也是遥感所接收到的植被信号的主要贡献者。叶片一般可分为异面叶和等面叶两类。异面叶的叶肉组织有较大的分化，形成栅栏组织和海绵组织，因而，叶片上下两面的受光情况不同，使上面呈深绿色，下面呈淡绿色。等面叶的叶肉组织分化不大，内部结构相似，因而，叶片两面的受光情况差异不大。虽然叶片的形态和结构多种多样，但是，一般均具有三种基本结构：表皮、叶肉和叶脉，不同的叶片往往只是形状、排列和数量在发生变化而已。

1. 表皮

表皮包围着整个叶片，通常由一层或多层细胞组成。横切面上，叶的表皮细胞的外形较规则，呈长方形或方形，外壁较厚，常具角质层，角质层的厚度因植物种类和所处环境而异。角质层是由表皮细胞内原生质体分泌所形成，通过质膜，沉积在表皮细胞的外壁上。多数植物叶的角质层外，还有一层不同厚度的蜡质层。角质层的存在，起着保护作用，可以控制水分蒸腾，加强机械性能，防止病菌侵入，对药液也有着不同程度的吸收能力。植物叶的表皮细胞一般不具叶绿体，但有些植物的表皮上长有绒毛，可减少入射太阳光的强度，对植物有一定的保护作用。

叶的表皮具有较多的气孔，成为植物体与外界环境进行气/液态物质交换的通道。各种植物的气孔数目、形态结构和分布各不相同。此外，植物体上部的气孔较下部的多，叶尖端和中脉部分的气孔较叶基部和叶缘的多。

2. 叶肉

叶肉是上表皮与下表皮之间的绿色组织的总称,是叶的主要部分。光合作用主要是在叶肉内进行。叶肉通常由薄壁细胞组成,内含丰富的叶绿体。异面叶中,一般近上表皮部位的绿色组织排列整齐(如图4-1),细胞呈长柱形,细胞长轴和叶表面相垂直,呈栅栏状,称栅栏组织。栅栏组织的下方,即近下表皮部分的绿色组织,形状不规则,排列不整齐,疏松和具较多间隙,呈海绵状,称为海绵组织。海绵组织和栅栏组织对比,排列较疏松,间隙较多,细胞内含叶绿体也较少。叶片上面绿色较深,下面绿色较淡,就是由于两种组织内叶绿体的含量不同所致。

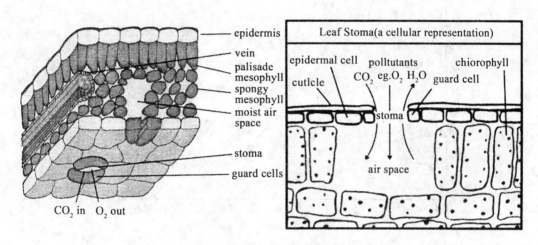

图 4-1 叶片的结构

3. 叶脉

叶脉也就是叶肉内的维管束,它的内部结构是由维管束和伴随的机械组织组合而成。叶片中的维管束是通过叶脉而与茎中的维管束相连接。叶脉具有输导和支持的作用。

表皮、叶肉和叶脉三种基本结构在叶片中普遍存在,但是,由于叶肉组织分化和发达的程度,栅栏组织的有无、层数和分布情况,海绵组织的有无和排列的疏松程度,气孔的类型和分布,以及表皮毛的有无和类型,使叶片的结构在不同植物和不同生境中有着不同的变化。

可见,叶肉是叶的主要结构,是叶的生理功能的主要进行场所。表皮包被在外,起保护作用,使叶肉得以顺利地进行工作。叶脉分布于叶肉,一方面,源源不断地供应叶肉组织所需的水分和盐类,同时运输出光合作用的产物;另一方面,又支撑着叶面,使叶片舒展在大气中,承受光照。

4.1.2 植物光谱特征

1. 植物光谱反射特性

绿色植物具有非常独特的光谱反射特性,形成很有特色的光谱反射曲线,而且不论是高大的乔木、矮小的灌木还是草本植物,只要生长正常,其光谱反射曲线都有类似的形态特征。不同植物所记录的不同光谱段能量的反射和吸收状况,主要受各种色素的支配,其中最重要的是叶绿素。叶绿素能够大量反射近红外能量,而吸收大部分的可见光波段的能量。健康的绿色植物含有大量的叶绿素,通常反射40%~50%的近红外(0.7~1.1μm)波段的能量,吸收将近80%~90%的可见光波段(0.4~0.7μm)的能量(详见图4-2)。相反,枯萎和衰老植物在可见光波段所反射的能量要大大高于健康植物的反射值,而在近红外波段所反射的能量则要低于健康植物的反射值。因此,在彩红外影像中,处于成长期的健康植物呈现出红色,植物越嫩,红色越鲜艳;枯萎和衰老的植物则呈现黄偏红的颜色,由此可以明显地区分处于不同生长期的植物。

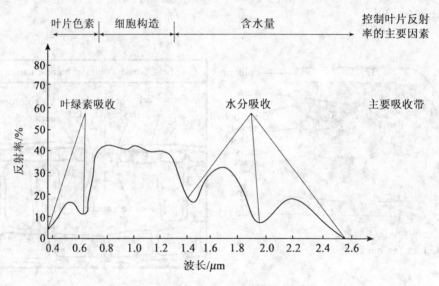

图4-2 绿色植物的反射波谱曲线

2. 影响植物光谱特性的主要因素

在绿色植物的反射波谱曲线图中,可以看出叶片色素、细胞结构及植物含水量是影响植物反射波谱特征的主要因素。

在可见光区,在以0.45μm为中心的蓝波段以及0.67μm为中心的红波段,叶绿素强烈吸收辐射能量而出现吸收谷。在这两个吸收谷之间的吸收较少,形成绿色反射峰而使植物呈现绿色。当植物受到胁迫时,叶片内色素含量发生变化,叶绿素含量减少,导致植被在蓝光和红光区域的吸收减少、反射增强,特别是红光反射率增加,使植物呈现黄色。

在近红外区,植物的光谱特征取决于叶片内部的细胞结构,是植物叶片内部结构多次反射、散射的结果。在波长0.91μm和1.1μm附近,由于水分子和羟基的吸收作用使光谱反射率较低。由于不同植物叶片内部结构变化大,所以,在此区域的反射差异比在可见光区域大得多。

在短波红外区,植物的反射率随波长增加而降低。此时,植物的光谱特性受叶片含水量和叶片厚度影响。受水分子吸收的影响而形成1.4μm、1.9μm、2.6μm附近的吸收带,而吸收带之间的1.6μm和2.2μm处存在着明显的反射峰。这两个反射峰的强度对探测植物叶片的含水量有重要作用。

4.1.3 植被指数的影响因素

根据植物的光谱特征可以看出,综合利用红光和红外波段来探测植被,会取得良好的结果。诸多研究也表明,红光和红外波段是植被遥感反演的理想组合,这种波段间的不同组合,统称为植被指数。但是,与植物研究不同的是,植被的研究不仅涉及植物本身的特征,还要涉及植物间以及植被的本底特征。要使植被指数达到定量测量的目的,首先要明确影响植被指数的各个因素。

许多研究者注意到影响植被指数的因子属于两种不同但又相互补偿的领域:生物领域和物理领域。一个被植被覆盖的面积单元的光学特性随着时间而变化,究其原因是由于与光学特性和植被覆盖状态相关的各种因子在不断变化所致。这些作用因子包括:影响植物光谱特征的诸因素,叶绿素、细胞构造、含水量和矿物质含量等;植被覆盖的本底特征及植被本身的覆盖几何特征,如土壤特性(亮度、色度)、植物排列空间和方向、叶子分布等。另外,大气因子、传感器定标、传感器的光谱响应特性等均是影响植被指数的主要因子。本章仅简要分析影响植被指数的几个非生物学特征也是遥感反演所关注的主要因子:土壤亮度、土壤颜色、大气状况、传感器定标、传感器的光谱响应敏感程度以及植被的双向反射特性等,并简要介绍针对不同影响因子而提出的不同的植被指数。

1. 土壤背景

土壤背景包括土壤结构、土壤构造、土壤颜色和湿度等,它对植被指数的影响较大,尤其是植被覆盖稀疏时,由于土壤背景的作用,红波段辐射会有很大的增加,而近红外波段辐射会减小。这一影响导致有些植被指数(如比值植被指数和垂直植被指数)不能对植被的光谱行为提供合适的描述。

1) 土壤颜色

土壤颜色是影响土壤背景的主要因素之一,也是影响植被指数的一个重要因素。土壤颜色变化使土壤线加宽,并且依赖于波长轴。由颜色形成噪音阻止了植被覆盖的探测,该噪音与由土壤特性变化而造成植被指数的增加有关。土壤颜色对于低密度植被区的反射率具有较大影响,尤其在干旱环境下对植被指数的计算影响更严重。Escadafal 表明,TM2 和 TM3 反射率值与土壤颜色饱和度有关,并发展了颜色指数,其中红色指数(RI)是土壤颜色影响植被的一个校正系数。

2) 土壤亮度

土壤背景的差异势必会导致其环境反射率(即土壤亮度)的空间变化,进而对植被指数产生相当大的影响。针对土壤亮度对植被指数的影响,已经提出并发展了多种新的植被指数以便更合适地描述"土壤—植被-大气"系统。基于经验的方法,在忽略大气、土壤、植被间相互作用的前提下,发展了土壤亮度指数(SBI)、绿度植被指数(GVI)、黄度植被指数(YVI)等。用 Landsat 数据已证明 SBI 和 GVI 指数可用来评价植被和裸土的行为,GVI 指数与不同植被覆盖有较大的相关性。在此基础上,又考虑到大气影响,发展了调整土壤亮度指数(ASBI)和调整绿度植被指数(AGVI)。基于 Landsat MSS 影像而进行主成分分析,Misra 等通过计算这些指数的多项因子而又发展了 Misra 土壤亮度指数(MSBI)、Misra 绿度植被指数(MGVI)、Misra 黄度植被指数(MYVI)和 Misra 典范植被指数(MNSI)。裸土绿度指数(GRABS)是基于 GVI 和 SBI 发展的。Kauth 等利用 Landsat MSS 的 4 个光谱段作为 4 维空间分析了裸土的光谱变化,并注意到裸土信息变化的主要部分是由它们的亮度造成的,提出了"土壤线"或"土壤亮度矢量"的观点。Richardson 等促使了土壤背景线指数(SBL)的发展,并用来辨别土壤和植被覆盖。植被越密,植被像元离土壤线距越大。在航空和卫星遥感影像分析和解译中,土壤线的概念被广泛采用。基于土壤线理论,Jackson 等发展了垂直植被指数(PVI)。相对于比值植被指数,PVI 表现为受土壤亮度的影响较小。Jackson 发展了基于 n 维光谱波段并在 n 维空间中计算植被指数的方法。两维空间计算的 PVI、四维空间计算的植被指数及六维空间计算的植被指数是 n 维植被指数的特殊情况。普遍地用"n"波段计算"m"个植被指数($m \leq n$)。实际上,相对于仅用红波段和红外波段的方法,通道数一味增加,通常并不一定对植被指数有更大的贡献。

NDVI 和 PVI 在描述植被指数和土壤背景的光谱行为上存在着矛盾的一面,因此,发展了土壤调整植被指数 SAVI。该指数看上去似乎由 NDVI 和 PVI 组成,其创造性在于,建立了一个可适当描述土壤—植被系统的简单模型。为了减小 SAVI 中的裸土影响,将植被指数发展为修改型土壤调整植被指数(MSAVI)。Major 等又发展了 SAVI 的三个新的形式:SAVI2、SAVI3 和 SAVI4,这些转换形式是基于理论考虑,考虑到土壤是干燥的还是湿润的,以及太阳入射角的变化等。

转换型土壤调整植被指数(TSAVI)是 SAVI 的转换形式,也与土壤线有关。TSAVI 又进行改进,通过附加一个"X"值,将土壤背景亮度的影响减小到最小值。SAVI 和 TSAVI 表现出,在独立于传感器类型的情况下,在描述植被覆盖和土壤背景方面有着较大的优势。由于考虑了裸土土壤线,TSAVI 比 NDVI 对于低植被覆盖有更好的指示作用,TSAVI 已证明满足低覆盖植被特性。

2. 大气

大气作为影响电磁辐射传输的主要因素,势必会影响到植被指数。对于植被而言,大气影响在红波段增加了辐射,而在近红外波段降低了辐射,从而使植被指数减小。根据 Pitts 等的研究,大气吸收可减小近红外信息量的 20% 以上。据研究估算,水汽吸收和瑞利散射的影响占植被指数的 5.5%。根据 Jackson 的研究,大气混浊限制了植被的测量并妨碍了植被胁迫的探测。大气阻抗植被指数(ARVI)在红波段完成大气校正,蓝和红波段的辐射亮度差异采用红-蓝波段(RB)替代 NDVI 的红波段。该方法减小了由于大气气溶胶引起的大气散射对红波段的影响。通过用大气辐射传输模型在各种大气条件下模拟自然表面光谱,发现 ARVI 与 NDVI 有同样的动态范围,但对大气的敏感性比 NDVI 小 4 倍。通过对土壤线的改进,发展了土壤线大气阻抗指数(SLRA),将 SLRA 与 TSAVI 相结合,又形成转换型土壤大气阻抗植被指数(TSARVI),该指数减小了大气、土壤亮度和颜色对 TSAVI 的影响。全球环境监测指数(GEMI)不用改变植被信息而减小大气影响,并保存了比 NDVI 指数覆盖更大的动态范围。尽管 GEMI 的目的是全球性地评价和管理环境而又不受大气影响,但是它受到裸土的亮度和颜色相当大的影响,对稀疏或中密度植被覆盖不太适用。

3. 传感器的影响

1)传感器定标

当利用多源数据获取植被指数并进行多时相联合分析时,必须进行传感器定标。除此之外,利用单一数据对大范围地区进行植被指数对比分析之前,必须实现对传感器的精确定标。如果利用植被指数对全球和区域植被变化进行连续监测,也需要卫星传感器辐射定标的精确数据。

2) 传感器光谱响应

用不同传感器的数据计算同一目标的植被指数可能结果不同,这是由于每一传感器光谱波段响应函数不同,且其空间分辨率及观察视场也常常不同。波段响应函数是波长探测能力和滤波响应的综合反映。通过计算每一波段平均反射率可评价不同响应函数对植被指数值的影响,可对响应函数和光谱值在波长范围内的积分(响应函数非0),再除以相同波长范围的响应函数的积分值来解决。

4. 双向反射(BRDF 模型)

传统遥感的垂直观测获取地表二维信息的方式,通常是基于地面目标漫反射假定(即假设地表是朗伯体,地表与电磁波的相互作用是各向同性),利用地面目标的光谱特性作为分类或判读依据的。但实际上,大气和地表都不是理想的均匀层或朗伯体表面,垂直方向上的空间结构和特性都有差异,地物的反射特性表现出各向异性,并且,其反射强度随太阳光的入射角与卫星观测角的变化而变化。因此,自然地表的反射率不仅与所观测地物的几何结构和光谱特性有关,还与入射-观测方向的遥感几何有关,从而出现二向性反射特性(见图4-3),该特性是自然界中物体表面反射的基本宏观现象,即反射不仅具有方向性,而且该方向还与入射方向密切相关。国内外专家对这种现象研究很早,并发展了二向性反射比、二向性反射比因子等多种概念。20 世纪 70 年代初开始用比较完善的二向性反射分布函数(Bidirectional Reflectance Distribution Function, BRDF)模型来描述地物的双向反射特性。BRDF(其单位为 1/sr,球面度$^{-1}$)的定义为

$$\mathrm{BRDF}(\theta_i,\phi_i;\theta_r,\phi_r) = \frac{\mathrm{d}L(\Omega_r)}{\mathrm{d}E(\Omega_i)} = \frac{\mathrm{d}L(\theta_r,\phi_r)}{\mathrm{d}E(\theta_i,\phi_i)} \tag{4-1}$$

式中:θ_i 为入射辐射天顶角;ϕ_i 为入射辐射方位角;θ_r 是反射辐射天顶角;ϕ_r 为反射辐射方位角;Ω_i、Ω_r 分别为在入射和反射方向上的两个微小立体角;$\mathrm{d}E(\Omega_i)$ 为在一个微小面积元

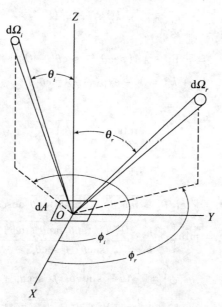

图 4-3　二向性反射示意图

dA 上,特定入射光(θ_i,ϕ_i)的辐射亮度,其单位是(W·m^{-2});d$L(\Omega_r)$为在一个微小面积元 dA 上,特定反射光(θ_r,ϕ_r)的辐射亮度,其单位为(W·m^{-2}·Sr^{-1})。

Terra 卫星上装载的多角度成像光谱仪(Multiangle Imaging Spectrometer,MISR)就是为研究 BRDF 现象而设计的。目前,很多科学研究都致力于如何将 BRDF 信息集成到数字影像处理系统中,从而改进对遥感影像数据信息的理解。

不同的模型是针对不同环境的近似,通过不同的方法获得。根据 BRDF 模型的不同用途,可分为用于植被、土壤、沙漠三种 BRDF 模型,这里仅介绍用于植被的 BRDF 模型,其他两种与用于植被的 BRDF 模型有相通之处,请参阅其他相关资料。

植被模型常见的有几何光学模型、辐射传输模型、几何光学与辐射传输混合模型和计算机模拟模型。

1) 几何光学模型

几何光学原理引入天文观测中粗糙表面的方向性反射现象的解释已经有较久的历史。20 世纪 70 年代末 80 年代初就开始将几何光学的数学模型应用到 BRDF 的研究中,但未能突出几何光学模型在不连续植被 BRDF 上的优势。

几何光学模型是以几何光学原理为基础的经典模型,它假设地物由一系列不同几何形状的要素构成,如植被树冠可假定为锥体、椭圆体或球体,树杆(或树枝)可假定为圆柱体。根据这些要素的大小和空间分布,计算出在特定太阳和传感器的几何观测条件下,物体的日照和阴影比例,遥感的像元值由这些不同比例组合而成。如照射到植被的太阳辐射可以简单分为四个部分:光照树冠(用符号 C 表示)、阴影树冠(用符号 T 表示)、光照背景(用符号 G 表示)和阴影背景(用符号 Z 表示)。所以模型由这四项组成:

$$f_r(\theta_i,\theta_r,\phi) = k_C R_C + k_T R_T + k_G R_G + k_Z R_Z \tag{4-2}$$

式中:R 为分量的平均辐照度,K 表示每一分量在总反射中所占的比例。很明显,各个分量的比例系数之和为1,即

$$k_C + k_T + k_G + k_Z = 1 \tag{4-3}$$

若用比例系数的期望值来表示,则有

$$k_G = \exp[-\lambda \overline{A}(\sec\theta_i' + \sec\theta_r' - O)] \tag{4-4}$$

$$k_C + k_T = 1 - \exp(-\lambda \overline{A}\sec\theta_r') \tag{4-5}$$

式中:

$$\theta_i' = \arctan\left(\frac{b}{r}\tan\theta_i\right) \tag{4-6}$$

$$\theta_r' = \arctan\left(\frac{b}{r}\tan\theta_r\right) \tag{4-7}$$

$$D' = \sqrt{\tan^2\theta_i' + \tan^2\theta_r' - 2\tan\theta_i'\tan\theta_r'\cos\phi} \tag{4-8}$$

$$cost = \min\left\{1, \frac{h}{b}\frac{\sqrt{D' + (\tan\theta_i'\tan\theta_r'\sin\phi)^2}}{\sec\theta_i' + \sec\theta_r'}\right\} \tag{4-9}$$

$$O\left(\frac{b}{r},\frac{h}{b},\theta_i,\theta_r,\phi\right) = \frac{1}{\pi}(t - \sin t\cos t)(\sec\theta_i' + \sec\theta_r') \tag{4-10}$$

式中:λ 为目标中心密度;$\overline{A}$ 表示目标投影的平均面积;b 为冠层椭圆的垂直半径;r 为水平半径;h 为植被冠层中心高度;ϕ 为相对方位角。

要完成模型得到封闭解,还需附加另一个限制条件,选择的限制条件不同,几何光学模型也不一样。Strahler 和 Jupp 假设每一棵树,太阳照射到的比例都是相同的,则有

$$\frac{K_c}{K_c + K_T} = \frac{1}{2}(1 + \cos\alpha') \tag{4-11}$$

式中:$\cos\alpha' = \cos\theta_i'\cos\theta_r' + \sin\theta_i'\sin\theta_r'\cos\phi$,由此即得 Strahler 和 Jupp 模型。

Strahler 和 Jupp 的主要贡献在于,从统计几何学 Boolean 模型出发,证明了同一树冠在入照与观察两个方向的阴影重叠面积能决定地面任一点直接承照和直接观察到这两个概率的相关。

Li 和 Strahler(1992)对 Strahler 和 Jupp 简单模型进行了修正,得到了一个可用于稠密植被的简单模型。首先假设一个比例因子:

$$f = \frac{K_c}{1 - K_G} = F \tag{4-12}$$

式中:F 是单个树冠的比率:

$$F = \frac{\frac{1}{2}(1 + \cos\alpha')\sec\theta_r'}{\sec\theta_r' + \sec\theta_i' - O} \tag{4-13}$$

该修正模型的主要特点是简单,能近似模拟稠密植被和稀疏植被。

以上介绍的两种典型几何光学模型都是几何光学方法得到的近似模型,一般适合于模拟森林和林地的双向反射情况。除上述两种几何光学模型外,还提出并发展了多种几何光学植被模型,如 Norman 和 Welles 模型,Chen 和 Leblanc 模型等。

目前,多角度卫星传感器 MODIS、MISR 用于计算全球半球反射率的首选几何模型是"核"驱动(kernel-driven)BRDF 模型。EOS 以 MODIS、MISR 为数据源,处理以 16 天为周期的全球反照率和 BRDF 产品,选用的就是一种半经验的"核"驱动的线性模型——基于AMBRALS(Algorithm for MODIS Bidirectional Reflectance Anisotropies of Land Surface,AMBRALS)算法的模型。核驱动模型用有一定物理意义的核的线性组合来拟合地表的二向性反射分布特征为:

$$\rho_t = f_0 + f_1 k_{geo} + f_2 k_{vol} \tag{4-14}$$

式中:ρ_t 为地物的 BRDF;k_{geo} 和 k_{vol} 分别是地表散射核和体散射核;f_0、f_1 和 f_2 是权重系数,分别表示各向同性均匀散射、几何光学散射、体散射三部分在总的反射中的贡献,即所占的比例。

2) 辐射传输模型

辐射传输理论最初是从研究光辐射在大气中传播的规律和粒子在介质中的传输规律时总结出来的。利用该理论来建立并模拟植被的双向辐射特性是植被 BRDF 模型的一个重要分支。该模型与几何光学模型基于"景合成模型"不同,它是建立在树冠为体散射介质的基础上的,即假设植被的各组分(叶、茎、花或穗等)为已知光学性质和取向的小吸收和散射体;认为冠层是由它们在水平方向按随机分布方式组成的平面平行层的集合,把叶面积指数(Leaf Area Index,LAI)、叶角分布函数(Leaf Angle Distribution,LAD)等作为群体的基本结构参数来考虑冠层结构对垂直辐射场的影响。这样,辐射传输方程以研究辐射在冠层中薄层或单元中的传输过程为基础,对辐射传输方程求解,推算辐射与冠层的相互作用,由此解释

辐射在冠层中的传输机理,进而得到冠层及其下垫面对入射辐射的吸收、透过和反射的方向和光谱特性。

辐射传输理论的核心是辐射传输方程。假定植被冠层是水平均匀同性的,对于水平均匀、垂直分层介质中的辐射传输方程可表达为:

$$-\mu \frac{dL(z,\Omega)}{dz} + \sigma_e(z,\Omega)L(z,\Omega) = \int_{4\pi} \sigma_s(z,\Omega' \to \Omega)L(z,\Omega')d\Omega' \quad (4-15)$$

式中:$L(z,\Omega')$代表光亮度,其中z代表高度,Ω为光子传输方向;σ_e称为消光系数,它代表光路介质对光子的吸收与散射致使光亮度在传播方向上减弱;σ_s为散射消弱系数,它描述的是经多次散射对传播方向上的辐射亮度的增量。

从上述方程可以看出,辐射传输方程是一个微分-积分方程,求解时,必须确定边界条件。对于植被冠层而言,上边界条件包括太阳入射和天空散射两部分,下边界条件则取决于土壤的非朗伯体反射特性。可见,辐射传输方程模型引入了较多的大气物理参数,亦需要已知众多参数才易于求解。而这一点在第2章已经提到,是很难实现的,因此,针对辐射传输模型的求解问题又发展了多种近似解法。如K-M方程、Suit模型、SAIL模型等,具体细节请参照有关文献。

应用不同近似方法或数值解法求解辐射传输方程,就产生多种冠层反射模型。一般来讲,数值解方法精度较高,但计算速度慢,近似解方法恰好相反。需要注意的是,每种近似解法都有其适用性,在使用中要具体问题具体分析。

3)几何光学与辐射传输混合模型

几何光学模型抓住了地物散射与大气散射的主要差别,有简单明晰的优点,适用于不连续植被及粗糙地表等区域的地物。但迄今为止,尚未考虑多次散射对构成"阴影区"地物反射强度的影响,在植被趋于连续、阴影区与非阴影区之间反差较小时,不够严密。

辐射传输模型能考虑多次散射作用,对均匀植被尤其在红外和微波波段比较重要;但辐射传输模型需要提前确定很多物理参数作为输入,如叶片的散射相函数、单次散射反照率、叶面积指数、叶角分布、叶形等,而这些参数需要在一定假设条件或者实地测量下得到。辐射传输方程的解比较复杂,即使对均匀植被,通常都只能得到数值解,很难建立植被结构与BRDF之间明晰的解析表达式。

几何光学模型和辐射传输模型在不同尺度上有不同优势,几何光学模型和辐射传输模型特点对比见表4-1。为了充分利用几何光学模型在解释阴影投影面积和地物表面空间相关性上的基本优势,结合辐射传输模型在解释均匀媒质中多次散射上的优势,分两个层次建立承照面与阴影区反射强度的辐射传输模型,从而得到几何光学与辐射传输混合模型。

Nilson和Peterson模型就是混合模型。模型将辐射场分为四个部分,即光照树冠、光照地面植被、阴影树冠和阴影地面植被,单次散射计算中考虑地表植被分布的不均一性,多次散射仍然假定分布均一。类似的混合模型还有很多如Trim模型,此类模型是通用模型,也是最复杂的BRDF模型。

4)计算机模拟模型

几何光学模型、辐射传输模型及其两者的混合模型,在处理植被结构时一般都不考虑植被各组分的尺寸大小、各组分间距离以及它们非随机的空间分布特性,不能完整地反映出自然植被的真实特征。计算机模拟模型假定地表场景物体的大小、分布在计算机中能详细地得到表征,并常用辐射通量法、蒙特卡罗或光标跟踪法将每个物体再进一步地分解为一系列均一的多面体,比上述其他模型能更灵活、更详细、更真实地处理非均匀冠层问题。

表 4-1　　　　　　　　　　几何光学模型与辐射传输模型特点对比

		几何光学模型	辐射传输模型
概况	代表模型	Li-Strahler 模型	Ross-ilson-Kuusk 模型 SAIL 模型
	原始理论基础	遥感像元分解理论	植被辐射传输理论
	模型专业来源	遥感像元分解理论	植被生理、植被生态
初期模型	采用介质单元	植株个体(如树冠)	叶片
	单次散射解释	有	有
	多次散射解释	无	有
	热点现象解释	有	无
现有模型	单次散射介质	植株	叶片
	多次散射介质	叶片	叶片
	热点产生根源	植株形状、尺度与分布	叶片形状、尺度与分布
	模型使用范围	由稀疏分布的致密个体组成的群体(如森林)	任意状况,但更适用于均匀、不间断植被(如农作物)

计算机模拟模型能同时真实地考虑植被各组分的大小、形状和任意的空间分布方式对冠层 BRDF 的影响,可以逼真地模拟地表辐射场景,但计算机模拟模型的结构设置繁杂,而地表场景的构成需要大量的实测资料,模型过于庞大、复杂,却难以反演,因此,目前它还不能取代辐射传输模型或几何光学模型。

4.2　常用的植被指数及其分类

绿色植物在红光波段的强吸收以及红外波段的高反射、高透射特性,导致绿色植物在红光和近红外波段的反射差异较大。在考虑如上反射差异特性,并综合考虑植被本身、环境、大气等影响的情况下,已经提出了一系列植被指数来有效地综合光谱信号,并提供定量的植被信息。经过几十年的发展,现有的各类植被指数大概有 40 多种,可以粗略地分为三种类型:第一类为简单的植被指数,这类植被指数是各种光谱波段的组合,没有包括光谱信息外的其他因素,例如比值植被指数、差值植被指数和归一化差值植被指数等;第二类为基于土壤线的植被指数,这类指数中引入土壤线的一些参数,从而能不同程度地消除土壤背景的影响,例如垂直植被指数;第三类为基于大气校正的植被指数,该类指数引入大气校正因子来减少大气的影响,例如大气阻抗植被指数。此外,随着高光谱传感器技术的发展而出现的高光谱植被指数,会将植被的定量研究向前推进一步。

卫星通常以 DN(Digital Number)值的形式记录光信号。如果卫星传感器经过定标,那么,这些 DN 值可以转换成辐射值,即来自地表的光量。如果还知道入射辐射,那么,经过大气校正后,就可以计算出地表反射率。因此,反射率是最难获取的物理参数,但同时它也是最具价值的参数,因为它反映的是地表自身的特性,而不会受到其上的光强的影响。

下面的模型中均使用反射率,需要说明的是,也可以用 DN 值和辐射值来计算植被指数,只是采用后者计算得到不同时相的同一区域的植被指数是不具有一致性的,不能进行相互比较。

4.2.1 简单的植被指数

简单的植被指数基于波段的线性组合(差或和)或原始波段的比值,是由经验方法发展的,没有考虑大气、土壤特性等影响,也没有考虑土壤、植被间的相互作用(如 RVI 等)。它们表现了很强的应用限制性,这是由于它们是针对特定的传感器,并为明确特定的应用而设计的。

1. 比值植被指数(RVI, Ratio Vegetation Index)

1969 年 Jordan 提出了一种植被指数——比值植被指数(Ratio Vegetation Index,RVI):

$$RVI = \frac{\rho_{nir}}{\rho_{red}} \tag{4-16}$$

式中:ρ_{nir} 和 ρ_{red} 分别是近红外波段和红光波段的反射率。绿色健康植被覆盖地区的 RVI 远大于 1,而无植被覆盖的地面(裸土、人工建筑、水体、植被枯死或严重虫害)的 RVI 在 1 附近。RVI 是绿色植物的灵敏指示参数,与 LAI、叶干生物量(DM)、叶绿素含量相关性高,可用于检测和估算植物生物量。

RVI 受到植被覆盖、土壤亮度、大气状况等多种因素的影响。当植被覆盖度较高时,RVI 对植被十分敏感,当植被覆盖度小于 50% 时,这种敏感性显著降低。暗色的土壤背景使 RVI 偏大,亮色的土壤背景使之偏小。此外,大气效应会大大降低对植被检测的灵敏度,所以,在计算前需要进行大气校正。

2. 差值植被指数(DVI, Difference Vegetation Index)

差值植被指数(DVI, Difference Vegetation Index):

$$DVI = \rho_{nir} - \rho_{red} \tag{4-17}$$

该植被指数只是简单地利用了红光和近红外两个波段的反射率,对土壤背景的变化极为敏感。

3. 归一化差值植被指数(NDVI)

归一化差值植被指数 NDVI 由 Rouse 等(1973)在对 RVI 非线性归一化处理后得到的植被指数,因此,和 RVI 有一定的联系。NDVI 增强了对植被的响应能力,可以消除大部分与仪器定标、太阳角、地形、云阴影和大气条件等有关的辐照度的变化。该指数能反映植被冠层的背景影响,且与植被覆盖度有关,可以用来监测植被生长活动的季节与年际变化。

$$NDVI = \frac{\rho_{nir} - \rho_{red}}{\rho_{nir} + \rho_{red}} \tag{4-18}$$

或

$$NDVI = \frac{RVI - 1}{RVI + 1} \tag{4-19}$$

NDVI是目前已有的40多种植被指数中应用最广的一种。取值范围为[-1,1],负值表示地物在可见光波段具有高反射特性,往往与云、水、雪等相关联;0值往往代表了岩石或裸土;正值表示的是不同程度的植被覆盖,值越大则植被覆盖度越高。

基于比值的指数是非线性的,会受到大气程辐射的影响。NDVI对冠层背景的变化也很敏感,使得NDVI值在较暗的冠层背景下特别大。此外,在高生物量的情况下,常常发生信号饱和的问题。

简单的植被指数主要用于全球植被变化的监测。在信号未达到饱和前,和植被生物量有很好的相关性。而信号饱和通常发生在冠层完全开放的情况下,因此,也和植被冠层的生物物理特性有关。但由于这类植被指数对土壤的光学特性很敏感,在植被稀疏地区使用会受到很大的限制。

4.2.2 基于土壤线的植被指数

1. 垂直植被指数(PVI, Perpendicular Vegetation Index)

为了消除土壤的影响,Richardson 和 Wiegand(1977)等提出了垂直植被指数。PVI将与"土壤线"之间的垂直距离,即植被像元到土壤线之间的垂直距离,作为植物生长状况的一个指标。该指标与植被覆盖近似地呈线性关系,其计算公式如下:

$$\text{PVI} = \frac{(\rho_{nir} - a\rho_{red} - b)}{\sqrt{a^2 + 1}} \tag{4-20}$$

或

$$\text{PVI} = \rho_{nir}\sin\alpha - \rho_{red}\cos\alpha \tag{4-21}$$

式中:a,b分别为土壤线的斜率和截距;α为土壤线和近红外轴的夹角。

土壤线是指由近红外波段和红色波段所构成的二维光谱空间中,土壤背景的光谱数据基本上沿着一定斜率和截距的直线分布:

$$\rho_{nir\,soil} = a\rho_{red\,soil} + b \tag{4-22}$$

尽管土壤反射率受许多因素的影响而变化,然而,对在同一地区的同一种土壤来说,其红色波段和近红外波段的反射率随土壤含水量及表面粗糙度的变化而近似满足线性关系。对特定的土壤来说,土壤线是固定的,不随时间而变化。

不同类型和生长状况的植被与"土壤线"之间的距离是不同的,即垂直植被指数可表征在土壤背景上存在的植被的生物量的差别。植被与"土壤线"之间的距离越大,则该植被的生物量越大,见图4-4。因此,相对于RVI,PVI表现为受土壤亮度的影响较小。

PVI还可以看做是RVI更普遍的一种形式,也就是说,土壤线可以具有任意的斜率。

虽然在稀疏植被地区,PVI比NDVI有更强的适用性,但在很大程度上仍会受到土壤背景的影响。

2. 土壤调节植被指数(SAVI)

许多观测显示,NDVI对植被冠层的背景亮度非常敏感,叶冠背景因雨、雪、落叶、粗糙度、有机成分和土壤矿物质等因素影响使反射率呈现时空变化。当背景亮度增加时,NDVI也系统性地增加。对于中等程度的植被,潮湿或次潮湿土地覆盖类型,NDVI对背景的敏感最大。为减少土壤和植被冠层背景的双层干扰,Huete(1988)提出了土壤调节植被指数(SAVI),该指数看上去似乎由NDVI和PVI组成,其创造性在于,引入了土壤亮度指数L,建

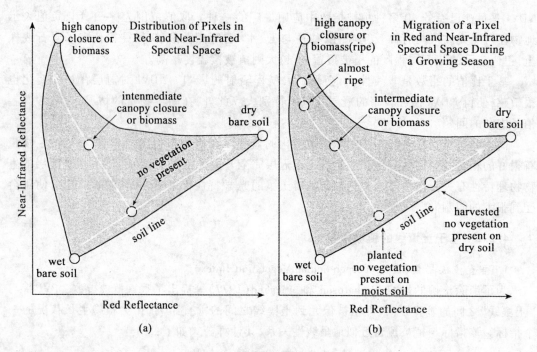

图 4-4 垂直植被指数与生物量

立了一个可适当描述土壤-植被系统的简单模型。L 的取值取决于植被的密度,变化在 0(黑色土壤)~1(白色土壤),如果土壤信息未知,那么,建议 L 值为 0.5。试验证明,SAVI 降低了土壤背景的影响,但可能丢失部分背景信息,导致植被指数偏低。

$$\text{SAVI} = \frac{\rho_{\text{nir}} - \rho_{\text{red}}}{\rho_{\text{nir}} + \rho_{\text{red}} + L}(1 + L) \tag{4-23}$$

3. 修正的土壤调节植被指数(MSAVI)

为减小 SAVI 中裸土的影响,Qi(1994)提出了修正的土壤调节植被指数(MSAVI)。它与 SAVI 的最大区别是,L 值可以随植被密度而自动调节,能较好地消除土壤背景对植被指数的影响。

$$\text{MSAVI} = \frac{2\rho_{\text{nir}} + 1 - \sqrt{(2\rho_{\text{nir}} + 1)^2 - 8(\rho_{\text{nir}} - \rho_{\text{red}})}}{2} \tag{4-24}$$

基于土壤线的理论,Baret 等(1989)在 SAVI 的基础上,发展了转换型土壤调整植被指数(TSAVI)。由于考虑了裸土土壤线,TSAVI 比 NDVI 对于低植被覆盖有更好的指示作用,适用于半干旱地区的研究。后来 Baret 和 Guyot(1991)对 TSAVI 又进行改进,通过附加一个"X"值,将土壤背景亮度的影响减小到最小值,由此发展了 ATSAVI。

$$\text{TSAVI} = \frac{a(\rho_{\text{nir}} - a\rho_{\text{red}} - B)}{\rho_{\text{red}} + a\rho_{\text{nir}} - ab} \tag{4-25}$$

$$\text{ATSAVI} = \frac{a(\rho_{\text{nir}} - a\rho_{\text{red}} - B)}{\rho_{\text{red}} + a\rho_{\text{nir}} - ab + X(1 + a^2)} \tag{4-26}$$

ATSAVI 和 TSAVI 是对 SAVI 的改进,着眼于土壤线实际的 a 和 b,而不是假设为 1 和 0。后来,Major 等(1990)发现,冠层近红外反射可以表示为红光发射的线性函数,给出了

SAVI 的第二种形式,即 $SAVI_2 = NIR/(R + b/a)$,并依据土壤干湿强度及太阳入射角的变化等,给出了 SAVI 的其他形式($SAVI_3$、$SAVI_4$)等。

总之,这类植被指数显著降低了土壤影响,在农作物和均一的植被区,这种影响尤为明显。但由于不同地区的土壤线在不断变化,所以,必须区别对待。

4.2.3 减少大气效应的植被指数

1. 全球环境监测指数(GEMI)

大气效应对植被指数的影响主要是由于大气中水蒸气和气溶胶对辐射的散射和吸收造成的。可见光区的散射效应比近红外区域的强烈,而对近红外区的吸收则比可见光强烈。为了减少这些大气效应的影响,Pinty 和 Verstraete(1992)提出了全球环境监测指数(GEMI, Global Environment Monitoring Index):

$$GEMI = \eta(1 - 0.25\eta) - \frac{\rho_{red} - 0.25}{1 - \rho_{red}} \quad (4-27)$$

$$\eta = \frac{2(\rho_{nir}^2 - \rho_{red}^2) + 1.5\rho_{nir} + 0.5\rho_{red}}{\rho_{nir} + \rho_{red} + 0.5} \quad (4-28)$$

GEMI 相对于其他的植被指数的最大优点是,不需要进行大气纠正。GEMI 不用改变植被信息而减少大气影响,与 NDVI 指数相比,适用于更大的植被覆盖动态范围。尽管 GEMI 的目的是全球性地评价和管理环境而又不受大气影响,但是它受裸土亮度和颜色的影响相当大,对于稀疏或中密度植被覆盖不太适用。

2. 抗大气植被指数(ARVI)

为了减少大气对 NDVI 的影响,Kanfman 和 Tanre(1992)根据大气对红光通道的影响比近红外通道大得多的特点,在定义 NDVI 时,通过蓝光和红光通道的辐射差别来修正红光通道的辐射值,类似于热红外波段的劈窗技术(The Split Window Technique),从而减少了植被指数对大气性质的依赖,发展了抗大气植被指数(ARVI)。

$$ARVI = \frac{(\rho_{nir}^* - \rho_{rb}^*)}{(\rho_{nir}^* + \rho_{rb}^*)} \quad (4-29)$$

$$\rho_{redb}^* = \rho_r^* - \gamma(\rho_b^* - \rho_r^*) \quad (4-30)$$

$$\gamma = \frac{\rho_{ar} - \rho_{arb}}{\rho_{ab} - \rho_{ar}} \quad (4-31)$$

式中:ρ^* 是预先经过了分子散射和臭氧订正的反射率;下标 a 表示大气,b 表示蓝波段,r 表示红波段;γ 为大气调节参数。在灵敏度分析中,蓝波段采用(0.47 ± 0.01) μm,红波段采用(0.66 ± 0.025) μm。γ 值总可以选择到一个合适的值,使得 ρ_{abr} 值很小,$\gamma \approx \rho_{ar}/(\rho_{ab} - \rho_{ar})$。

ARVI 对大气的敏感性比 NDVI 约减小 4 倍,因此,扩展了对植被覆盖度检测的灵敏度。γ 是决定 ARVI 对大气调节程度的关键参数,并取决于气溶胶的类型。而 Kanfman 推荐的 γ 为常数 1 仅能消除某些尺寸气溶胶的影响,有很大的局限性。且 ARVI 要先通过辐射传输方程的预处理来消除分子和臭氧的作用,进行预处理时需要输入的大气实况参数往往是难以得到的,给具体应用带来困难。

3. 增强植被指数(EVI)

Liu 和 Huete(1995)根据土壤和大气的影响是相互作用这一事实,发展了一种对相互作用的冠层背景和大气影响进行修正的反馈算法。算法将背景调整和大气修正综合到反馈方程中,从而得到改进型土壤大气修正植被指数 EVI:

$$\text{EVI} = \frac{\rho_{\text{nir}} - \rho_{\text{red}}}{\rho_{\text{nir}} + C_1\rho_{\text{red}} - C_2\rho_b + L}(1 + L) \tag{4-32}$$

EVI 利用背景调节参数 L 和大气修正参数 C_1、C_2 同时减少背景和大气的作用,其中,参数 C_1、C_2 描述的是用蓝色通道对红色通道进行大气气溶胶的散射修正。

4.2.4 高光谱和热红外植被指数

近年来,随着高光谱分辨率遥感的发展以及热红外遥感技术的应用,又发展了高光谱植被指数和热红外植被指数。

1. 高光谱植被指数

随着高光谱遥感的发展,提出并发展了生理反射植被指数和连续光谱植被指数等高光谱植被指数。具体表达式及其原理简述如下:

1) 生理反射植被指数(PRI)

生理反射植被指数(PRI)是针对高光谱遥感的特点,对植被生化特性的短期变化(如一天的植被的光合作用)进行探测。该指数最早是由 Gamon 等(1992)在对向日葵生化的短期变化进行分析的基础上提出来的,后来 Peñuelas 等(1995)对其进行了修正,得到如下模型:

$$\text{PRI} = (R_{531} - R_{570})/(R_{531} + R_{570}) \tag{4-33}$$

式中:R_{531} 和 R_{570} 分别代表 531nm 和 710nm 处的光谱反射率。

2) 连续光谱植被指数

对于高光谱数据而言,可见光和近红外光谱数据可看做一个阶梯函数,表达了植被反射率在波长为 0.7μm 处的突然递增。比如说,NDVI 可表达为:

$$\text{NDVI} = (R_{(\lambda_0+\Delta\lambda)} - R_{(\lambda_0-\Delta\lambda)})/(R_{(\lambda_0+\Delta\lambda)} + R_{(\lambda_0-\Delta\lambda)}) \tag{4-34}$$

式中:λ_0 为中心波长;$\Delta\lambda$ 为递增波长。

实际上,高光谱分辨率植被光谱随波长可视为连续过程,因此,上述的 NDVI 离散形式可变为连续形式,在 $\Delta\lambda \to 0$ 极限条件下,有

$$\text{NDVI} = \frac{1}{2R(\lambda)} \cdot \frac{dr}{d\lambda} \tag{4-35}$$

2. 热红外植被指数

目前,应用较为广泛的热红外植被指数包括:红边植被指数和温度植被指数(Ts-VI)。

1) 红边植被指数

"红边"一般定义为叶绿素吸收红边斜率的拐点。红边位置灵敏于叶绿素 a、b 的浓度和植被叶细胞的结构。

植物光谱响应曲线中的红边转折点(REIP)定义在波长 720nm 附近,光谱反射曲线的一阶导数在此处达到最大值。因此,可以利用高光谱反射数据,采用不同方法测定 REIP,通过红边的参数化来表征高光谱植被指数(窄波段植被指数),或通过计算绿色植物连续光谱中的叶绿素吸收谷(550~730nm)的形状和面积,获得高光谱植被指数,如叶绿素吸收连续区

指数 CACI 等。

2) 温度植被指数

温度植被指数又可以称为干旱监测指数,它的提出与发展是伴随着遥感干旱检测技术的发展而发展起来的。

Price(1990)和 Carlson(1994)发现,以遥感资料得到的陆地表面温度和 NDVI 为坐标得到的散点图呈三角形,这一三角形称为 T_s – NDVI 特征空间。Sandholt 等对这一特征空间进行简化,提出了温度植被旱情指数(见干旱监测)。与此同时,王鹏新等提出条件植被温度指数进行干旱检测。

赵红梅等(2007)对 T_s-NDVI 特征空间进一步简化,利用 NDVI 特定阈值范围内对应的 T_s 和 NDVI 的均值(阈值间隔为 0.01)构建简化的特征空间。根据这一简化的特征空间,提出了干热指数(RTVI),并应用于干热环境的识别与监测。

以上仅简要介绍了常用的和新近发展起来的几种植被指数。实际上,目前已经提出并应用的植被指数远远超过上述几种。而且,可以肯定的是,随着遥感技术及其应用的迅速发展,将会提出更多具有更好适用性的植被指数,且其发展也会趋于成熟。

4.3 植被指数的应用实例

在遥感应用领域,根据植被的光谱特性,将卫星可见光和近红外波段进行组合,形成了各种植被指数。目前,植被指数已广泛用来定性和定量评价植被覆盖及其生长活力,并广泛应用于土地利用覆盖探测(如专题制图)、植被覆盖密度评价、作物识别和作物预报、干旱检测等方面。植被指数还可用来诊断植被一系列生物物理参量,如叶面积指数(LAI)、植被覆盖率、生物量、光合有效辐射吸收系数(APAR)等。植被指数又可用来分析植被生长过程,如净初级生产力(NPP)和蒸散(蒸腾)等。其中,植被指数在干旱检测、初级生产力等方面的应用将在后面的章节中具体论述。这里仅简要介绍归一化植被指数在专题制图方面的应用。

根据 NDVI 的反演值,设定不同阈值可以对地表与植被有关的多种下垫面特征进行识别。如在陆面非水域植被的分类中,设植被区域的 NDVI 阈值为大于或等于 0.3。在针对珠江三角洲地区土地利用变化与城市热岛环境的分析中,亦采用了指数法(包括 NDVI)分步提取不同土地利用类型区。在这个分析实例中,0.2 > NDVI > 0 时对应于裸垠区,而 NDVI > 0.2 时对应于植被区域,因此,在珠三角地区土地利用分类中,设定 NDVI > 0.2 且满足其他几个条件的情况下(如水指数阈值 > 0.05,城镇指数和裸地指数分别 < 0),覆盖类型为植被,然后,再次利用 NDVI 阈值法区分农田和林地两种类型。分类结果图如图 4-5 所示。

精度验证结果显示,NDVI 用于林地和农田的识别达到了较高的精度,产品精度达到 90% 以上,用户精度达到 83% 以上。需要注意的是,这里 NDVI 只是作为辅助信息,并非单独的 NDVI 指数就可以圆满地完成制图任务。

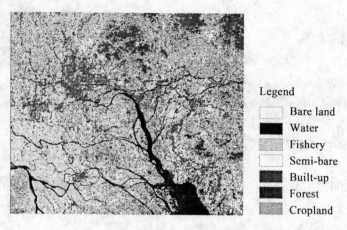

图 4-5 珠江三角洲地区 2000 年土地利用图

参 考 文 献

[1] 戴昌达,姜小光,唐伶俐著. 遥感图像应用处理与分析. 北京:清华大学出版社,2004.
[2] 胡宝忠,胡国宣主编. 植物学. 北京:中国农业出版社, 2002.
[3] 徐希孺. 遥感物理. 北京:北京大学出版社,2005.
[4] 岳天祥. 资源环境数学模型手册. 北京:科学出版社,2003.
[5] 赵英时等. 遥感应用分析原理与方法. 北京:科学出版社,2003.
[6] 郭铌. 植被指数及其研究进展. 干旱气象, 2003,21(4):71-75.
[7] 李开丽,倪绍祥,扶卿华. 垂直植被指数及其解算方法. 农机化研究,2005,2:84-86.
[8] 李小文,王锦地. 植被光学遥感模型与植被结构参数化[M]. 北京:科学出版社,1995.
[9] 李云梅. 水稻 BRDF 模型集成与应用研究[学位论文]. 杭州:浙江大学,2001.
[10] 刘玉洁,杨忠东等. MODIS 遥感信息处理原理与算法. 北京:科学出版社,2001.
[11] 罗亚,徐建华,岳文泽. 基于遥感影像的植被指数研究方法述评. 2005, 24(1):75-79.
[12] 龙飞. 多角度 NOAA 数据方向信息提取及应用研究[学位论文]. 北京:中国科学院遥感应用技术研究所,2001.
[13] 王正兴,刘闯,HUETE Alfredo. 植被指数研究进展:从 AVHRR-NDVI 到 MODIS-EVI. 生态学报,2003,23(5):979-987.
[14] 谢东辉. 目标与地物背景光散射特性建模[学位论文]. 西安:西安电子科技大学,2002.
[15] 谢东辉. 计算机模拟模型的研究与应用[学位论文]. 北京:北京师范大学,2005.
[16] Pinty, B. and M. M. Verstraete (1992). GEMI: A non-linear index to monitor global vegetation from satellites. Vegetation,10(1): 15-20.
[17] Baret F, Guyot G, Major D J. TSAVI: A vegetation index which minimize s soil b rightness Sensing. Vancouver, Canada, 1989:1355-1358.
[18] Baret F. Contribution au suiviradiometrique de cultures de cereales. These de Doctorat, Universite Paris-Sud Orsay, France, 1986: 182.

[19] Escadafal R. Remote sensing of arid soil surface color with Landsat Thematic Mapper. Adv Space Res, 1989,9(1): 1159-1163.

[20] Gamon J A. A narrow-waveband spectral index that tracks diurnal changes in photosynthetic efficiency. Remote Sensing of Environment, 1992,41:35-44.

[21] Goel N. S.. Models of vegetation canopy reflectance and their use in estimation of biophysical parameters from reflectance data [J]. Remote Sensing Review, 1988,4:1-212.

[22] Goels N. S., Grier T.. Estimation of canopy parameters from inhomogeneous vegetation canopies from reflectance data, II: Estimation of leaf area index and percentage of ground cover for row canopies[J]. Int. J. Remote Sensing, 1986,7:1263-1286.

[23] Goels N. S., Grier T.. Estimation of canopy parameters from inhomogeneous vegetation canopies from reflectance data, III: TRIM: a model for radiative transfer in heterogeneous three-dimensional canopies[J]. Remote Sensing of Environment,1988,25:255-293

[24] Huete A. R. A soil-adjusted vegetation index (SAVI). Remote Sensing of Environment, 1988,25: 295-309.

[25] Jackson R D. Spectral indices in n-space. Remote Sensing of Environment, 1983,13:409-421.

[26] Jackson R D. Spectral response of architecturally different wheat canopies. Remote Sensing of Environment, 1986,20:43-56.

[27] Jensen, J. R.. Remote Sensing of the Environment: An Earth Resource Perspective. Prentice Hall. Upper Saddle River, NJ,2000:343.

[28] Kaufman Y J. Atmospherically resistant vegetation index (ARVI) for EOS-MODIS. IEEE Transactions on Geoscience and Remote Sensing, 1992,30(2):261-270.

[29] Kauth R. J., Thomas G S. The tasselled cap-a graphic description of the spectra-temporal development of agriculture crops as seen by Landsat. Pros Symposium on Machine Processing of Remotely Sensed Data. Purdue University, West Lafayette, Indiana, 1976, 41-51.

[30] Li X., Strahler, A. H.. Geometric-Optical bidirectional reflectance modeling of discrete crown vegetation canopy: effect of crown shape and mutual shadowing, IEEE Transaction on Geoscience and Remote Sensing, 1992,30: 276-292.

[31] Liang S.. Quantitative remote sensing of land surface [M]. Wiley & Sons, Inc. Hoboken, New Jersey, 2004.

[32] Liang S, Strahler A H.. An analytic BRDF model of Canopy radiative transfer and its inversion[J]. IEEE Transactions on Geoscience and Remote Sensing,1993,31(5):1081-1092.

[33] Liang S., Strahler A. H.. The calculation of the radiance distribution of the coupled atmosphere-canopy [J]. IEEE Transaction Geosience and Remote Sensing,1993,31:491-502.

[34] Liang S., Strahler A. H.. An analytic BRDF model of canopy radiative transfer and its inversion [J]. IEEE Transaction Geoscience and Remote Sensing,1993,31:1081-1092.

[35] Liang S., Strahler A. H.. Four-stream solution for atmospheric radiative transfer over an non-lambertian surface[J]. Applied Optics,1994,33:5745-5753.

[36] Major D. J.. A ratio vegetation index adjusted for soil brightness. International Journal of Remote Sensing, 1990, 11(5):727-740.

[37] Miller J. R.. Quantitative characterizition of the vegetation red edge reflectance: An inverted-Gaussian reflectance model. International Journal of Remote Sensing, 1990, 11(10):1755-1773.

[38] Norman J. M., Wells J. M., Walter E. A.. Contrasts among bidirectional reflectance of leaves, canopies, and soils [J]. IEEE Transaction on Geoscience and Remote Sensing, 1985,GE-23: 659-688.

[39] Plummer S. E., North P. R., Briggs S. A.. The angular vegetation index: an atmospherically resistance index for the second along track scanning radiometer(ATSR-2). Proceedings of the Sixth International Symposium of Physical Measurements and Signatures in Remote Sensing. Vald\'Isere, France, 1994.

[40] Qi J., Huete A. R.. Interpretaion of vegetation indices derived from multi-temporal SPOT images. Remote Sensing of Environment, 1993, 44: 89-101.

[41] Richardson, A. J. and C. L. Wiegand. Distingui—shing vegetation from soil background information[J]. Remote Sensing of Environment,1977,(8):307-312.

[42] Rondeaux, G., Steven, M. and Baret, F., 1996 Optimization of Soil Adjusted Vegetation Indices. Remote Sensing the Environment, Vol. 55, pp. 95-107.

[43] Richardson A. J., Wiegand C. L.. Distinguishing vegetation from soil background information. Photogrammetric Engineering and Remote Sensing, 1977, 43(12):1541-1552.

[44] Stephen J. H., Andrew R. H., Malcolm T.. Assessment of Biophysical Vegetation Properties through Spectral Decomposition Techniques [J]. Remote Sensing of Environment 1996,56:203-214.

[45] Strahler A. H., Jupp D. L. B.. Modeling Directional Reflectance of Forests and Woolean Models and Geometric Optics[J]. Remote Sensing of Environment,1990,34:153-166.

[46] Sandmeier, S. R., Acquisition of Bidirectional reflectance Factor With Field Goniometers. Remote Sensing of Environment,2000,73:257-269.

[47] http://www.modis.net.cn/ModisData/Doc%5CModisData-14.pdf

[48] http://www.cngis.org/bbs/archive/index.php/t-4794.html

第5章 初级生产力遥感应用模型

初级生产力是区域和全球尺度地球表层物理过程的一个关键参量,地球表层系统是一个巨大的光合合成和消耗分解的系统。在这个巨系统中,植物通过光合作用,将大气中的CO_2转变成有机碳,成为包括人类在内的几乎所有生命有机体的物质和能量的基础。生态系统的初级或第一生产力是初级生产者(主要包括绿色植物和少数自养生物)通过光合作用和化学合成的方法来积累太阳辐射能量生成有机质,其速率随环境不同而发生变化,因此,它又成为环境变化和地球系统健康与否的指示物。

初级生产力作为地表碳循环的重要组成部分,不仅直接反映植被群落在自然环境条件下的生产能力,表征生态系统的质量状况,而且是判定生态系统碳汇合调节生态过程的主要因子,在全球变化及碳平衡中扮演着重要的角色。国际生物学计划(IBP,1965~1974)期间,曾进行不同尺度条件下的植物初级生产力的观测,在这些资料的基础上,结合气候环境因子,建立模型,对植被初级生产力的区域分布进行评估,极大地促进了全球变化的研究。由于全球变化和生态系统研究已经日益成为人们关注的焦点,初级生产力研究的空间尺度也从个体、斑块尺度扩展到景观、区域乃至全球尺度。随着空间尺度的扩展,传统的定点定位观测已远远不能满足全球初级生产力变化研究及模型模拟的需要,遥感技术的发展为区域及全球尺度的初级生产力模型研究提供了契机。

5.1 初级生产力反演的基础知识

5.1.1 光合作用及其影响因素

1. 光合作用的概念

由于初级生产力是生产者通过光合作用制造有机物和固定碳的能力,因此,光合作用在初级生产力的研究中有着举足轻重的地位。光合作用是植物(包括光合细菌)利用光能、同化二氧化碳和水制造有机物质并释放氧气的过程。光合作用不仅是植物体内最重要的生命活动过程,而且也是地球上最重要的化学反应过程。光合作用的反应过程可用下式表示:

$$CO_2 + H_2O \xrightarrow{植物,光} (CH_2O) + O_2 \tag{5-1}$$

式中:(CH_2O)表示糖的一部分。

2. 光合作用影响因素

光合作用和其他生理过程一样,受到一系列内外因素的影响,内因(植物本身的因素)包括植物的种类、植株的年龄以及植物体内叶绿素的含量等;外因包括光照、CO_2浓度以及温度等,下面简要介绍外因对光合作用的影响。

1) 光照

光是光合作用的能量来源,是叶绿体发育和叶绿素合成的必要条件。光的影响包括光质(光谱成分)及光照强度。自然界中太阳光的光质完全可以满足光合作用的需要,而光照强度则常常是限制光合速率的因素之一,在光照强度较低时,植物光合速率随光强的增加而相应增加,但光强进一步提高时,光合速率的增加幅度就逐渐减小,当光强超过一定值时,光合速率就不再增加,这种现象称为光饱和现象。开始达到光饱和现象时的光照强度称为光饱和点。植物达到光饱和点以上时的光合速率表示植物同化二氧化碳的最大能力。在光饱和点以下,光合速率随光照强度的减少而降低,到某一光强时,光合作用中吸收的二氧化碳与呼吸作用中释放的二氧化碳达到动态平衡,这时的光照强度称为光补偿点。在光补偿点时,光合生产和呼吸消耗相抵消,即光合作用中所形成的产物与呼吸作用中氧化分解的有机物在数量上恰好相等,此时,无光合产物的积累;如果考虑到夜间的呼吸消耗,则光合产物还有亏空。所以,要使植物维持生长,光强度至少要高于光补偿点。不同植物或同种植物处在不同的生态条件下,其光补偿点不同,并且随温度、水分和矿物质营养等条件的不同而发生变化,其中,温度的影响较显著,温度高时呼吸作用增加,光补偿点就会提高。光补偿点较低的植物在较低的光强度下能够形成较多的光合产物,光饱和点较高的植物在较强的光照下能形成更多的光合产物。

2) CO_2 浓度

二氧化碳是光合作用的原料之一,环境中二氧化碳浓度的高低明显影响光合速率。在一定范围内,植物的光合速率随二氧化碳浓度的增加而增加,但到达一定程度时再增加二氧化碳浓度,光合速率不再增加,这时外界的二氧化碳浓度称为二氧化碳饱和点。二氧化碳浓度和光强度对植物光合速率的影响是相互联系的,植物的二氧化碳饱和点是随着光强的增加而提高的,光饱和点也随着二氧化碳浓度的增加而增加。

3) 温度

光合作用中二氧化碳的同化过程,即所谓的暗反应是一系列的酶促反应。由于温度可以影响酶的活性,因而,对光合速率有明显影响。温度对光合作用的影响同对其他生化过程的影响一样存在着温度三基点:最低点、最适点和最高点。低温下,植物光合速率降低的原因主要是酶活性降低,另外,叶绿体超微结构在低温下也受到损伤。一般来说,光合作用的最适温度是 25~30℃,在 35℃以上时,光合速率开始下降,40~50℃时,即完全停止。除此之外,植物光合作用还受水分、矿物质营养等因素的影响。当各因子同时作用于光合作用时,光合速率往往受到最低因子所限制。总之,在分析各个外界因子对光合作用的影响时,应考虑到它们的综合作用。

5.1.2 初级生产力有关概念

生产者将固定的太阳能转化为自身组织中的化学能的过程,称为初级生产过程。在此过程中,生产者通过光合作用固定能量,生产有机物质的能力即为初级生产力。初级生产力几乎全部是绿色植物光合作用的结果,微生物的光能合成和化学能合成作用极小。因此,初级生产力的大小通常取决于总光合作用的速率。由于生产者自身的生命活动要靠呼吸作用提供能量,以致光合作用产物总有一部分即时地用于呼吸消耗。因此,净初级生产力是植物通过光合作用后所固定的有机碳中扣除其本身的呼吸消耗部分生产能力,即测出的有机物质增加量。

地球表面可分为两大系统:海洋和陆地。这两大系统中,生产者差异明显,因此,其概念和反演方法与原理也存在明显的差异,下面分别介绍海洋初级生产力和陆地初级生产力的概念。

1. 海洋初级生产力

海洋初级生产力(Marine Primary Productivity)是指海洋中浮游植物、底栖植物(包括定生海藻和红树、海草等植物)以及自养细菌等生产者,通过光合作用或化学合成制造有机物和固定能量的能力。海洋初级生产力包括总初级生产力(Gross Primary Productivity)和净初级生产力(Net Primary Productivity)。前者是指初级生产者生产的有机总碳量;后者是总初级生产力扣除初级生产者在测定阶段呼吸消耗掉的量。

海洋初级生产所获得的(颗粒或溶解)有机物是海洋生态系统食物网的起点,海洋中一切有机体的食物来源都直接或间接地依靠海洋初级生产力。海洋中主要的初级生产者是约 29000 种隶属不同门类、大小在 $0.2 \sim 2000 \mu m$ 的浮游植物,它们提供了海洋初级生产的 90%～95%;其余的部分则绝大多数由生长在沿岸的大型底栖海藻、底栖微型藻、海草和红树林等所提供;剩余的很少一部分则是由海洋细菌或热泉生物所提供的。浮游植物和大型底栖海藻是利用光合作用,而海洋细菌和热泉生物则是利用化能合成作用来进行初级生产的。由于海洋初级生产主要由浮游植物所提供。1969 年 Ryther 计算了不同海区浮游植物固定碳的数量,认为大洋区浮游植物的初级生产力为 $15 \times 10^9 tC/a \sim 18 \times 10^9 tC/a$,整个海洋约为 $20 \times 10^9 tC/a$。根据 1979 年 Eppley 和 Peterson 的估算,全球海洋年初级生产力为 $19.0 \sim 24.0 Gt$。

不同海域由于初级生产者种类和数量的不同,初级生产力具有明显的差异,如,远洋的中、底层沉积不易上浮,表层营养物质极为贫乏,净初级生产力接近荒漠,只有少数有上升流的区域生产力较高;珊瑚礁、红树林和河口均位于近陆水域,有利的环境及生物条件,使净初级生产力最高,可达 $3000 g/(m^2 \cdot a)$ 以上。

2. 陆地初级生产力

陆地初级生产力(Terrestrial Primary Productivity)是指所有陆地绿色植被,比如森林和草原,通过光合作用或化学合成制造有机物和固定能量的能力。陆地初级生产力也可分为总初级生产力和净初级生产力。

总初级生产力(GPP, Gross Primary Productivity)是指单位时间内生物(主要是绿色植物)通过光合作用途径所固定的有机碳量,又称总初级生产力或第一性生产力。总初级生产力决定了进入陆地生态系统的初始物质和能量。

净初级生产力(NPP, Net Primary Productivity)表示植物所固定的有机碳中扣除其本身的呼吸消耗部分。这一部分用于植被的生长和生殖,也称净初级生产力。

$$NPP = GPP - R_A \tag{5-2}$$

式中:R_A 表示自养呼吸(Autotrophic Respiration),为自养生物本身呼吸作用所消耗的同化产物。

净初级生产力反映了植物固定和转化光合产物的效率,也决定了可供异养生物(包括各种动物和人)利用的物质和能量。不仅如此,净初级生产力还反映了植物群落在自然条件下的生产能力,是一个估算地球支持能力(Carrying Capacity)和评价地球生态系统可持续发展的一个重要生态指标。

陆地初级生产者主要是陆地上的绿色植物,它们通过叶片中叶绿素发生光合作用转换太阳辐射能到有机生物能,其中,通过根和植物的自养呼吸将大约一半的碳返回到大气中,而且大多数陆地初级生产力通过枝叶的凋落、根死亡、根系分泌以及从根向共生者的转移而转化为土壤有机质;也有一些被动物食用,有时也会通过干扰从生态系统中流失,动物也可以通过死亡和排泄又返回一部分到土壤中去。而这种植物的初级生产力损失可以驱动其他的生态系统过程,如草食作用、分解和营养周转。所以,植物初级生产力是陆地生态系统循环中的一个重要的碳源。

陆地上,初级生产力主要与水、气温、生长季长短、日照强度及时间、营养物质等有关。热带雨林的净初级生产力最高,干物质平均超过 $2,000 g/(m^2 \cdot a)$,而荒漠地区常不足 $100 g/(m^2 \cdot a)$。人工生态系统的净初级生产力随自然条件及人为措施(耕作、灌溉、施肥、杀虫等)的多少而有很大不同,最高者如甘蔗田,可与热带雨林相近。

3. 海洋初级生产力与陆地初级生产力的区别

在海洋中,初级生产者包括浮游植物、底栖植物(包括定生海藻和红树、海草等高等植物)以及自养细菌等,其中,浮游植物是主要的初级生产者;在陆地上,大部分陆地初级生产力都是来自陆地植被群落,比如森林和草原。

在海洋中,浮游植物可以直接通过细胞壁摄取养分,它主要是由蛋白质组成而不需要结构性碳水化合物。在陆地上,陆地植被都比海洋中的浮游植物体积大很多,而且,都是通过根系摄取养分来生长出茎、叶等,这些养分还要用于抵抗重力和增强对阳光的吸收,所以,它们都是由碳水化合物构成的,比如木质素和纤维素。

在海洋中,由于浮游植物的大小和结构,很大一部分海洋初级生产力被海洋食草动物(相对浮游植物来说,它在海洋中更加丰富)所消耗,吸收,很少一部分海洋初级生产力进入到分解循环中;在陆地上,大部分陆地初级生产力是不能成为食物和被消化的,食草动物只消耗了总的初级生产力中相对少的一部分,而且,其中很大一部分是无法消化的,仅仅部分被消化。因此,大多数陆地生产力都进入了分解循环中。

在海洋中,初级生产力的范围主要在 $50 \sim 600 (g \cdot C \cdot m^{-2})/a$;而在陆地上,陆地初级生产力范围则从 0(干旱沙漠区和南极地区)到 $2\,400 (g \cdot C \cdot m^{-2})/a$(草地)和 $3\,500 (g \cdot C \cdot m^{-2})/a$(热带森林)。总的来说,陆地初级生产力高于海洋初级生产力。

在海洋环境中,生产量/生物量之比较高,比值范围在 $100 \sim 300$ 之间;而在陆地上,由于陆地植被体积比较大(所以生物量较高),但是生长速度很慢(相对在一年内可以繁衍几代的浮游植物而言),而且,陆地植被消耗了很大一部分生产力用于呼吸作用,因此,生产量/生物量的比值范围仅在 $0.5 \sim 2$ 之间。

在海洋中,大多数动物是变温无脊椎动物和鱼类,它们对能量的要求较低,加上浮力的支持,它们不需要消耗能量去抵抗重力,所以,很多吸收的能量都用做了生长和再生产——几乎提高一个数量级;在陆地上,陆地动物消耗了很多能量用于抵抗重力和保暖。

由于以上原因,第二生产力在海洋中更高,动物是海洋中的主导性种群。相反,在陆地上,植物是主导性种群,而非动物。因此,陆地生态系统中,贡献了多于 50% 的总的初级生产力,但是对第二生产力的贡献少于 50%。

综上所述,海洋和陆地初级生产力基本上各占全球初级生产力的一半左右。遥感方法主要是通过卫星监测它们吸收太阳辐射的指数,但是,用于海洋和陆地初级生产力的监测参量存在着一些差别,海洋初级生产力主要限制因子是光照条件、营养成分和温度;而陆地初级生产力除了以上因子外,还有水文条件和土壤湿度、叶面积指数等限制性因素。所以,遥感初级生产力的监测在海洋和陆地上是利用不同模型和监测参量进行的。本章将分别介绍海洋初级生产力反演模型和陆地初级生产力反演模型。

5.1.3 影响因素

影响遥感反演初级生产力的因素很多,其中,大气、太阳辐射等因素对海洋初级生产力和陆地初级生产力都有直接的影响,由于海洋初级生产力和陆地初级生产力的区别,它们的影响因素又有所不同。

1. 陆地初级生产力影响因素

陆地初级生产力的遥感估算实质上是指植被生产力与生物量遥感估算,影响初级生产力估算的因素包括大气、背景辐射、地形、植被结构以及植被覆盖率等。

1)大气

大气的影响主要指大气对于电磁波的散射和吸收效应,这一点在前面的章节中已有具体论述,这里不再赘述。

2)背景辐射

冻原、沙漠、湿地、黄土高原以及干旱半干旱地区的植被相对稀疏,其光谱特征不可避免地受到背景(本底)信息的严重干扰,如土壤背景(土壤亮度、颜色等),请参阅植被指数的遥感反演模型。

3)地形

地形对于初级生产力遥感估算的影响,主要表现在植被SAR遥感中,地形通过局部入射角、阴影和雷达影像位移效应来影响雷达的后向散射,从而严重影响了SAR数据在景观制图中的应用。可采用其他数据(如SPOT、Landsat等)辅助SAR影像的遥感应用。其中,辅助技术包括数字高程模型DEM、波段比值、辐射散射模型以及经验模型等。

4)植被结构及覆盖率

植被结构和植被覆盖分类作为模型分析和计算的重要输入参数,对NPP模拟结果至关重要。在很多过程模型如CASA、BIOME-BGC、BEPS中,都需要植被覆盖分类信息。例如,在CASA模型中,植被对太阳有效辐射的吸收比例(FPAR)主要取决于植被类型和植被覆盖状况。用BIOME-BGC模型模拟光能转化率发现,气候和植被覆盖类型是决定全球范围光能转化率的非常重要的参数。在BEPS模型中,植被覆盖分类信息可以用于确定NDVI-LAI关系式的系数和设定模型的初始参数。对于大区域NPP估算,植被覆盖分类数据源多采用SPOT、TM或者MODIS数据等。

2. 海洋初级生产力影响因素

影响海洋初级生产力估算的主要因素包括大气、太阳辐射分布和海洋水体分级。其中,大气的影响和陆地中一样,这里不再单独叙述。

1)太阳辐射分布

海洋初级生产力的遥感估算主要依靠海水的光学特性,海水的主要光学特性除了水介质本身的内在特性外,还受到辐射场角度分布的影响,这部分性质主要有遥感反射率、海表反射率和离水辐射率等。

2) 海洋水体分级

根据水体组分及其光学性质,海洋水体可分为一类水体和二类水体。一类水体中,浮游植物是造成海水光学性质变化的主要物质成分;二类水体则不仅受浮游植物和相关颗粒物的影响,还受其他物质(主要是悬浮无机颗粒和黄色物质)的影响,这些物质的变化与浮游植物无关。可见,浮游植物作为海洋初级生产者,它的分布状况直接影响着海洋初级生产力的估算。

5.2 相关生物参量的遥感应用模型

影响初级生产力遥感反演的主要因素是相关的生物参量,初级生产力模型也是通过这些生物参量建立的。海洋生物参量主要是指浮游植物叶绿素浓度,有关该参量的遥感反演在水色遥感一章已有详细介绍,不再赘述。这里主要介绍陆面生物参量及其反演技术。

陆面生物参量主要有叶面积指数(Leaf Area Index, LAI)、植被覆盖率、生物量和光合有效辐射(Photosynthetically Active Radiation, PAR)。上述参数的反演中,植被指数是不可或缺的生态指数之一,有关植被指数的反演及其发展状况在上一章中已具体介绍,这里不再赘述。本章将详细介绍作为初级生产力遥感反演的重要参数:叶面积指数(LAI)和光合有效辐射(PAR)。

5.2.1 叶面积指数遥感反演模型

叶面积指数是单位土地面积上植物的总叶面积,叶片作为光合作用的基本器官,在光照条件下发生光合作用,产生植物干物质积累,随着叶面积的增大,植被生物量也增大。可见,LAI 是植被生物量反演的主要参数之一。目前,在大多数陆面过程模型或生理过程模型中,LAI 只能是给定的参量。实际上,为了实现完整意义上的气候-植被相互作用,LAI 应该能够实现实时观测,成为大气-植被系统的内部参量。LAI 的获取方法可分为两种:一是直接获取,即通过收获法及异速生长回归模型直接观测估计,或利用基于冠层辐射传输模型的观测仪器直接获取;二是遥感监测法。直接获取方法不仅费力,而且时空扩展也相当困难,随着遥感技术的发展,利用遥感技术实时获取大范围叶面积指数成为目前最行之有效的方法。遥感反演叶面积指数的方法大致可分为两类:一类是基于光谱反射率和植被指数的反演方法(统计模型法),另一类是基于遥感物理模型的反演。

1. 统计模型法

叶面积指数反演的依据是植被冠层的光谱特征。叶绿素在可见光波段特别是红光波段的强烈吸收,和在近红外波段的高反射、透射和低吸收特性,成为 LAI 遥感定量反演的依据。

统计模型法是以 LAI 为因变量,以光谱数据或其他变换形式(如植被指数)作为自变量建立的估算模型。统计模型主要有以下几种形式:

$$LAI = ax^3 + bx^2 + cx + d \tag{5-3}$$

$$LAI = a + bx^c \tag{5-4}$$

$$LAI = -1/(2a)\ln(1-x) \tag{5-5}$$

$$LAI = \ln\left[\frac{VI - VI_\infty}{VI_g - VI_\infty}\right] K_{VI} \tag{5-6}$$

在式(5-3)~式(5-5)中,x 为光谱反射率或植被指数,a、b、c 为系数;式(5-6)中,VI_∞ 为植被指数的渐近无穷值,当 LAI>8.0 时,总能达到 VI_∞;VI_g 是相应裸土的植被指数;k_{VI} 是消光系数。

以植被指数作为自变量的统计模型是经典的 LAI 遥感定量方法之一,在多光谱和高光谱领域均有用植被指数估算叶面积指数的研究和应用。用于计算 LAI 定量计算的植被指数有:绝对比值植被指数(SR)、归一化差值植被指数(NDVI)和垂直植被指数(PVI)。其中,SR 由于对植被变化敏感,最适用于 LAI 的反演。对于陆地卫星 TM 影像,TM5/TM4 适宜于低叶面积指数区的植被监测,而 TM4/TM3 则对高 LAI 的植被群落更为灵敏。张晓阳等(1995)从作物冠层对光谱的反射特征出发,推导出利用 PVI 估算 LAI 的理论模式,并应用水稻观测数据加以验证,证实 PVI 估算 LAI 既有较强的理论基础,又可以消除土壤背景的影响。近年来,随着高光谱遥感技术的发展,提出并发展了多种高光谱植被指数,有些已应用于叶面积指数的研究,且取得了良好的效果,如高光谱微分影像的单通道植被指数。

宫鹏等(1995)应用3类统计模型方法(单变量回归、多变量回归和基于植被指数的 LAI 估计模型),利用 CASI(小型机载成像光谱仪)数据估计 LAI,研究结果表明,3 类统计模型方法均能得到较高的 LAI 估计精度。而且,CASI 两种成像方式(多光谱和高光谱)得到的数据分析结果显示,与多光谱数据相比,高光谱可见光区数据与实测 LAI 之间有更高的相关性。

2. 基于遥感物理模型的反演法

遥感物理模型的参数具有明确的物理含义,是遥感反演研究的重点。遥感物理模型按其理论基础可分为几何光学模型、辐射传输模型、混合模型和数值模拟模型(计算机模拟模型)等四大类,这些模型的基础知识请参阅第4章。

上述四类模型大多以 LAI 等生物物理、生物化学参数为输入值,得到像元输出值,即传感器接收到的辐射值。从数学角度看,要求得 LAI,只需得到上述有关模型函数的反函数。以辐射值 L 为自变量,即可得到 LAI 等一系列参数。

需要注意的是,一般基于遥感物理模型的反演方法不能直接用来反演 LAI,而通常采用迭代法、查找表法以及其他一些方法(如神经元网络法等)。

● 迭代法是将 LAI 作为输入值,采用迭代的方式,以优化技术逐步调整模型参数,直到模型输出结果与遥感观测资料达到一致,最后的迭代结果就是反演结果。对于一般的遥感影像处理而言,迭代法非常耗时,而且,有些模型过于复杂,以致几乎不能用这种方式来反演。

● 查找表法(LUT)是预先通过前向模型构造表格,将反射率与待反演参数直接联系起来得出 LUT,在后期的遥感反演时,只需在表格中进行查找或内插即可实现参数的反演。表 5-1 就是一种简单的查找表,它给出了不同植被类型条件下,相应 NDVI 所对应的 LAI 值。查找表法中,许多变量作为常数,而实际上这些参量可能变化很大,利用查找表中的常数进行反演,可能会导致结果不尽如人意。

● 为了解决上述问题,许多学者探索利用新的技术手段,如采用神经元网络技术对辐射传输模型进行反演,得到 LAI 反演估计结果。

表 5-1　　NDVI 与相应的 LAI 值

NDVI 值	植被类型					
	类型 1	类型 2	类型 3	类型 4	类型 5	类型 6
0.025	0	0	0	0	0	0
0.075	0	0	0	0	0	0
0.125	0.3199	0.2663	0.2452	0.2246	0.1516	0.1579
0.175	0.431	0.3456	0.3432	0.3035	0.1973	0.2239
0.225	0.5437	0.4357	0.4451	0.4452	0.2686	0.324
0.275	0.6574	0.5213	0.5463	0.574	0.3732	0.4393
0.325	0.7827	0.6057	0.6621	0.7378	0.5034	0.5629
0.375	0.931	0.6951	0.7813	0.878	0.6475	0.664
0.425	1.084	0.8028	0.8868	1.015	0.7641	0.7218
0.475	1.229	0.9313	0.9978	1.148	0.9166	0.8812
0.525	1.43	1.102	1.124	1.338	1.091	1.086
0.575	1.825	1.31	1.268	1.575	1.305	1.381
0.625	2.692	1.598	1.474	1.956	1.683	1.899
0.675	4.299	1.932	1.739	2.535	2.636	2.575
0.725	5.362	2.466	2.738	4.483	3.557	3.298
0.775	5.903	3.426	5.349	5.605	4.761	4.042
0.825	6.606	4.638	6.062	5.777	5.52	5.303
0.875	6.606	6.328	6.543	6.494	6.091	6.501
0.925	6.606	6.328	6.543	6.494	6.091	6.501
0.975	6.606	6.328	6.543	6.494	6.091	6.501

类型 1-草地、谷物作物;类型 2-灌丛;类型 3-阔叶作物;类型 4-热带草原,南美稀树草原;类型 5-阔叶林;类型 6-针叶林

5.2.2 吸收光合有效辐射遥感反演方法

光合有效辐射(PAR)是绿色植物进行光合作用时吸收的太阳辐射中使叶绿素分子呈激发状态的那部分光谱能量,波长为 400~700nm,单位为 $W \cdot m^{-2}$。光合有效辐射是植物生命活动、有机物质合成和产量形成的能量来源,控制着陆地生物光合有效作用的速度,直接影响植物的生长、发育、产量与产品质量,也影响地表与大气的物质与能量交换,如碳循环、水循环、热循环等。作为光合作用的关键因子,光合有效辐射又是多数陆地生态模型的重要参数。

吸收光合有效辐射(APAR, Absorbed Photosynthetically Active Radiation)是光合有效辐射中被植物冠层截获的那部分光合有效辐射,它包括向下的 PAR 被绿色植物拦截的部分和

经过土壤反射的向上的 PAR 被绿色植物拦截的部分之和。由于植被初级生产力是植被受到太阳辐射后进行光合作用所能够固定碳量的能力,吸收光合有效辐射(APAR)成为模拟蒸散和植物生产力的重要生物参数,可以表示为光合有效辐射(PAR)和吸收光合有效辐射比例系数(FPAR)的乘积:

$$APAR(x,t) = PAR(x,t) \cdot FPAR(x,t) \tag{5-7}$$

式中:$PAR(x,t)$ 是 t 月、空间位置 x 处的太阳光合有效辐射量($MJ \cdot m^{-2}$);$FPAR(x,t)$ 为植被层对入射光合有效辐射(PAR)的吸收比例系数,即植被冠层对入射光合有效辐射的吸收系数。

下面分别对遥感反演 PAR 和 FPAR 的方法进行介绍:一是利用卫星遥感资料和辐射传输模型的方法进行建模来估算地面的总 PAR;二是植被指数统计模型法估算 FPAR,利用 NDVI 或 LAI 与 FPAR 的经验关系来估算不同区域的 APAR。

1. 辐射传输模型计算 PAR 方法

由于陆地光合有效辐射是被陆地植物用来进行光合作用的那部分太阳辐射,波段一般取 400~700nm,所以,光合有效辐射 PAR 可表示为:

$$PAR(W \cdot m^{-2}) = \int_{0.4}^{0.7} E(\lambda) d\lambda \tag{5-8}$$

式中:$E(\lambda)$ 是太阳分光下行辐射,单位是 $W \cdot m^{-2}$,λ 为可见光波段的波长,单位是 nm。

采用卫星遥感反演光合有效辐射时,首先需要计算到达地球大气层顶的最大光合有效辐射,并用遥感方法获取大气因子的影响参数,然后,以这些参数作为输入,采用辐射传输方程估算大气对光合有效辐射的削减作用,从而获得光合有效辐射量。到达地面的太阳辐射是太阳对地球的全部辐射经过大气削减后的部分,影响到达地面太阳辐射的因素有很多,其中包括:天文因素,主要包括太阳到地球之间的距离、太阳高度角等因素;地理因素,主要包括地形因素、海拔高度等;气象因素,主要包括天空中的总云量和日照时间(即日照百分率);大气物理因素,主要包括纯大气消光、大气中水汽含量、气溶胶分布(垂直方向不同层间气溶胶光学厚度参数)。

国际上从 1979 年开始就有人尝试利用卫星遥感数据对光合有效辐射进行研究,如 Gautier 等(1980)提出的基于 Geostationary 卫星数据预测到达地面太阳辐射模型;Frouin 等(1989)在 Gautier 研究的基础上,提出在有云和无云情况下,利用 Geostationary 的可见光和红外波段来计算云反照率参数的方法;Frouin 和 Gautier(1990)在综合上述工作的基础上,针对光合有效辐射波段进行了重新计算。Eck 和 Dye(1991)利用臭氧总量成像光谱仪(TOMS)的紫外波段替代可见光和近红外波段来预测云信息对光合有效辐射的影响,并发现云对 PAR 的影响与 TOMS 的紫外波段反射率呈线性关系。Pinker 和 Laszlo(1992)假设:N 种大气条件下,利用辐射传输正向模拟计算,建立大气的透过率与大气层顶的表观反照率之间的关系;然后利用表观反照率反推出大气的透过率;最后计算得到到达地表的光合有效辐射。随着模型技术的逐渐成熟,各种模型方法得以实际应用,如 Frouin 和 Pinker(1995)利用 TOMS(臭氧总量成像光谱仪)数据在国际卫星云气候工程(International Satellite Cloud Climatology Project, ISCCP)中估算光合有效辐射的方法,由地球静止卫星与极地卫星数据融合获得 ISCCP C1 后除以 2 得到标准产品 ISCCP-BR PAR,由 ISCCP C1 经过 Pinker 等(1992)的算法处理得到标准产品 ISCCP-PL PAR,TOMS PAR 则由紫外线反射率来计算,获得了 2.5°×2.5°空间分辨率及两月时间分辨率的 ISCCP 光合有效辐射数据。Carder(1999)利用 MODIS 数据在前人工作的基础上估算出高分辨率的海洋光合有效辐射,海洋光合有效辐射产品作为 MODIS 的标准产品(MOD20)发布。Frouin(2000)则利用 SEAWIFS 数据,模拟海洋上空的光合有效辐射。由于 Carder(1999)和 Frouin(2000)的模型中假设海水反照率恒定,该假设在陆地光合有效辐射估算中无法成立,而且,由于陆地地表反射的复杂性,在估算陆地光合有效辐射时,需要考虑地面-大气的多次反射项。所以,刘荣高等(2004)以 MODIS 数据,反演了陆地晴空下影响光合有效辐射的大气因子、降水量、气溶胶等大气参数,然后,利用 MODTRAN 建立查找表的方法,反演得到高分辨率陆地光合有效辐射,并能够对大批量、像元级的数据进行处理。

综上所述,建立辐射传输模型时需要分别考虑两种情况:晴空条件下,大气对太阳辐射的影响包括大气中的氧气、臭氧、二氧化碳、水汽等的吸收作用,以及大气分子的瑞利散射、气溶胶散射作用;在有云存在或者其他天气条件下,则需要在模型中加入云反照率等其他的影响因子的信息。下面主要介绍晴空下,利用辐射传输方程计算 PAR 的方法。

光合有效辐射 S 的计算公式可表示为:

$$S = S_0 \times T_s \tag{5-9}$$

式中:S 表示经过大气作用后的光合有效辐射,T_s 代表光合有效辐射的总透射率,可表示为:

$$T_s = \tau_g \cdot \tau_w \cdot \tau_a \tag{5-10}$$

式中:τ_g, τ_w, τ_a 分别为混合气体、水汽和气溶胶的透射率。

从上述两个方程可以看出,光合有效辐射的反演涉及两个方面的问题:一是大气顶层最大光合有效辐射的计算;二是气体、水汽及气溶胶透射率等影响光合有效辐射反演的主要参数的反演。

1) 大气顶层最大光合有效辐射的计算

大气顶层的最大光合有效辐射计算公式如下:

$$S_0 = E_0 \cdot \cos\theta \cdot d^2 \tag{5-11}$$

式中:E_0 为标准日地距离下,400~700nm 间的大气顶层的太阳光合有效辐射的总和,取值为 544W·m^{-2};θ 为太阳天顶角,d 为日地天文单位距离,近日点取值 0.965,远日点取值 1.035。

其中

$$\cos\theta = \sin\varphi\sin\delta + \cos\varphi\cos\delta\cos h \tag{5-12}$$

式中:$h = 15(12 - \text{LST})$;LST = GMT-logitude/15,GMT 为格林威治时间;φ 为纬度,logitute 为经度,δ 为太阳倾斜角:

$$\delta = -23.4\cos(360(D + 10)/365) \tag{5-13}$$

$$D = 1.00011 + 0.034221\cos(2\pi D/365) + 0.00128\sin(2\pi D/365)$$
$$+ 0.000719\cos(4\pi D/365) + 7.7 \times 10^{-5}\sin(4\pi D/365) \tag{5-14}$$

式中:D 为某日期所在的该年天数。

根据式(5-14),可计算得到地球上任何时间、任何位置(经纬度)上,太阳对地球的光合有效辐射 S_0,得到的是没有大气干扰时,某时间、位置所能获得的光合有效辐射最大值。

2) 大气因子影响参数的获取

一般情况下,在参数获取中,首先做以下假设:大气中的氧气、二氧化碳等气体一般可假定是均匀混合且恒定不变的;臭氧随时间、位置而变化,但其时空变化具有一定规律性,可用相关大气模型近似描述;水汽随时间、空间的变化较大,在无法获得精确的水汽参数时,可用模型(LOWTRAN／MODTRAN)近似描述;气溶胶的时空变化很大,模型描述或空间插值都会带来较大的误差,所以,直接从遥感数据反演。有关使用模型对参数进行模拟的方法,在此不再论及,下面主要就参数的遥感反演方法作简要介绍。

(1)气溶胶光学厚度反演

气溶胶是指悬浮在大气中直径小于 $10\mu m$ 的微粒,其厚度是表征对某一波长光辐射的透过率的参数,光学厚度越大,其光辐射透过的程度越低。气溶胶光学厚度是气溶胶最重要的参数之一,是表征大气混浊度的重要物理量,也是确定气溶胶气候效应的一个关键因子。气溶胶光学厚度的探测方法可分为地基探测方法和卫星遥感方法,这里主要介绍卫星遥感探测方法。

根据背景状况的不同,气溶胶厚度反演方法和精度也有所不同,如水体、浓密植被等暗背景上空气溶胶光学厚度的反演已经达到较高精度,但对于干旱、半干旱以及城市等高反射率地区,气溶胶光学厚度的反演仍面临严峻的挑战。有关水体或海洋上空气溶胶光学厚度的反演请参阅第4章,这里主要介绍陆地暗目标及高反射率地区气溶胶厚度的遥感反演方法。

①暗背景陆地上空气溶胶光学厚度的反演

卫星传感器接收到的辐射亮度值,可用如下方程表示:

$$L_s(\tau_a,\mu_s,\mu_v,\Phi) = L_0(\tau_a,\mu_s,\mu_v,\Phi) + L_a^{\downarrow}(T_\infty\mu_s)T(\tau_a,\mu_v)\rho_s/[1-s(\tau_a)\rho_s]$$
(5-15)

式中:L_s 表示传感器接收到的总的辐射亮度;L_0 为大气的路径辐射;τ_a 为大气的光学厚度(包括气体分子的光学厚度和气溶胶粒子的光学厚度);μ_s 为太阳天顶角的余弦值;μ_v 为传感器天顶角的余弦值;Φ 为相对方位角,s 为大气半球反射率;ρ_s 为地表反射率;T 为大气透过率;$L_a^{\downarrow}$ 为下行辐射亮度。

在经过大气校正及水汽校正后,传感器所接收到的信号是太阳辐射经过了大气气溶胶对太阳能量的直接反射、吸收以及地表的反射所得到的结果。对于暗的陆地下垫面而言,地表面在可见光波段反照率非常低,气溶胶的反射效应占主要地位,卫星接收到的信号主要是由于气溶胶及大气反射的结果。因此,可利用地面暗目标反射率和大气顶层反射率的差值来估算气溶胶的光学厚度。气溶胶光学厚度的反演方法可分为三个步骤:

第一步,遥感影像的大气校正,具体参考第4章的相关内容。

第二步,地面反射率的获取,在太阳光谱中,各光谱的影响是相关的,所以,对于反射率较低的下垫面而言,可利用如下方程获取地面红、蓝波段的地面反射率,这里以 MODIS 为例:

$$\rho_1 = 0.50\rho_7$$
$$\rho_3 = 0.28\rho_7$$
(5-16)

式中:ρ_1,ρ_3,ρ_7 分别表示 MODIS 传感器的第1、3、7 波段的反射率。由于 MODIS 的第7波段(近红外波段)受气溶胶的影响很小,经过大气和水汽的吸收校正后,其大气顶层反射率基本上可以近似看做是地面反射率。然后,利用光谱间的关系,通过方程(5-16)可以反演出红波段(MODIS 第1波段)和蓝波段(MODIS 第3波段)的反射率信息作为地表的真实反射率信息。

第三步,气溶胶光学厚度的遥感反演,通过大气顶层反射率与地表反射率之间的差值得到气溶胶影响后衰减的结果,然后,通过 LOWTRAN 和 MODTRAN 或者气溶胶查找表计算其光学厚度参数和透射率。

②高反射地区气溶胶光学厚度的反演

对于反射率较高的下垫面,如沙漠或者植被稀疏的地表面,传感器接收到的信号是气溶胶与下垫面共同作用的结果。目前,高反射率地区气溶胶光学厚度的遥感反演方法有对比算法和高反差地表法等几种。

● 对比算法——在地表反射率较高的情况下,辐射值的变化与气溶胶的变化不再具有明显的相关性。因此,采用传统的基于地表反射率的方法反演气溶胶非常困难。为了解决高反射率地表反射率对气溶胶监测的限制,Tanré 等提出了对比算法。该算法利用同一地区不同影像的"模糊效应"获取气溶胶的光学厚度。由传感器辐射信号方程可得到两个相邻像元的辐射亮度差:

$$\Delta L^*(\tau_a,\mu_s,\mu_v) \approx \Delta \rho_{i,j} \frac{T(\tau_a,\mu_v) L_a^{\downarrow}(\tau_a,\mu_s)}{1 - <\rho_s> S^2(\tau_a)} \quad (5\text{-}17)$$

式中:$\Delta L^*(\tau_a,\mu_s,\mu_v)$ 是两个像元的辐射差值;$\Delta \rho_{i,j}$ 是两个像元的反射率差值;$<\rho_s>$ 为两个像元的平均反射率。

如果有一组影像,其中包括一景比较清晰的影像,那么,就可以根据这景影像计算出实际的 $\Delta \rho_{i,j}$,最后,根据公式计算出每一景影像的光学厚度。

需要注意的是,对比算法的影响因素较多,如目标地物地表反射率的稳定性,地表的二向反射特性,清晰影像的选取,邻近像元的选择等。

● 高反差地表法——该方法是在两个空间位置比较靠近的区域,假设大气的光学特性不变,选择明、暗对比明显的像元反演气溶胶的光学厚度。

传感器上接收到的光谱反射率可近似表示为:

$$\rho_a(\lambda) = \rho_0(\lambda) + \rho_s(\lambda) T(\lambda) \quad (5\text{-}18)$$

式中:$\rho_a(\lambda)$ 为传感器上接收到的光谱反射率;$\rho_0(\lambda)$ 是经过大气直接反射的光谱反射率;$T(\lambda)$ 为大气透过率。

选择两种地表有:

$$\rho_a^{(1)}(\lambda) = \rho_0(\lambda) + \rho_s^{(1)}(\lambda) T(\lambda) \quad (5\text{-}19)$$

$$\rho_a^{(2)}(\lambda) = \rho_0(\lambda) + \rho_s^{(2)}(\lambda) T(\lambda) \quad (5\text{-}20)$$

由上述两个方程可得到:$T(\lambda) = (\rho_a^{(1)} - \rho_a^{(2)})/(\rho_s^{(1)} - \rho_s^{(2)}) \quad (5\text{-}21)$

根据 Lambert-Beer 定律,大气透过率和光学厚度 $\tau(\lambda)$ 具有如下关系:

$$T(\lambda) = e^{-\tau(\lambda)} \quad (5\text{-}22)$$

光学厚度包括气体分子的光学厚度以及气溶胶散射的光学厚度,前者可通过经验公式获取,气溶胶的光学厚度可通过选择已知地表反射率的两个相邻的明暗像元,根据方程 $T(\lambda) = (\rho_a^{(1)} - \rho_a^{(2)})/(\rho_s^{(1)} - \rho_s^{(2)})$ 和 $T(\lambda) = e^{-\tau(\lambda)}$,便可直接求出当时的气溶胶光学厚度。

(2)水汽透射率的遥感反演

水汽随时间、空间的变化较大,在无法获得精确的水汽参数时,通常的做法是采用 MODTRAN,6S 和 LOWTRAN 等大气模型软件模拟代替。因为实时的大气剖面资料非常有限,所以,这种模拟的结果精度也是有限的。而直接从遥感影像上反演大气的水汽含量,再进一步计算大气透过率,可以大大提高各种反演参数的精度。

根据使用波段的不同,已有的遥感大气水汽反演方法主要分为三大类:近红外方法、微波方法和热红外方法。其中,热红外方法是利用热红外辐射波段的观测辐射值进行反演,但反演的精度在很大程度上依赖于初始温度和湿度廓线的选择。实时大气廓线的获取难度较大,而标准大气廓线应用于地表反射率高的陆面地区势必会引入较大误差,因此,该方法主要应用于海洋上空水汽含量的反演。另外,对于反射率较低的陆面,分裂窗技术可以取得较好的结果,相关内容请参阅第3章。下面主要介绍水汽的微波遥感反演和水汽的近红外遥感反演方法。

①水汽透射率的微波遥感反演

微波方法利用微波发射通道的测量辐射值,它主要依赖于水汽对微波的吸收特性。由图5-1可以看出,水汽对微波有三个吸收带:22.235GHz、153GHz以及183.31GHz附近,云液态水对微波辐射的吸收出现在10~40GHz的连续频率范围内。根据基尔霍夫定律,某辐射体在某波段的吸收越强,则在该波段的辐射也就越强。因此,在22.235GHz附近,为水汽吸收带,该带内微波辐射的变化主要反映大气中水汽含量的变化;60GHz附近为氧气分子的强吸收带,水汽吸收带和氧气分子吸收带之间为大气窗口区,即35GHz频段附近的微波辐射的变化可主要反映云液态水总量的变化。

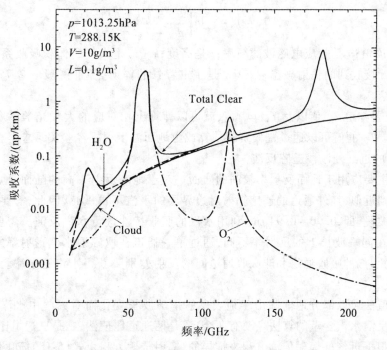

图5-1 10-220GHz频段大气的微波吸收光谱

目前,大气中总水汽含量和云中液态水总量的反演方法,都是采用建立在物理基础上的线性统计回归模型。

首先定义水汽总量V和云液态水总量L的表达式。

水汽总量: $$V = \int_0^\infty \rho_\omega(z)\,\mathrm{d}z \tag{5-23}$$

云液态水总量: $$L = \int_0^\infty \rho_1(z)\,\mathrm{d}z = \int_{z_b}^{z_t} \rho_1(z)\,\mathrm{d}z \tag{5-24}$$

式中:ρ_ω 是水汽密度,$\rho_1(z)$ 是云含水量,z_b 是云底高度,z_t 是云顶高度。

周秀骥等(1982)的研究得出,大气光学厚度 τ_a 与 V 和 L 之间存在很好的线性关系:$\tau_a = mV + nL$,这里,m 和 n 为两个与通道频率有关的经验常数。为了同时得到 V 和 L,分别选择对水汽敏感的一个通道(23.8GHz)和对云中液态水敏感的一个通道(36.5GHz),从而得到联解遥感方程组,其解如下:

$$\begin{cases} V = a_0 + a_1\tau_{a_1} + a_2\tau_{a_2} \\ L = b_0 + b_1\tau_{a_1} + b_2\tau_{a_2} \end{cases} \tag{5-25}$$

式中:a_i、$b_i(i=0,1,2)$ 是统计回归系数,τ_{a1}、τ_{a2} 分别表示 23.8GHz 和 36.5GHz 处测得的大气光学厚度值。

引进大气平均下行辐射温度 T_m,由大气光学厚度公式 $\tau_a(0,z) = \int_0^z k_a(z')\sec\theta\mathrm{d}z'$、大气透过率公式 $t(0,z) = \exp\{-\tau_a(0,z)\}$ 和地基微波遥感大气的基本方程 $T_b(\theta,v) = T_b(\infty)t(0,\infty) + \int_0^\infty k_a(z)T(z)t(0,z)\sec\theta\mathrm{d}z$,可最终得到:

$$\tau_a(0,\infty) = -\ln\left[\frac{T_m - T_b(\theta,v)}{T_m - T_b(\infty)}\right] \tag{5-26}$$

式中:θ 是天顶角;v 是相应电磁波的频率;z 是高度;$k_a(z)$ 是大气的体积吸收系数;$T_b(\theta,v)$ 是地面辐射计接收到的辐射亮温;$T_b(\infty)$ 是宇宙背景的辐射亮温(一般取 2.75K);$T(z)$ 是大气温度层结。

因此,只要知道 T_m 值以及 $T_b(\infty)$ 值,就可以计算出相对应的大气光学厚度值 τ_a,然后再进行反演。T_m 的值可以通过气候资料估算或由地面温度根据经验关系求得。

② 水汽的近红外波段遥感反演

该方法主要应用于地面反射率较高的陆面。对于地表反射率高的陆面,地表温度和边界层温度达到近似,红外通道的遥感辐射对边界层的水汽不再敏感,因此,需要选择对水汽吸收明显的波段,即,0.90~0.94μm,利用水汽的吸收特性进行水汽反演。需要注意的是,不同下垫面在同一波长上的反射率不同,通过单一通道获取辐射水汽透射率并不科学,所以,需要借助水汽的吸收通道和非吸收通道间的反射差别来获得水汽透射率。常用的有波段比值法。

采用比值法可以部分地消除由于地表反射率随波长变化而对大气中水汽透射率的影响。比值法反演水汽含量的算法主要有两个:一是两通道比值法;二是三通道比值法。反演水汽算法是根据近红外辐射传输方程来推导的,辐射传输方程由式(5-15)简化如下:

$$L_s = L_a^\downarrow \rho_s \tau(\omega) + L_0(\omega) \tag{5-27}$$

式中:L_s 表示传感器接收到的总的辐射亮度;$L_a^\downarrow$ 是下行辐射亮度;ρ_s 是地表反射率;τ 是总大气透过率,即从大气层顶到地表,再从地表到传感器的透过率;L_0 是大气的路径辐射,在近红外波段主要受到单散射和多散射影响。而大气透过率 τ 和大气辐射率与大气中的水汽(ω)有关,可以看成是水汽含量和气溶胶等大气参数的函数。相对于大气水汽,其他气体的

影响很小,可以忽略。将等式两边同除以 $L_a^\downarrow \rho_s$ 得:

$$\tau(\omega) = L_s/(L_a^\downarrow \rho_s) - L_0(\omega)/(L_a^\downarrow \rho_s) \tag{5-28}$$

式(5-27)中,右边第一项是经地表反射到达传感器的辐射。在气溶胶厚度较小的情况下,近红外波段大气路径辐射 L_0 非常小,只相当于式(5-27)右边第一项的百分之几。相对而言,可以忽略不计。当然也可以采用迭代法求最优值,在此,对该项予以忽略。因此,式(5-28)可以简化为:

$$\tau(\omega) \approx L_s/(L_a^\downarrow \rho_s) \tag{5-29}$$

因此,大气水汽含量主要是大气水汽透过率的函数。式(5-29)中,ρ_s 对于不同的波长,地面反射率是不一样的。Gao 和 Kaufman 对 $0.85\mu m$ 和 $1.25\mu m$ 之间的各种地物反射率进行分析发现,在这个区间中,反射率基本上满足线性关系,因而,可以利用大气窗口波段和大气吸收波段对 $L_a^\downarrow \rho_s$ 进行近似计算。

以 MODIS 为例,MODIS 传感器上设计了5个通道,17 通道($0.905\mu m$)、18 通道($0.936\mu m$)、19 通道($0.940\mu m$)是大气水汽吸收通道,2 通道($0.865\mu m$)、5 通道($1.240\mu m$)为非吸收通道。因而,可以根据式(5-29)推导出2波段比值法和3波段比值法,公式如下:

$$\tau_{(0.94\mu m)} = \rho_{(0.94\mu m)}/\rho_{(0.865\mu m)} \tag{5-30}$$

$$\tau_{(0.94\mu m)} = \rho_{(0.94\mu m)}/[C_1\rho_{(0.865\mu m)} + C_2\rho_{(1.24\mu m)}] \tag{5-31}$$

式中:$C_1 = 0.8, C_2 = 0.2$。

对于透过率与水汽含量的关系表达式,可以通过 MODTRAN 和 LOWTRAN 模拟得到。由此,就可以得到水汽反演的表达式。

Kaufman 和 Gao 给出了第19波段($0.940\mu m$)和第2波段($0.865\mu m$)的表达式,即

$$\tau_\omega(0.940\mu m)/(0.865\mu m) = \exp(\alpha - \beta\omega^{1/2}) R^2 = 0.999 \tag{5-32}$$

对于复合性地表,上式中 $\alpha = 0.02, \beta = 0.651$,其他情形的参数选取可参考相关文献。式(5-32)左边 τ_ω 可以从影像算出,解方程得到水汽表达式:

$$\omega = (\alpha - \ln\tau_\omega/\beta) \tag{5-33}$$

除上述比值法外,目前近红外水汽遥感反演方法还有:窗口通道辐射加权平均法、窗口波段与吸收波段反射率线性回归法等。

(3) 混合气体透射率的反演

混合气体中主要包括氧气、二氧化碳和臭氧,它们的透射率公式可表示为:

$$\tau_g = \tau_{O_2} \cdot \tau_{CO_2} \cdot \tau_{O_3} \tag{5-34}$$

式中:τ_{O_2} 表示氧气的透射率,τ_{CO_2} 表示二氧化碳的透射率,τ_{O_3} 表示臭氧的投射率。假设大气中的氧气、二氧化碳等气体是均匀混合且恒定不变的,氧气和二氧化碳的透射率可直接通过查光谱透射率表的方式获得,也可用 LOWTRAN、MODTRAN 等模型近似描述。臭氧随时间、位置而变化,但其时空变化具有一定规律性,它的透射率也可用相关大气模型近似描述。Vigrous 于 1953 年用 Bouguer 定律的形式表达了臭氧在紫外及可见光区的光谱透射率,计算公式为:

$$\tau_{O_3} = \exp(-K_{a\lambda}Lm_0) \tag{5-35}$$

式中:$K_{a\lambda}$ 为臭氧的光谱吸收系数;L 为臭氧总量;m_0 为臭氧的光学质量。

臭氧吸收的衰减系数 $K_{a\lambda}$ 和臭氧的光学质量 m_0 是常数,臭氧总量可从 Brewer(臭氧分

光光谱仪)或TOMS(臭氧总量测绘光谱仪)的观测资料中获得。有关臭氧的反演方法在此不再赘述。

2. 植被指数统计模型估算FPAR

吸收光合有效辐射比例系数(FPAR)是吸收光合有效辐射(APAR)和光合有效辐射(PAR)的比值,也是监测植被净初级生产力的重要依据。

许多研究发现,FPAR与多种植被指数和叶面积指数之间存在明显的相关性。植被指数统计模型正是利用它们之间的相关关系来估算FPAR的。归一化植被指数(NDVI)作为最为常用的植被指数之一,在很多初级生产力遥感反演模型中被采用,例如,CASA和GLO-PEM模型(具体见5.3节)。

Stellers(1996)研究发现:FPAR可由NDVI和植被类型两个因子来表示,植被覆盖率越高,FPAR值越大:对无植被地区,NDVI趋近于0,FPAR最小(假定为0.001);当植被完全覆盖时,NDVI≈0.5,FPAR达到最大值,其值接近于1(假定为0.95),故FPAR计算公式可表示为:

$$FPAR(x,t) = \min\{(VI(x,t) - VI_{min})/(VI_{max} - VI_{min}), 0.95\} \quad (5-36)$$

式中:VI_{min}取值对应于相关植被类型达到最小值时的NDVI值;而VI_{max}对应于相关植被类型达到最大值时的NDVI值;$VI(x,t)$由$NDVI(x,t)$求得:

$$VI(x,t) = [1 + NDVI(x,t)]/[1 - NDVI(x,t)] \quad (5-37)$$

x,t的意义同式(5-36)。

针对不同的应用,FPAR可以通过不同植被指数来进行反演:在植被覆盖比较少的情况下,差值植被指数(DVI)受背景光谱信号的影响较小,与FPAR具有近线性相关关系;在全植被覆盖情况下,背景的影响也显著减小,这时,利用归一化植被指数(NDVI)能够更好地估计FPAR;复归一化差值植被指数(Re-Normalized Difference Vegetation Index,RDVI)具有DVI和NDVI的优点,在任何植被覆盖的状况下,都与FPAR具有近线性相关关系。除线性或近线性关系外,其他一些研究表明,FPAR与多种植被指数之间也存在着指数函数、幂函数或二次多项式的关系,所以,FPAR的估算需要根据不同的研究区域不同的情况区别对待。

很明显,植被指数会影响FPAR的估算精度。如NDVI在植被冠层叶面积指数大于3或叶绿素含量达到$30\mu g/cm^2$以上就趋于饱和,在NDVI达到饱和后,再利用NDVI求FPAR就会产生较大的不确定性,而且,这种不确定性会因叶面积指数和叶绿素含量的增大而增大。许多研究发现,FPAR与LAI之间存在着明显的对数关系,所以,直接应用LAI来估算FPAR也成为植被指数统计模型的一个重要方面。例如在一些生物地球化学过程模拟中,FPAR是作为LAI和消光系数的函数来计算的。

5.3 海洋初级生产力的遥感应用模型

海洋初级生产力是海洋初级生产者通过同化作用将无机物转化为有机物的过程,主要是将CO_2和水通过光合作用转化为碳水化合物及释放出氧气的过程。无机物转化为有机物的过程是海洋生态系统中极为重要的一个过程,它通过全球CO_2的收支平衡、海洋表层水温的季节变化和大气紫外线的吸收影响着全球气候变化;通过初级生产者丰度的变化影响着海洋渔业资源;通过各种生理生态过程影响着全球的海洋生态系统的平衡,因此海洋初级生产力的研究成为了海洋科学的研究热点之一。20世纪80年代后期,全球范围内启动了一些大型的国际合作项目:如全球海洋通量(JGOFS, Joint Global Ocean Flux Study)、海岸带陆海相互作用(LOICZ, Land-Ocean Interactions In the Coastal Zone)、全球海洋生态系统动力学(GLOBEC, Global Ocean Ecosystem Dynamics)等。在上述大型研究计划中,海洋初级生产力及其与全球变化的相互关系,是主要研究内容之一。由于遥感所具有的全球快速周期性覆盖的特点,已经成为获取海洋初级生产力信息的重要数据源,本节主要介绍海洋初级生产力的遥感反演模型。

5.3.1 初级生产力的遥感模型原理

初级生产力的测定通常根据浮游植物进行光合作用的生理学原理来建立数学模式,通过船只或浮标测定色素和其他生物光学参数,便可推算初级生产力。常规的初级生产力测定方法主要有:收割法、二氧化碳通化法、黑白瓶法、放射性同位素测定法、叶绿素测定法、pH值测定法、原料消耗量测定法等。

随着现代遥感技术的发展,遥感反演初级生产力的方法(即遥感法)也获得了长足发展。遥感法属于生物生产力模式,是通过水色遥感手段获取全球尺度的上层海洋浮游植物叶绿素分布,进而通过叶绿素与初级生产力之间的关系获取的全球尺度的初级生产力分布状况。该方法的原理是:海表面反射的可见光谱(400~700nm,PAR)的辐射强度与叶绿素的浓度相关。海水因叶绿素浓度的增加而由蓝变绿,其相对的色彩差异可用来测定叶绿素的浓度。但卫星测量不像其他技术那么灵敏,它存在深度穿透方面的局限,还涉及微观水平的浮游植物光合作用机理,同时需要综合海洋科学各分支的成果,是一项难度很大的工作。但它可提供全球尺度的浮游植物生产力有用的分布模式。

初级生产力模式的核心机理在于,浮游植物对入射光光子的捕捉,因此,有两个最关键的光合作用参数:吸收系数和量子产率。其中,吸收系数代表了浮游植物色素吸收光子的能力,量子产率表征浮游植物利用吸收光固定碳的效率。

1. 吸收系数(α)

吸收系数是水体固有的一种光学性质,度量水体介质对光的吸收程度,该参数与波长有关,通常用下式表达:

$$\alpha(\lambda) = \alpha_w(\lambda) + \alpha_{PS}(\lambda) + \alpha_{NPS}(\lambda) + \alpha_{NAP}(\lambda) + (\lambda) \tag{5-38}$$

式中各项依次代表水、浮游植物光合色素的吸收系数(α_w和α_{PS}),浮游植物非光合色素的吸收系数(α_{NPS})、非藻类颗粒和溶解有色物质的吸收系数(α_{NAP}和α_{DS})。这里所关心的是浮游植物吸收系数,即α_{PS}和α_{NPS}之和。

2. 光合作用-辐照度函数(P-E函数)

光合作用对辐照度变化的响应是一种函数关系,即P-E函数。实际操作中,往往通过拟合曲线来表达,通常称P-E曲线(图5-2)。该曲线可以分为三部分:

(1) 低辐照度下,光合作用速率与辐照度呈线性关系;
(2) 随着辐照度的增加,曲线呈非线性特征,并逐渐达到饱和状态;
(3) 辐照度继续增大,光合作用速率开始降低。

相应于曲线的三部分,有几个重要的表征参数:最大光利用系数α,即,P-E曲线的初始斜率($\Delta P/\Delta I$),最大光合作用速率(P_{max})以及光限制参数(β)等。它们皆为时间t和水深z

的函数，P-E 函数的普遍形式为：

$$P(t,z) = f(P_{max}(t,z), \alpha(t,z), \beta(t,z), E(t,z)) \tag{5-39}$$

式中：P 指光合作用速率；P_{max} 代表最大光和作用速率，又称同化数，与光合作用单位数和光子的最大流通速率有关；E 为辐射照度；最大光利用系数（α）是浮游植物的最大量子产率（Φ_m）和吸收系数（α_Φ）的函数，可表示为：$\alpha = \Phi_m \cdot \alpha_\Phi$。

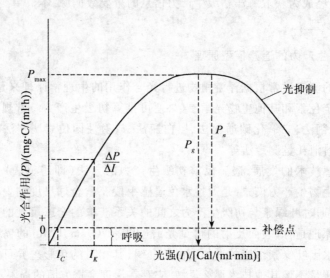

图 5-2　光合作用对光强变化的反应

曲线中，呼吸量与光合作用量相等的点称做补偿点，这一点发生在补偿光强（I_c）处，即真光层的下界。毛初级生产力（P_g）用来描述光合作用的总量，而净初级生产力（P_n）则表示毛初级生产力减去浮游植物呼吸的消耗。

5.3.2　初级生产力遥感模型

已有很多不同的模型可用于计算海洋初级生产力，不同学者对这些模型进行了分类，如费尊乐等（1997）将利用叶绿素计算初级生产力的方法归纳为三类：经验模式、生态数理模式和遥感模式；李国胜等（1998）则将海洋初级生产力的遥感应用模型划分为经验模型、机理模型和半分析模型；邹亚荣等（2005）将利用海洋叶绿素浓度计算海洋初级生产力的模式归纳为经验模式、理论模式和遥感算法模式；檀赛春和石广玉（2005）将现有的初级生产力模式归纳为经验模式、半解析模式和解析模式三类。目前对海洋初级生产力的各种遥感模式也还没有明确的认识和划分。本书将海洋初级生产力的遥感应用模型归纳为经验模式，理论模式，解析、半解析模式三种。

1. 经验模式

经验模式的基础是初级生产力与叶绿素浓度的统计相关，根据海域初级生产力和叶绿素浓度的现场分析，建立以叶绿素（chl）为表征的生物量与初级生产力之间的相关模型。早在 19 世纪 50 年代，有关叶绿素浓度和初级生产力关系的研究就引起了国内外许多学者的关注。Ryther 和 Yentsch（1957）研究并提出了在光饱和条件下，浮游植物光合作用速率和叶绿素浓度之间的经验算法模型，见式（5-40）：

$$P = C \cdot Q \cdot R / K \tag{5-40}$$

式中:P 为浮游植物光合作用速率$(mg \cdot m^{-2})/h$;C 为叶绿素浓度$(mg \cdot m^{-3})$;K 为海水消光系数(m^{-1});R 为决定于海面光强的相对光合作用率;Q 为同化数,它定义为单位叶绿素在单位时间内同化的碳量,是浮游植物光合作用活性的一个指标。研究表明,由于光、水温、营养盐等理化因子的影响及浮游植物种类的不同,指示浮游植物光合作用速率的同化数在不同海域、不同季节有较大的变化。在获得光合作用速率后,可利用该参数进一步计算得到初级生产力。

Lorenzen 于 1970 年提出了一个表层叶绿素浓度与初级生产力相关的经验公式(5-41):

$$\ln P_s = 0.427 + 0.475 \ln C_s \tag{5-41}$$

式中:P_s 为初级生产力$(mg/(m^2 \cdot d))$(同一参数最好使用相同的字母表示);C_s 为表层叶绿素浓度$(mg \cdot m^{-3})$。

Cadee 于 1975 年也提出了利用叶绿素法计算初级生产力的经验公式,并被广泛应用于实测初级生产力,公式如下:

$$P_s = \frac{C_a Q E D}{2} \tag{5-42}$$

式中:P_s 为日初级生产力$((mg \cdot m^{-2})/d)$;E 为真光层的深度(m),可取透明度的 3 倍;D 为白昼时间的长短(h);C_a 为表层水中叶绿素 a 的含量$(mg \cdot m^{-3})$;Q 为同化系数$(mg \cdot C/(mg \cdot Chl\text{-}a \cdot h))$,这里同化系数可取其平均值 3.7。

Smith 等于 1982 年在加利福尼亚近岸水域通过研究卫星遥感测得的叶绿素(Chl)浓度与同步船测叶绿素(Chl)浓度和初级生产力实测值之间的关系,得出其相互关系为:

$$P_s = 383 + 210 C_s \tag{5-43}$$

式中:P_s 为初级生产力$((mg \cdot m^{-2})/d)$;C_s 为由 CZCS 资料得出并由船测资料校正的 Chl 浓度$(mg \cdot m^{-3})$。该方程适用于高生产力的近岸水域,但对低生产力海域不适用。

Eppley 等于 1985 年利用在南加利福尼亚湾中获得的资料提出一个根据遥感 Chl 浓度估算初级生产力的经验公式:

$$\lg P_s = 3 + 0.5 \ln C_s \tag{5-44}$$

式中:P_s 为初级生产力$((mg \cdot m^{-2})/d)$;C_s 为近表层 Chl 浓度$(mg \cdot m^{-3})$。

周伟华等(2004)研究了长江口邻域叶绿素 a 和初级生产力的分布,并对 4 个季节表层叶绿素 a 和初级生产力的关系进行了线性回归分析(图 5-3),得到如下关系式:

$$P_s = 6.948 C_s - 0.992, r = 0.55, P < 0.01 \tag{5-45}$$

式中:P_s 为初级生产力$(mg \cdot m^{-3} \cdot h^{-1})$,$C_s$ 为叶绿素 a 浓度$(mg \cdot m^{-3})$;标准差为 4.295。分析表明叶绿素 a 和初级生产力相关性明显,但标准差偏大。需要注意的是,只有在现场观测资料足够多的情况下,才可以根据叶绿素 a 浓度来估算海区的初级生产力。

以上关系都是建立在数理统计基础上的经验模型,虽然在一定程度上反映了叶绿素浓度和初级生产力间的相关性,但适用范围较窄。由于影响初级生产力的因素较多,相互间关系复杂,所以,在建立初级生产力模型时应全面考虑各种因子。而且,要准确估算海洋初级生产力,还需将叶绿素浓度从海表外推到垂直剖面。外推时可根据现场测量历史数据、遥感辅助数据(如海表层温度)或基于遥感数据与预测混合层深度的物理模型综合进行。

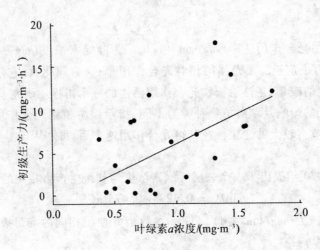

图 5-3 初级生产力和叶绿素 a 浓度之间的关系

2. 理论模式

理论模式是通过确定海洋初级生产力与海洋环境因子及海洋叶绿素浓度的理论关系来推算海洋初级生产力,它不仅考虑环境因子如光照、水温、营养盐等对海洋初级生产力的直接或间接影响,同时,还考虑叶绿素度、光照等在垂直剖面上的差异,如波长分解模型(Wavelength Resolved Models,WRMs)和波长积分模型(Wavelength Integrated Models,WIMs)。

1) 波长分解模型(Wavelength Resolved Models,WRMs)

在波长分解模型中,水体被照亮区域内离散深度处净光合速率(Net Photosynthetic Rate),可表示为光合有效辐射(Photosynthetically Available Radiation,PAR)的特定波长吸收函数。在这一类模型中,光合有用辐射(Photosynthetically Utilizable Radiation,PUR)可通过一系列经验量子效率模型(Empirical Quantum Efficiency Models)转化为净光合作用(Net Photosynthesis,NP),经验量子效率模型是在光合作用辐射变量(如,$P^b_{max}, \alpha^b, \beta, E_k, \Phi_\lambda$)或特征化光系统变量(如,$\sigma_{PSII}, \tau$)的基础上建立的。因此,单位体积单位时间内水体净生产力可表示为波长 λ、深度 z 和时间 t 的函数:

$$\sum PP = \int_{\lambda=400}^{700} \int_{t=sunrise}^{sunset} \int_{z=0}^{z_{eu}} \Phi(\lambda,t,z) \cdot PAR(\lambda,t,z) \cdot a^*(\lambda,z) \cdot Chl(z) d\lambda dt dz - R \tag{5-46}$$

式中:$\sum PP$ 为每天的初级生产力,R 为浮游植物每天的呼吸量。

2) 波长积分模型(Wavelength Integrated Models,WIMs)

将上述波长分解模型进行简化,剔出波长依赖性,即将净光合作用(NP)描述为 PAR 的函数而并非 PUR 的函数,进而得到波长积分模型:

$$\sum PP = \int_{t=sunrise}^{sunset} \int_{z=0}^{z_{eu}} \varphi(t,z) \cdot PAR(t,z) \cdot Chl(z) dt dz - R \tag{5-47}$$

式中的参数含义与波长分解模型相同。

Parsons 等人(1984)曾利用波长积分模式,根据不同光照条件下光-光合作用速率之间的关系推导出估算初级生产力的计算公式:

$$P_{t,z} = P_{t,\max}\{aI_{o,\max}\sin^3(\pi/DL)te^{-kz}\}/\{1 + aI_{o,\max}\sin^3(\pi/D)te^{-kz}\} \quad (5\text{-}48)$$

式中：$P_{t,z}$ 为时间 t、深度 $z(m)$ 上的比光合作用速率（mg/($m^3 \cdot h$)）；$P_{t,\max}$ 为时间 t 的最大光合作用速率；a 为由光-光合作用关系曲线中的起始斜率与 $P_{\max}$ 的交点求得的光强的倒数；$I_{o,\max}$ 为太阳高度最大时（正午）的海面光强（klx）；DL 为昼长（h/d）；k 为海水的光衰减系数（m^{-1}）。在上式中，对时间 t 和深度 z 积分，乘以叶绿素浓度 C 即可得到初级生产力 P(mg/($m^2 \cdot d$)) 的量值。

3) 时间积分模型（Time-intergrated Models，TIMs）

时间积分模型较 WRMs 和 WIMs 更加简化，它剔除了太阳光辐射分辨率对时间的依赖性，但仍需考虑其在垂直方向上的辐射变化。同时，该类模型并非利用净光合辐射计算初级生产力，而是直接估算净初级生产力（Net Primary Production），计算公式如下：

$$\sum PP = \int_{z=0}^{z_{eu}} P^b(z) \cdot PAR(z) \cdot DL \cdot Chl(z) dz \quad (5\text{-}49)$$

式中：DL 为昼长，其他变量与 WRMs 的相同。TIMs 中，所需参数来自可变太阳辐射条件下，持续时间段内（一般 6~24h）的测量数据，因此，一系列光合作用速率可通过单一生产力值的时间积分来获取。可见，TIMs 模型中的变量与光合辐射变量不同，如，最大初级生产速率并不等于 $P^b_{\max}$，而表示理想状况下，$P^b_{\max}$ 处光合作用的最大持续时间。

4) 深度积分模式（Depth-integrated models，DIMs）

DIMs 利用垂直积分函数将海水表面环境变量与 $\sum PP$ 联系起来。最简单的 DIM 模型仅利用叶绿素浓度函数来计算 $\sum PP$，或表示为垂直积分的叶绿素产品和日积分表面 PAR(E_0) 产品的函数，模型为：

$$\sum PP = P^b_{opt} \cdot f[PAR(0)] \cdot DL \cdot Chl \cdot z_{eu} \quad (5\text{-}50)$$

式中：P^b_{opt} 为水柱的最大碳固定速率（mg·C·(mg·Chl)$^{-1}$/h），它与 $P^b_{\max}$ 不同：P^b_{opt} 为时间跨度几个小时时段内，可变辐射状况下，水柱的最大碳固定速率；$P^b_{\max}$ 则表示 2 个小时范围内恒定辐射条件下测定的最大光合作用速率。

从理论上讲，利用上述模型得到的海洋初级生产力的精度可能要比经验算法更高，且有较强的生物学意义。但是，这些模式（如 Parsons 模式）大都通过海水中光的透射和浮游植物光合作用的响应关系来确定支配初级生产力的各项因子，从而使海洋初级生产力的直接测量可以用太阳辐射、海水衰减系数、水温、营养盐等参数的测量和理论计算所代替。因此，这种模式在实际应用中具有一定的困难。

3. 解析、半解析模式

半解析模式采用已知的生物过程、宏观物理学以及需要量和测定量之间的简单统计关系来估计初级生产力。可见，该模式与理论模式类似，所不同的是解析、半解析模式采用的某些参数，可通过简单的统计关系来获取，可简单理解为经验模型和理论模型的组合。

Balch 等（1989）设计了基于色素（Pigment）和温度的 PT 算法。后来，又考虑了日平均初级生产力同色素、温度和光（light）的关系，对 PT 模式进行改进，演变为 PTL 算法。表达式为：

$$PP_{eu} = \sum_{n=0}^{5} C_{od} P^B = \sum_{n=0}^{5} C_{od} \cdot PAR \cdot \Psi \quad (5\text{-}51)$$

$$P_{\max}^b = 16.74T - 172.42 \tag{5-52}$$

式中:PP_{eu}为真光层的日平均初级生产力($g \cdot C/(m^2 \cdot d)$),$P_{\max}^B$为最大光合作用速率($g \cdot C/(g \cdot Chl \cdot d)$),PAR 为光合作用有效辐射($quanta/(m^2 \cdot d)$),$\Psi'$是单位叶绿素光利用效率($mol \cdot C \cdot m^2/(quanta \cdot mg \cdot Chl)$),$C_{od}$为单位光学厚度单位面积的叶绿素浓度($mg \cdot Chl/m^2$),$P^B$为光合作用速率($mol \cdot C/(mg \cdot Chl \cdot d)$),如果 P^B 值超过 $P_{\max}^b$(单位同 P^B),则仍取值为 $P_{\max}^b$。

从以上的例子可以看出,半解析算法除了考虑色素或叶绿素对初级生产力的影响之外,还考虑了其他因子(如温度、不同深度等),因此,在依赖叶绿素的同时还依赖这些因子的海域,半解析算法就比经验算法更准确。

解析模式的基础是将海藻生物量对光合作用的响应作为主要的环境变量比如光、温度和营养盐的函数。这些算法一般需要叶绿素的深度轮廓线,然后,在整个水柱内积分。解析模式有很多,如 Antoine 等的环境光合作用场(单位叶绿素的光合作用截面)模式:

$$p = \frac{1}{J_C} \langle Chl \rangle_{tot} PAR(0^+) \Psi^* \tag{5-53}$$

$$\langle Chl \rangle_{tot} = \int_{z=0}^{zeu} Chl(z) dz \tag{5-54}$$

$$PAR(0^+) = \int_0^{DL} \int_{400}^{700} PAR(\lambda, t, 0^+) d\lambda dt \tag{5-55}$$

式中:z 是生产层的深度(m);P 为生产层的日平均初级生产力($g \cdot C/(m^2 \cdot d)$),$PAR(0^+)$是海面以上的 PAR($J/(m^2 \cdot d)$);$\langle Chl \rangle_{tot}$是柱积分叶绿素浓度($g \cdot Chl/m^2$);$J_C$ 是光合作用同化等效能量($J/(g \cdot C)$)。

由于解析模式对影响初级生产力的因素考虑得更为合理,因此,比半解析模式更加完善。需要说明的是:这些解析模式和半解析模式并不能确切区分,而且,目前并没有完全的解析模式。所以,这里只简要介绍常见的半解析模型,如 VGPM 模型。

1) VGPM(Vertically Generalized Production Model)模型

VGPM 模型是 Behrenfeld 和 Falkowski(1997)提出的较为复杂的 DIMs 模型之一。该模型是将浮游植物光合作用的生理学过程与经验关系相结合所建立的半解析模型。其基本建模过程包括:

(1)估计叶绿素的垂直分布;

(2)根据叶绿素分布模式和模型化或实测的表层光强以及基于光衰减的物理机制,计算光谱强度的垂直分布;

(3)基于单位叶绿素的光合作用、光强分布和光限制、光饱和条件下碳固定速率变化的经验关系,计算出一定水深的初级生产力。

Behrenfeld 和 Falkowski 收集了从 1971 年到 1994 年期间,从北纬 80°到南纬 70°范围共 1698 个站点包含了 I 类水体和 II 类水体的不同来源的实测资料。根据这些实测资料,他们发现在初级生产力中标准化(归一化)叶绿素浓度、光照周期和光学深度后,所有实测资料的初级生产力垂直分布呈相同形式。在此基础上,建立了海洋初级生产力计算的 VGPM 模型。它的表达形式为:

$$PP_{eu} = P_{opt}^B \times D_{irr} \times \int_{z=0}^{Z_{eu}} \frac{(1-e^{\frac{-E_z}{E_{max}}})e^{(\beta_d E_z)}}{(1-e^{\frac{-E_{opt}}{E_{max}}})e^{(\beta_d E_{opt})}} \cdot C_z dz \qquad (5-56)$$

式中:PP_{eu}为从表层到真光层的初级生产力(mg·C·m^{-2});P_{opt}^B为水柱的最大碳固定速率(mg·C·(mg·Chl)$^{-1}$/h);C_z为z深度的叶绿素浓度;E_z为z深度的光合有效辐射度 PAR (mol·quanta·m^{-2});$E_z = E_0 \cdot e^{(\frac{-\ln(0.01)}{Z_{eu}} \cdot z)}$;$E_{opt}$为$P_{opt}^B$所在深度的 PAR;$\beta_d$为曲线 P-I(光合作用速率与光强之间的对应关系)的初始斜率;D_{irr}为光照周期;Z_{eu}为真光层深度。

Benhrenfeld 和 Falkowski 对模型计算的结果和实测结果进行比较后认为,模型反映了 79% 初级生产力的时空变化($n = 10857$)。对模型进一步简化,可以得到

$$PP_{eu} = 0.66125 \times P_{opt}^B \cdot \frac{E_0}{E_0 + 4.1} \cdot Z_{eu} \cdot C_{opt} \cdot D_{irr} \qquad (5-57)$$

式中:C_{opt}为P_{opt}^b所在处的叶绿素浓度,可以用C_0或者遥感叶绿素浓度C_{sat}代替(图 5-4);E_0为海表面积光合有效辐射 PAR;Z_{eu}为真光层深度;D_{irr}可以根据水柱所在的位置(经纬度)和时间(在一年中的天数)来计算;P_{opt}^b为水柱的最大碳固定速率(mg·C·(mg·Chl)$^{-1}$/h)。

由于叶绿素进行光合作用主要是受酶控制,而酶的活性又主要受温度控制,因此,一般认为P_{opt}^b应该是海表温度的函数,可以由海表温度 SST 计算得到(图 5-5),其经验关系式如下:

$$P_{opt}^b = -3.27 \times 10^{-8} T^7 + 3.4132 \times 10^{-6} T^6 - 1.348 \times 10^{-4} T^5 + 2.462 \times 10^{-3} T^4 - 0.0205 T^3 + 0.0617 T^2 + 0.2749 T + 1.2956 \qquad (5-58)$$

该经验关系式适用于 -1~29℃ 的温度范围,超过该温度范围后,结果的误差会加大。Benhrenfeld 等将 VGPM 模型的模拟结果与实测的初级生产力进行了比较,结果如图 5-6 所示。

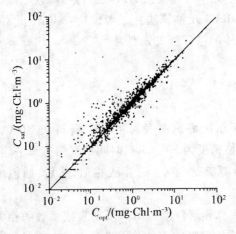
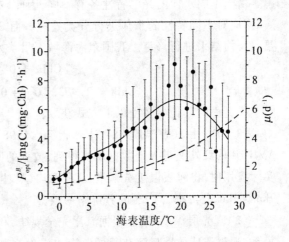

图 5-4 C_{opt}与C_{sat}之间的线性关系($r^2 = 0.94$)   图 5-5 海表温度与P_{opt}^b之间的关系

VGPM 模型中的所有重要参数都可以通过遥感手段获得,因此,初级生产力的计算就可以摆脱实地调查测量的限制,快捷地获得大范围的海洋初级生产力分布信息。VGPM 模型

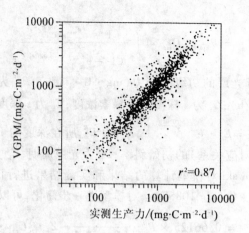

图5-6 实测生产力和VGPM模拟结果间关系

采用了长时期、大范围、不同水域的上千个站点的上万个实测数据进行验证,不仅计算精确,而且应用广泛。

2)模型应用

李国胜利用VGPM模型研究了我国东海初级生产力,针对基于SeaWiFS的海洋叶绿素浓度SeaBAM模型反演结果,分别建立了Ⅰ、Ⅱ类水体的修订模式,反演计算获得了我国东海海域1998年各月叶绿素浓度的分布,并在VGPM的支持下计算获得了我国东海海域1998年的逐月初级生产力时空分布以及全年累积初级生产力分布状况。研究中,叶绿素浓度反演采用NASA提供的1998年的SeaWiFS资料中的L3级产品作为原始数据,采用NASA的SeaBAM(SeaWiFS Bio-Optical Algorithm Mini-Workshop)研究小组所研制的生物-光系统计算法(Bio-optical Algorithm)模式反演获得。

由于不同水团的光学特性各有不同,因此,对于光学特性复杂的海域进行叶绿素浓度反演时,应对不同特性的水体进行分类处理。而SeaBAM反演算法并未考虑这一点,因此,需要对反演结果进行修订。我国东海海域Ⅰ、Ⅱ类水体的修订公式分别为:

$$\text{Chla} = 0.428 C_{sat} \tag{5-59}$$

$$\text{Chla} = 1.4732(C_{sat} + 0.3115)^{0.3} - 1.0382 \tag{5-60}$$

模型中的其他参数由以下方式获取:

(1) P_{opt}^B 由海表温度SST计算得到。1998年东海海域海表温度SST资料从NOAA/AVHRR的红外通道光谱数据反演得到,数据的网格精度为$30' \times 30'$,时间精度为7天平均。实际应用时,将海表温度先转化为月平均,具体计算方法与C_{sat}的算法相似,然后,插值成$9km \times 9km$分辨率,与C_{sat}的分辨率一致。

(2)真光层深度Z_{eu}是根据海洋光学规律,利用真光层深度与海水漫射衰减系数的相关关系,通过遥感数据反演获得的。海水漫射衰减系数资料由NASA提供的SeaWiFS的K_{490}数据获取,它的网格精度为$9km \times 9km$,时间精度为8天平均。实际应用时,平均值的计算与C_{sat}相似。

(3)1998年的E_0资料取自于国际卫星云气候学计划(ISCCP)。数据的网格精度在全球分为1024×2048点,时间精度为月平均。实际应用时,仅截取东海部分使用。

(4)光照周期数据可从卫星遥感资料反演得到,也可从国际卫星云气候学计划获取。

对东海海域海洋初级生产力逐月时空变化(表5-2)特征及其影响机制的初步研究结果表明,整个东海海域初级生产力的逐月变化具有明显的双峰特征,表现为冬季最低,春季迅速上升达到最高,夏季略有下降,秋季又略有回升。海域初级生产力日平均值为560.03mg·m^{-2}/d,远高于世界亚热带海域平均状况。年平均值为236.95mg·m^{-2}/d。控制东海海洋初级生产力时空变化的主要原因可能包括叶绿素浓度分布、温度条件、长江冲淡水变化,以及真光层深度、海流锋面过程等,不同海区初级生产力时空变化的主要控制因素有所不同。

表5-2　　VGPM模型估算获得的1998年东海逐月初级生产力平均值

月份	平均值	月份	平均值	月份	平均值	月份	平均值
1月	440.10	4月	610.54	7月	607.57	10月	543.30
2月	519.26	5月	681.84	8月	534.58	11月	522.46
3月	583.87	6月	696.06	9月	516.04	12月	464.70

5.4　陆地初级生产力遥感应用模型

关于植被净初级生产力(NPP)的估算方法,从空间尺度上,可分为NPP定位观测、区域NPP模拟估算和全球NPP模拟估算三种。基于地面的NPP定位观测,只能收集到数公顷的不同生态系统类型的实测数据,然后,根据各种生态系统类型,用以点代面的方法外推区域及全球NPP总量。在区域或全球尺度上,无法直接和全面地测量NPP,因此,利用模型估算NPP已成为一种重要而广泛接受的研究方法。在NPP的模型估算中,涉及的因素较多,包括气候、土壤、植被特性及其他自然和人为因素的影响,这些因素的获取亦成为区域乃至全球NPP模拟的重大障碍。遥感作为20世纪70年代发展起来的关键空间技术之一,为NPP的估算提供了大量信息,如地表覆被信息、植物的生长状态信息以及土壤水分信息等。在NPP模拟中,遥感数据主要为研究提供以下三类信息:

地表覆被信息——根据不同地物的光谱特征和时相变化规律,选择适合的聚类算法,可以从遥感数据中获得及时的地表覆被信息,目前的区域或全球尺度研究,一般采用NOAA/AVHRR、MODIS等数据通过分类的方法确定。

植物生长状态相关信息——植被的光谱反射率受植被类型、种类组成、植被盖度、叶绿素含量、植物水分等多种因素的影响,并具有明显的日变化、季节变化规律,这是生产力遥感过程模型的条件和基础。其中,通过遥感数据获得各种植被指数,进而推算生物量、叶面积指数(参见5.2节对叶面积指数的反演)是较为常用的方法。其中,微波遥感数据可以提取植被结构和植物含水量等信息。

土壤水分相关信息——对于稀疏或无植被覆盖的土壤,当土壤颗粒受水湿润后,改变了原来的光学特性。这种特性引起太阳光入射路径的变化,由此可提取土壤水分含量的信息。对于大量植被覆盖的土壤,可利用植物和土壤之间的关系链,利用热红外遥感信息提供植物冠层表面温度进而提取土壤含水量信息。

由于数据资料以及研究者经验和观点的不同,现有 NPP 模型对不同调控因子的侧重点有很大区别,模型在方法和复杂度上也显著不同。根据模型对各种调控因子的侧重点及对 NPP 调控机理的解释,Ruimy 等(1994)将现有模型大体分为三类:气候相关模型、过程模型和光能利用率模型。

5.4.1 气候相关统计模型

气候相关统计模型主要与气候数据相关,是 20 世纪 70 年代在数据缺乏情况下针对全球尺度建立的经验模型,由于模型简单,被广泛应用。

一般情况下,植被的生产能力主要受到气候因子的影响,气候相关统计模型正是利用这个性质建立回归模型,该模型不考虑太阳辐射、CO_2 浓度、土壤因素对生产力的影响,而只考虑气候因子(如温度、降水、蒸散量等)与植物干物质生产之间的相关性。因此,大部分统计模型估算的结果是潜在植被生产力或称气候生产力,是指某一地区植物群体在气候处于最佳状态时,植物所能达到的最大第一性生产力。基于气候数据的统计模型较多,根据所考虑因素的不同可分为:基于气温和降水的统计模型、基于蒸散的统计模型、基于净辐射和干燥度的统计模型等。

1. 基于气温和降水的统计模型(Miami 模型)

基于气温和降水的统计模型仅考虑气温和降水两大因素,认为 NPP 是年平均气温和年降水量的函数。它是利用实测 NPP 资料和与之相匹配的年均气温和年均降水资料,根据最小二乘法建立的。它是第一个全球生产力模型,可表示如下:

$$NPP_t = 3000/(1 + e^{1.315 - 0.119t}) \tag{5-61}$$

$$NPP_r = 3000/(1 - e^{-0.000664P}) \tag{5-62}$$

式中:NPP_t 及 NPP_r 为分别根据年均温(t,℃)及年降水(p,mm)求得的植被净第一性生产力($g \cdot m^{-2} \cdot a^{-1}$)。根据 Liebig 最小因子定律,选择由温度和降水所计算出的自然植被净第一性生产力(NPP)中的较低者,即为某地的自然植被的 NPP。

Miami 模型中仅考虑了环境因子中的温度和降水,实际上,植物的净第一性生产力还受其他气候因子的影响,用该模型估算的结果可靠性仅为 66%~75%。

2. 基于蒸散的统计模型(Thornthwaite Memorial 模型)

蒸散量包括蒸发与蒸腾的总和,而蒸腾与植物的光合作用有关。通常,蒸散发量越大,光合作用也越强,植物的产量也越高。为此,Lieth H. 采用 Thornthwaite 方法计算的实际蒸散及 50 组全球 5 大洲的实测生产力资料,根据最小二乘法建立了基于蒸散的统计模型(Thornthwaite Memorial 模型)。

1)蒸散量的计算

Thornthwaite(1948)仅使用温度和纬度两个参数建立了一种简单的估算潜在蒸散的方法,该方法得到了广泛的应用并进行了相应的改进。如刘波(2005)使用改进的 Thornthwaite 方法对中国八个区域的蒸散量进行了估算。

$$PET = 16d(10T/I)^a$$
$$a = 0.049239 + 1.792(10)^{-2} - 7.71(10)^{-5}I^2 + 6.75(10)^{-7}I^{-3} \tag{5-63}$$

$$I = \sum_{i=1}^{12}(T_i/5)^{1.514}$$

式中:d 为每月的天数除以 30;T 为月平均温度;I 为月总加热指数;i 为月平均加热指数;T_i 为第 i 个月的月平均温度。根据以上公式便可计算出潜在蒸发。

2) 回归统计模型

$$NPP_E = 3000(1 - e^{-0.0009695E}) \tag{5-64}$$

式中:NPP_E 根据年实际蒸散(E = PET,单位:mm)求得($g \cdot m^{-2} \cdot a^{-1}$);3000 是 Lieth H. 根据统计得到的地球上自然植物在每年每平方米面积上的最高干物质产量(g)。

实际蒸散受太阳辐射、温度、降水、饱和差、气压和风速等一系列气候因素的影响,能将水量平衡联系在一起,是一个地区水热状况的综合表现,所以,该模型考虑的因子较全面,对植物净第一性生产力的估算较为合理,但缺乏理论基础。

3. 基于净辐射和干燥度的统计模型(Chikugo 模型)

1985 年,Uchijima 等以繁茂植被的二氧化碳通量方程(相当于 NPP)与水汽通量方程(相当于蒸散量)之比确定植被对水的利用效率为基础,利用在国际生物学计划(IBP)期间取得的 682 组生物量数据和相应的气候要素进行相关分析,建立了根据净辐射和辐射干燥度来计算 NPP 的模型,又称为 Chikugo 模型。该模型中涉及净辐射和辐射干燥度两个函数,有关净辐射的知识请参阅干旱监测部分,下面仅简要介绍辐射干燥度的计算方法。

1) 辐射干燥度

一般情况下,干燥度指数表示的是一个地区干湿程度的指标,一般用地区的水分收支和热量平衡的比值来表示,一般利用降水量、气温与潜在蒸散量等这些参数之间的比值来进行计算。1951 年布迪科和格里戈里耶夫联合提出了"辐射干燥指数"即干燥率(RDI),辐射干燥度的表达式可表示为:

$$RDI = \frac{R_n}{LP} \tag{5-65}$$

式中:R_n 为陆地表面所获得的净辐射量($kcal \cdot cm^{-2} \cdot a^{-1}$);$L$ 为潜在蒸散量(0.596kcal/g);P 为年降水量(cm)。

在陆面充分湿润条件下,陆面最大潜在蒸散量可以利用水面或湿润表面的蒸发与按蒸发表面的温度计算出来的空气饱和差成正比的方法来进行计算。一般借用热量平衡方程来确定蒸发表面的温度,从而可求蒸发力。

Budyko(1974)曾对 1600 个大致均匀分布在陆地上的站点进行了辐射干燥度的计算,作出了世界分布图,结果与主要植被带的分布颇为一致,再将地面辐射差额值的增加列在一条垂直线上,将辐射干燥度作为水平线,获得了全球植被的分布图。

2) Chikugo 模型

Chikugo 模型公式如下:

$$NPP = 0.29\exp(-0.216(RDI)^2)R_n \tag{5-66}$$

式中:NPP 单位为($t \cdot DW \cdot hm^{-2}$);RDI 为辐射干燥度,R_n 为陆地表面所获得的净辐射量($kcal \cdot cm^{-2} \cdot a^{-1}$)。

该模型是植物生理生态学和统计相关方法相结合的产物,它综合考虑了诸因子的作用,是估算自然植被 NPP 的较好方法。但是,该模型在推导过程中是以土壤水分供给充分,植物生长很茂盛条件下的蒸散来估算自然植被 NPP 的。对于干旱半干旱地区来说,该条件并不满足,而且,该模型也没有包括草原与荒漠的植被资料。

5.4.2 过程模型(机理模型)

过程模型又称机理模型,是通常所说的生物地球化学模型。过程模型有着完整的理论框架,结构严谨,它考虑生态生理和生物物理过程以及这些过程确定的生产力的空间和时间特性,从机理上对植物的生物物理过程以及影响因子进行分析和模拟。模型主要考虑的过程包括光合作用、生长和维持呼吸、水分的蒸发蒸腾、氮的吸收和释放、光合产物的分配、枯枝落叶的分解以及物候的变化;而驱动模型的环境因子,除了温度和降雨外,还包括太阳辐射、CO_2 浓度、土壤质地、土壤持水量和风速等。

目前,学术界已提出了一系列从叶片尺度到区域乃至全球尺度条件下的过程模型。遥感过程模型是在利用遥感数据获得大量而及时的地表植被状态信息和土壤状况信息的基础上构建的,而且主要是针对区域和全球尺度,其中,较著名的有 TEM 模型、Biome-BGC 模型和 BEPS 模型,在这些过程模型中,NPP 可通过下式计算:

$$NPP = GPP - R_A \tag{5-67}$$

式中:GPP 和 R_A 代表植被总生产力和植被的自养呼吸。因此,过程模型中 NPP 的反演问题,归根结底是 GPP 和 R_A 反演与求解。

1. 陆地生态系统模型(TEM, Terrestrial Ecosystem Models)

TEM 是第一个实现全球生产力预测的生物地球化学模型,这是一个全球尺度的生产力过程模型,它以空间分布的气候、海拔、土壤、植被和水分信息为输入,通过计算机模拟估计生态系统的碳、氮流,并将包括光、热、水、土、气、植被类型等在内的变量信息储存在月时间尺度上的 GIS 数据库中。

该模型有关参数的求解模拟方程如下:

$$GPP = f(PAR, Kleaf, T, \frac{AET}{PET}, CO_2, LeafN)$$
$$R_A = f(VegC, GPP, T) \tag{5-68}$$

式中,PAR 表示太阳光合有效辐射量,KLeaf 表示相对叶面积,T 表示月平均温度,SW 表示土壤含水量,VPD 表示蒸气压差,LeafN 表示叶子营养量,AET 表示实际蒸散量,PET 表示潜在蒸散量,CO_2 表示大气中 CO_2 浓度,VegC 表示植被含碳量(在叶子、边材、心材和根系中的碳含量)。

Raich 等(1992)将此模型应用于南美地区,结果与 Miami 模型接近;Mellio 等(1993)也将此模型用于全球陆地生物圈呼吸、分解的模拟。

2. 生物地化循环模型(Biome-BGC)

Biome-BGC 模型是一个陆地生物地球化学过程模型,其最初目的是研究全球或区域气候、干扰和生物地球化学循环等要素间的相互作用,所以,模型所需要的驱动变量都取决于全球范围内模型所需要的驱动变量和已有的全球数据集。而其植被生理生态参数则是通过已公认的值或者常规生态生理方法测得,在综合了大量的田间测量观测数据的基础上,该模型针对全球研究提出了一套标准参数集。在此基础上,该模型用于计算在陆地生态系统中碳、水、氮和能量的输送通量。模型所需要的数据包括,日气象数据,包括土壤、植被等的环境数据,最后是模型所需要涉及的生物物理参数,包括生物量分配参数、光合作用参数、气孔导度和气孔控制参数、光和降水截留参数、植物碳氮比、易流失物质(labile)、纤维素(cellulose)和木质素含量(lignin)。该模型中,有关参数的模拟方程如下:

$$GPP = f(PAR, LAI, T, SW, VPD, CO_2, LeafN)$$
$$R_A = f(VegC, T)$$
(5-69)

式中:PAR 表示太阳光合有效辐射量;LAI 表示叶面积指数;T 表示大气温度;SW 表示土壤含水量;VPD 表示蒸气压差;LeafN 表示叶子营养量;VegC 表示植被含碳量(在叶子、边材、心材和根系中的碳含量)。

此模型几乎全面考虑了生态系统的基本过程,它以遥感所获得的数据 LAI 为输入参数的主要来源,用气象数据作为基本的控制变量,针对碳、水、氮和能量计算的各个过程进行模拟,最终完成对全球或区域的初级生产力的预测。

3. 北方生态系统生产力模型(BEPS, Boreal Ecosystem Productivity Simulator)

BEPS 模型是用于预测 NPP 和蒸散量的生态系统模型,它是在 Forest-BGC 模型的基础上,利用遥感数据建立起来的区域性生态模型,解决了生态系统模型中时间、空间尺度转换的难题,并且综合了来自不同数据源的不同类型数据,成功利用 GIS 数据和气象观测数据等生物气候参数的融合,利用先进的树冠传输模型 L4I 来模拟北方树冠结构,解决了当使用准确的太阳辐射量数据时,FOREST-BGC 模型对 NPP 过大推定的问题。模型主要由以下几种数据作为输入数据:土地覆盖类型、叶面积指数、土壤可持水量和气候数据,模型可表示如下:

$$GPP = f(PAR, LAI, T, AWC, SW, VPD, P, CO_2, LeafN)$$
$$R_A = f(VegC, LAI, T)$$
(5-70)

式中:PAR 表示太阳光合有效辐射量;LAI 表示叶面积指数;T 表示日最高、最低温度;AWC 表示有效水容量;SW 表示土壤可持水量;VPD 表示蒸气压差;P 表示降水量;CO_2 表示大气 CO_2 容量;LeafN 表示叶子营养量;VegC 表示植被含碳量(在叶子、边材、心材和根系中的碳含量)。

其中,叶面积指数和土地覆盖类型可以从遥感数据获得,叶面积指数是连接遥感数据和生态过程模型的关键变量,叶面积指数一般可以从植被指数数据中推导得出,一般可采用传统或改进的 NDVI-LAI 算法,具体的计算方法可参阅本书相关章节;模型中的数据则是利用 10 天合成的 AVHRR NDVI 数据。模型采用 AVHRR 合成数据进行分类得到的加拿大数字土壤分类图来决定土壤覆盖类型,土地覆盖类型可以确定 NDVI-LAI 关系式的系数、生物参数和初始碳含量等设定模型的初始参数。在 BEPS 模型中,土壤可持水量数据可以通过遥感方法或当地土壤质地图推算得出,此模型则采用了加拿大农业地理信息系统土壤数据库中的土壤可持水量数据。对于需要输入的气象数据则有日最高气温、日最低气温、日辐射量、降雨量和比湿等数据,采用全球气象站点数据内插得到的气象网格数据,这些气象因子是影响土壤-植物-大气系统间的碳、水传输过程的主要环境因子。

过程模型根据植物生理、生态学原理,通过模拟太阳能转化为化学能的过程以及植物冠层蒸散与光合作用相伴随的植物体及土壤水分散失的过程,进而估算陆地植被 NPP,更能揭示生物生产过程以及与环境相互作用的机理。但由于模型结构和参数的尺度扩展问题,区域范围的应用受到很大限制,机理模型的优势也一直没有完全发挥出来。随着 GIS 和遥感技术的发展,机理模型在区域应用领域有了更多的尝试。

5.4.3 光能利用率模型(参数模型)

光能利用率 LUE(Light Use Efficiency)是单位面积上生产的干物质中所包含的化学潜能与同一时间投射到该面积上的光合有效辐射能之比,即植被将所吸收的光合有效辐射(PAR)转化为有机碳的效率。光能利用率模型是基于资源平衡的观点,假定生态过程趋于调整植物特性以响应环境条件,认为植物生长是资源可利用性的组合体:物种通过生态过程的排序和生理生化、形态过程的植物驯化,就趋向于所有资源对植物生长有平等的限制作用。在某些极端或者环境因子变化迅速的情况下,如果完全适应不可能,或者植物还来不及适应新的环境,NPP 则受紧缺资源的限制。由此认为,任何对植物生长起限制性的资源(如水、氮、光照等)均可用于 NPP 的估算。它们之间可以通过一个转换因子联系起来,这一转换因子既可以是一个复杂的调节模型,也可以是一个简单的比率常数。由于光能利用率模型正是将所有 NPP 调控因子以相对简单的方式组合在一起,从而实现 NPP 的估算。光能利用模型中有关因子的计算,可以直接利用遥感数据加以反演。

在 NPP 的光能利用率估算模型中,最著名的是 Monteith 方程,它是光能利用率模型的基础:

$$NPP = APAR \cdot \varepsilon = (FPAR \cdot PAR) \cdot [\varepsilon^* \cdot \sigma_T \cdot \sigma_E \cdot \sigma_S \cdot (1 - Y_m) \cdot (1 - Y_g)] \tag{5-71}$$

式中:NPP 为净初级生产力;FPAR 为植被所能吸收的光合有效辐射的比例;PAR 为光合有效辐射;ε^* 为植物最大光合利用率;σ_T 为空气温度对植物生长的影响系数;σ_E 为大气水汽对植物生长的影响系数;σ_S 为土壤水分缺失对植物生长的影响系数;Y_m 为植物生活呼吸消耗系数;Y_g 为植物生长呼吸消耗系数。上述参数均可以通过光谱、地学和生物学模型反演得到。

在光能利用率模型中,根据 APAR 和光能转化率(ε)的确定方式的不同,许多学者提出了多种不同的光能利用率模型,如 CASA、GLO-PEM 和 SDBM 等。其中,CASA(The Carnegie Ames Stanford Approach)模型是最早将光利用效率模型概念应用到全球尺度生产力研究的模型,而 GLO-PEM(Global Production Efficiency model)则是最早全部使用遥感反演数据的全球尺度生产力模型。

1. CASA 模型

CASA(Carnegie-Ames-Stanford Approach)模型中的植被净第一性生产力主要由植被所吸收的光合有效辐射(APAR)与光能转化率(ε)两个变量来确定。

$$NPP(x,t) = APAR(x,t) \cdot \varepsilon(x,t) \tag{5-72}$$

式中:t 表示时间,x 表示空间位置。

可见,APAR 和光能转化率(ε)的确定是该模型的关键。APAR 的确定方法可参阅本书的相关章节,这里仅介绍光能转化率(ε)的确定。

在理想条件下,植被具有最大光能转化率,而在现实条件下,光能转化率主要受温度和水分的影响:

$$\varepsilon(x,t) = T_{\varepsilon_1}(x,t) \cdot T_{\varepsilon_2}(x,t) \cdot W_\varepsilon(x,t) \cdot \varepsilon^* \tag{5-73}$$

式中:T_{ε_1} 和 T_{ε_2} 表示温度对光能转化率的影响;W_ε 为水分胁迫影响系数,反映水分条件的影响;ε^*是理想条件下的最大光能转化率。Potter 等(1993)认为,全球植被的最大光能转化率为 0.389(g·C·MJ^{-1})。

1) T_{ε_1} 和 T_{ε_2} 的确定

T_{ε_1}反映了在低温和高温时植物内在的生化作用对光合的限制而降低净第一性生产力,可计算如下:

$$T_{\varepsilon_1}(x) = 0.8 + 0.02 T_{opt}(x) - 0.0005 [T_{opt}(x)]^2 \tag{5-74}$$

式中:$T_{opt}(x)$为某一区域一年内 NDVI 值达到最高时月份的平均气温。当某一月平均温度小于或等于 -10℃ 时,T_{ε_1}取 0。

T_{ε_2}表示环境温度从最适宜温度($T_{opt}(x)$)向高温和低温变化时植物的光能转化率逐渐变小的趋势,可计算如下:

$$T_{\varepsilon_2}(x,t) = 1.1814 \{1 + e^{0.2[T_{opt}(x) - 10 - T(x,t)]}\} / \{1 + e^{0.3[-T_{opt}(x) - 10 + T(x,t)]}\} \tag{5-75}$$

当某一月平均温度 $T(x,t)$ 比最适宜温度 $T_{opt}(x)$ 高 10℃ 或低 13℃ 时,该月的 T_{ε_2} 值等于月平均温度 $T(x,t)$ 为最适宜温度 $T_{opt}(x)$ 时 T_{ε_2} 值的一半。

2) 水分胁迫影响系数(W_{ε})

水分胁迫影响系数(W_{ε})反映了植物所能利用的有效水分条件对光能转化率的影响。随着环境有效水分的增加,W_{ε}逐渐增大。它的取值范围为 0.5(极端干旱条件下)到 1(非常湿润条件下)。当月平均温度小于或等于 0℃ 时,该月的 $W_{\varepsilon}(x,t)$ 等于前一个月的值,即 $W_{\varepsilon}(x,t-1)$。

$$W_{\varepsilon}(x,t) = 0.5 + 0.5 EET(x,t) / PET(x,t) \tag{5-76}$$

式中:PET 为可能蒸散量(Potential Evapotranspiration,单位:mm),可由 Thornthwaite 公式计算(参照 5.4.1 节);估计蒸散 EET(Estimated Evapotranspiration,单位:mm)由土壤水分子模型(Soil Moisture Submodel)求算。计算公式如下:

$$\begin{aligned} EET(x,t) &= \min \begin{Bmatrix} PPT(x,t) + [PET(x,t) - PPT(x,t)] \cdot RDR \\ PPT(x,t) + [SOILM(x,t-1) - WPT(x)] \end{Bmatrix}, \quad PPT < PET \\ EET(x,t) &= PET(x,t) \quad\quad\quad\quad\quad\quad\quad\quad\quad\quad\quad PPT \geq PET \end{aligned} \tag{5-77}$$

式中:土壤含水量 SOILM(x,t) 的计算公式如下:

$$\begin{aligned} SOILM(x,t) &= SOILM(x,t-1) - [PET(x,t) - PPT(x,t)] \cdot RDR \quad PPT < PET \\ SOILM(x,t) &= SOILM(x,t-1) + [PPT(x,t) - PET(x,t)] \quad\quad\quad PPT \geq PET \end{aligned} \tag{5-78}$$

式中:SOILM(x,t) 指某一月的土壤含水量(mm);PPT 表示月平均降水量(mm);RDR(Relative Drying Rate)表示土壤水分的蒸发潜力;WPT 为萎蔫含水量。式(5-77)和式(5-78)中所涉及的各参量的计算公式如下:

$$\begin{aligned} RDR &= (1+a)/(1+a\theta^b) \\ a &= \exp[-4.396 - 0.0715(\%\,clay) - 4.880 \times 10^{-4}(\%\,sand)^2 \\ &\quad - 4.285 \times 10^{-5}(\%\,sand)^2(\%\,clay)] \times 100 \\ b &= -3.140 - 0.00222(\%\,clay)^2 - 3.484 \times 10^{-5}(\%\,sand)^2(\%\,clay) \end{aligned} \tag{5-79}$$

$$\Psi = a\theta^b$$

式中:a,b 是根据 Saxton 等(1986)提出的经验公式求出的系数;θ 是前一个月的土壤体积含水量(m^{-3});%clay和%sand分别是土壤中粘粒和砂粒所占的百分比;Ψ表示土壤水势。

田间持水量FC萎蔫含水量WPT通过土壤含水量SOILM(x,t)和土壤水势Ψ之间的关系(方程(5-56))求出,并假设森林类型的土壤深度为2m,其他植被类型的土壤深度为1m。Potter等(1993)假设当某一月的平均温度小于或等于0℃时,土壤含水量不发生变化,与上一月的土壤含水量相等,而该月的降水(雪的形式)将累加到从该月起第一个出现温度大于0℃的月份。

土壤含水量的上限值为田间持水量(FC)(%)和土壤深度(mm)的乘积,下限值为萎蔫含水量(WPT)(%)和土壤深度(mm)的乘积。模型中,田间持水量和萎蔫含水量由土壤质地确定。Potter等(1993)认为,粗土壤质地的田间持水量等于土壤水势为10kPa时的土壤体积含水量;中、细土壤质地的田间持水量等于土壤水势为33kPa时的土壤体积含水量;土壤中萎蔫含水量则等于土壤水势为1500kPa时的土壤体积含水量。当土壤含水量大于上限值时,模型假设剩余水流出该栅格,但相邻的栅格之间没有相互作用。

综上所述,CASA模型只通过两个因子就可以确定净初级生产力,且充分考虑了环境条件和植被本身的特征,还采用卫星遥感数据对其因子进行率定,加快了模型应用的效率。但是,虽然CASA模型充分考虑了环境条件和植被本身的特征,但在一些参数的确定和求算过程的细节上仍有一些不足。如,植被最大光能转化率的确定就存在较大争议:不同学者在不同模型中的取值不一样,取值范围从$0.09C·MJ^{-1}$到$2.16g·C·MJ^{-1}$,而在CASA模型中,植被最大光能转化率取$0.389g·C·MJ^{-1}$。朴世龙等(2001)认为,试验点上所得到的最大光能转化率实际上是该植被类型中的某一点的最大光能转化率,而不是整个植被的最大光能转化率。植被最大光能转化率的确定不仅受植被类型的影响,而且受空间分辨率和植被覆盖的均匀程度的影响。另外,CASA模型在进行区域模拟时没有考虑剩余水分在相邻栅格之间的相互作用。

2. GLO-PEM模型

GLO-PEM模型是基于植物光合作用和自养呼吸等生态过程的光能利用效率模型(图5-7)。它包括了所有从AVHRR数据估算NDVI、FPAR、生物量、空气温度和水蒸气压差VPD的算法。

GLO-PEM模型形式如下:

$$NPP = \sum (\sigma_{T,t}\sigma_{e,t}\sigma_{s,t}\varepsilon_t^* FPAR_t S_t) Y_g Y_m \qquad (5-80)$$

式中:$\sigma_{T,t}$、$\sigma_{e,t}$和$\sigma_{s,t}$分别表示在时间间隔(t)间的气温、水汽压差及土壤水分状况对ε_t^*的影响;ε_t^*表示最大光能转化效率;S_t表示在时间间隔(t)间的入射光合有效辐射;$FPAR_t$表示植被对光合有效辐射的吸收比例;Y_g和Y_m表示植物自养呼吸过程(包括生长呼吸和维持呼吸)对NPP的影响。

环境因子如气温、土壤水分状况以及大气水汽压差等,即式(5-80)中的,$\sigma_{T,t}$,$\sigma_{e,t}$和$\sigma_{s,t}$会通过影响植物的光合能力而调节植被NPP,在GLO-PEM模型中,这些因子对NPP的调控是通过对最大光能转化效率ε_t^*加以订正来实现的,而这些因子又可利用AVHRR传感器的热辐射和光学辐射资料进行估算:模型首先利用"劈窗"方法,由AVHRR第4、第5两个热红外通道的值来估计地表温度,然后,根据TVX方法(即温度植被指数比值法)来确定气温和土壤水分状况,并根据AVHRR第4和第5通道辐射温度差、地表温度及气温确定水汽压

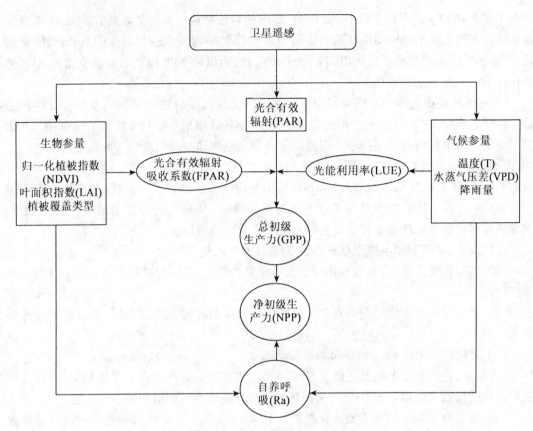

图 5-7　GLO-PEM 模型过程

差。S_t 在 Monteith 方程中是一个经验值,它的取值受叶片的生物化学固碳量和温度的影响,表示的是潜在总初级生产力。在 GLO-PEM 模型中,卫星数据虽然无法直接提供对吸收光合有效辐射 APAR 的监测,但是,可以针对与 APAR 相关的环境因子进行监测,比如 NDVI 等。而遥感方法对地表辐射能量的监测可以得到温度、湿度、土壤含水量和降雨量等参数。

对于 APAR 的监测,GLO-PEM 模型利用 FPAR 与 NDVI 之间的线性关系,可以由 NOAA 气象卫星的 AVHRR 资料估计全球 FPAR 的分布。考虑到气溶胶效应,GLO-PEM 模型中,FPAR 的线性表达式为:

$$FPAR = 1.67 NDVI - 0.08 \tag{5-81}$$

式中:一般情况下,不考虑气溶胶效应时,无植被区的 NDVI 值取 0.05,而全植被覆盖区取 0.9,而实际上,气溶胶会导致 NDVI 值上升,所以,去除气溶胶效应后,一般在 NDVI 值为 0.9 的情况下,要减去 0.25。

GLO-PEM 模型中,光合有效辐射 PAR 由 TOMS(Total Ozone Mapping Spectrometer)的紫外波段反射值估计,这是由于云在紫外和 PAR 波段的反射率比较稳定,并且,对这两个波段的辐射吸收比较小,从而可以将云对 PAR 的影响用 TOMS 紫外反射值的线性函数来估计,利用这种方法可以去除云的影响,从而达到估计 PAR 的目的。

对于植物的自养呼吸过程,对不同季节的 NPP 的估算,自养呼吸的计算不同,由 Y_g 和 Y_m 两个因子来表示,Y_g 表示的是植物生长对 NPP 的影响,而 Y_m 则表示的是植物维持呼吸对NPP的影响，Y_m的测算采用Hunt(1994)提出的对植物地表生物量监测的算法，而地表生物量的监测则是基于AVHRR可见光波段的最小反射率的算法获得的。GLO-PEM模型的成功，证明了用纯粹遥感手段可以实现NPP的估计，为以后NPP模型的发展及植被NPP的估计提供了一种全新的方法。

GLO-PEM模型是第一个完全利用遥感方法从全球尺度对植被净初级和总初级生产力进行模拟的模型，它依赖卫星数据来量测吸收光合有效辐射(APAR)和相关的影响APAR在初级生产力中反演的环境因子。卫星测量分别从空间和时间角度对实际植被情况进行监测，而不是像前面模型一样对潜在的生产力进行监测。GLO-PEM的首次应用是在1987年，利用8km分辨率的NOAA/NASA AVHRR数据集，在全球初级生产力状况的监测方面取得了很多成果。由于所有的参数都源自卫星观测，GLO-PEM模型还对厄尔尼诺现象、火山爆发和其他形式的全球环境变化现象的研究给予了很大的帮助。

总的说来，光能利用率模型估算植被NPP具有三大优点：

(1) 模型比较简单，可直接利用遥感获得全覆盖数据，在实验基础上适宜于向区域及全球推广；

(2) 冠层绿叶所吸收的光合有效辐射的比例可以通过遥感手段获得，不需要野外实验测定；

(3) 可以获得确切的NPP季节和年际动态。

因此，近年来，光能利用率模型已成为NPP模型的主要发展方向之一。尽管如此，利用遥感提取的植被指数来模拟植被NPP的某些环节仍然存在一些不确定性和不一致性：

(1) 基于NDVI的NPP模型中存在着一个循环，即由于模型的内部隐含着这样一个假设：过去产生的NDVI与植被未来的潜在生产相关，遥感植被指数既是植物生长的一个测量参数，同时也是植物生长的一个驱动因子。然而，在环境条件迅速变化的情况下(如大规模病虫害、火灾等)，由遥感获得的NDVI无法代表真实的地表植被信息，此循环被中断，遥感模型模拟的可靠性就比较小，而生态机理模型可能更能反映这种短时间的NPP变化情况。

(2) 基于NDVI的NPP模型无法实现在某些特定的条件下(如气候变更、CO_2波动、营养物质变化)的模拟预测，因为这些信息无法由遥感获取。由于这些不同的条件会影响植物生长及碳、氮、有机物质等在各器官中的分配，从而很可能对植被指数产生影响。

(3) 太阳辐射与光合有效辐射的关系，光合有效辐射和植物吸收的光合有效辐射的关系，植物的光能利用率、光合作用固碳与生物量的积累和分配的关系，这些均存在不确定性，使得现有的NPP模型还不够完善，有待今后进一步的研究。

3. 模型应用实例

1) CASA模型应用

CASA模型是从能量固定的角度来估测NPP的，该模型在全球净初级生产力的估算中得到广泛应用。朴世龙(2001)和李贵才(2004)基于地理信息系统和卫星遥感资料，应用CASA模型分别估算了我国1997年和2001年植被的净第一性生产力及其分布。

AVHRR和MODIS遥感数据由于其高时间分辨率和覆盖范围大的优点，在估算全球NPP的过程中得到广泛应用。如李贵才(2004)采用2001年16day_MODIS数据、中国670台站气象数据以及相应的基础地理数据，建立光能利用模型，实现中国陆地净初级生产力的遥感模拟估算。入射光合有效辐射主要受到地理位置(如纬度)、季节以及天气状况(如日照百分率)等的影响,植被覆盖状况决定了植物对能量的吸收比例 FPAR,光能转化率则受植物生理状况和环境因子的制约。其中光合有效辐射 PAR 采用本书 5.2 节中介绍的辐射传输模型计算,FPAR 采用 MODIS 的 16 天合成产品。光能利用率是水热因子的函数,其参数通过本章介绍的蒸散子模型和土壤水分子模型求算。

模型在中国应用的时间步长是 16 天。所用资料包括:

(1) 美国国家航空航天局(NASA)信息服务中心数据库免费提供的 2001 年 MODIS/Terra_1km_16Day 1~7 波段反射率、2001 年 MODIS/Terra_1km_16Day_FPAR 以及 2001 年 MODIS/Terra_1km_16DAY Land Cover Type1(IGBP);通过国际通用的最大值合成(MVC)消除云、大气、太阳高度角等干扰,得到每 16 天合成的 MODIS/NDVI,并通过投影变换,从 GOODE 投影转换为分辨率为我国常用的 Alberts 等积圆锥投影。

(2) 2001 年全国 670 个站点每天的降水和温度数据。首先对每天的数据进行 16 天均值处理,得到每 16 天的均降水和均气温数据。通过站点经纬度坐标信息转化为空间矢量数据,然后把温度和降水数据作为属性资料插入空间矢量数据,对其进行 Kriging 插值,获取空间栅格化资料。

(3) 全国 1:400 万植被图(中国科学院植物研究所,1979)。模型以全国 1:400 万植被图和 1km 中国土地覆盖分类图作为分类系统的主要参照标准,基于遥感影像得到 1km 的植被遥感分类图(图 5-8)。分类结果包括森林、灌丛、草地、荒漠、农田、水体及城镇用地等 7 个大类;每个大类又根据实际情况分为若干亚类,总共 21 个亚类。

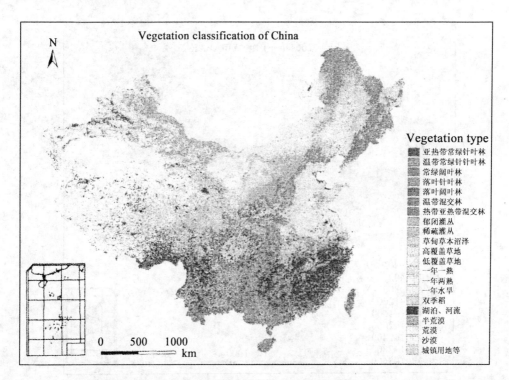

图 5-8 基于 MODIS 数据的中国植被覆盖分类

基于模型计算,可以求得 2001 年我国不同植被类型所吸收的光合有效辐射(APAR)、光能转化率(ε)和植被净第一性生产力(NPP)。研究表明:由于地理纬度、海拔高度和地形天气状况的影响,其分布差异较大,吸收的年光合有效辐射、光能利用率以及 NPP 整体上均呈现东南高、西北低的趋势(图 5-9,图 5-10,图 5-11)。

(1) 西南、华南地区 APAR 均值最高,在 $2200\sim3000\ \text{MJ}\cdot\text{m}^{-2}\cdot\text{a}^{-1}$ 间;塔里木盆地沙漠地区最低,在 $50\ \text{MJ}\cdot\text{m}^{-2}\cdot\text{a}^{-1}$ 以下,几乎接近于零;华北和四川盆地农作区的 APAR 整体水平略高于东北农作区;东北林区 APAR 平均水平低于华南和西南林区 APAR;与其他地区相比,内蒙古中部、青藏高原中西部的草原区 APAR 居中(图 5-9)。

(2) 与 APAR 的分布相比,光能利用率更具明显的纬度地带性,呈由南向北逐渐递减的趋势。西南、华南地区光能转化率均值最高,在 $0.240\sim0.320\ \text{g}\cdot\text{C}\cdot\text{MJ}^{-1}$ 之间;塔克拉玛干沙漠地区最低,$0.120\ \text{g}\cdot\text{C}\cdot\text{MJ}^{-1}$ 以下,甚至接近于零。长江以北、内蒙古东南沿线移动的地区,包括华北、华中、华东大部分地区,其光能转化率略高于内蒙古大部、青藏高原中西部的广大地区,而在内蒙古西部和新疆大部,戈壁荒漠广布,尤其在新疆的沙漠地区,由于极度干旱,且夏季高温,其光能转化率最低(图 5-10)。

(3) 西南、华南地区 NPP 均值最高,在 $600\sim900\ \text{g}\cdot\text{C}\cdot\text{m}^{-2}\cdot\text{a}^{-1}$ 之间;塔里木盆地沙漠地区最低,$50\ \text{g}\cdot\text{C}\cdot\text{m}^{-2}\cdot\text{a}^{-1}$ 以下,几乎接近于零;华北和四川盆地农作区的 NPP 整体水平高于东北农作区的,大约高 $100\sim200\ \text{g}\cdot\text{C}\cdot\text{m}^{-2}\cdot\text{a}^{-1}$;东北林区 NPP 平均水平低于华南和西南林区;与其他地区相比,内蒙古中部、青藏高原中西部的草原区 NPP 居中略偏低(图 5-12)。

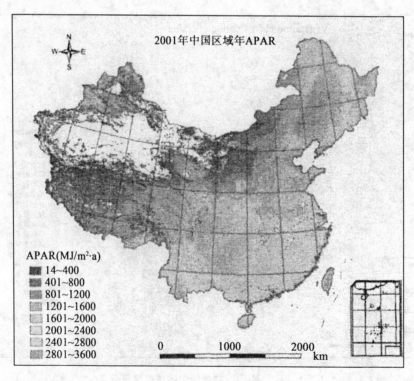

图 5-9　2001 年中国 APAR 分布

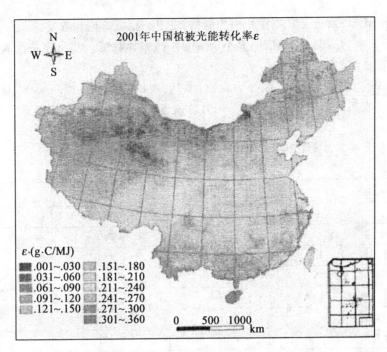

图 5-10　2001 年中国光能利用率分布图

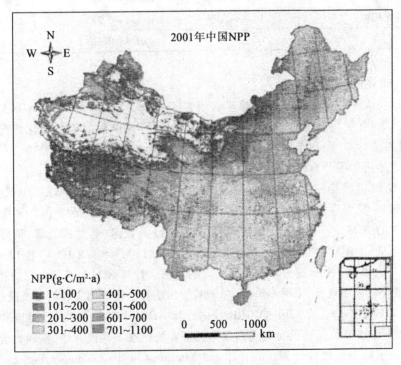

图 5-11　2001 年中国 NPP 分布图

对于不同的植被类型而言,其差异也较为明显:一般森林最大(常绿阔叶林最大,最低的为落叶针叶林),荒漠最低,但农田、灌木和草地区排序略有差异(表5-3),具体规律如下:

（1）对于 APAR 而言。其排序依次为森林、农田、灌丛、草地和荒漠。

（2）对于 ε 而言,其差异幅度明显小于 APAR 的差异幅度。其排序依次为森林、灌丛、农田、草地和荒漠。

（3）在 NPP 总量方面,依次顺序为森林、灌丛、农田、草地、荒漠。大体上,NPP 总量森林与灌丛相当,农田与草地相当,而荒漠 NPP 总量远低于上述植被覆盖类型。

表 5-3　不同植被类型年 APAR($MJ \cdot m^{-2} \cdot a^{-1}$)、年平均 ε($g \cdot C \cdot MJ^{-1}$) 和年 NPP($g \cdot C \cdot m^{-2} \cdot a^{-1}$)

植被类型	年 APAR	年平均 ε	年 NPP
常绿阔叶林	2407	0.251	611
亚热带常绿针叶林	2190	0.240	545
温带针阔混交林	1984	0.157	420
热带亚热带针阔混交林	1964	0.241	496
落叶阔叶林	1849	0.180	426
温带常绿针叶林	1826	0.172	388
落叶针叶林	1702	0.141	364
灌木	896～1487	0.167～0.228	170～474
草地	623～1701	0.146～0.197	109～393
耕作植被	1408～1799	0.150～0.228	299～442
荒漠	29～332	0.099～0.128	3～49

2）GLO-PEM 模型的应用

美国马里兰大学地球遥感研究实验室利用 GLO-PEM 模型和 AVHRR NOAA 卫星遥感数据对 1981～2000 年间全球的 NPP 进行监测,对全球的 NPP 随时间的变化状况进行了动态显示,并且对全球 10 天和年平均净初级生产力的变化和全球净初级生产力变化与厄尔尼诺现象发生规律进行了分析研究。

由于 GLO-PEM 模型是全遥感数据驱动,研究采用了美国 EROS(地球资源观测系统)数据中心 Pathfinder 数据库提供的 8km 分辨率的 10 天的 AVHRR NOAA 数据。采用 Pathfinder 数据集数据中的 NOAA -7,-9,-11,-14 卫星 1,2,4,5 波段数据,通过预处理,消除云、大气、太阳高度角等的影响。对于沙漠区域的影像修正采用的是 Rao(1993)提出的算法,而 GLO-PEM 本身也提供了对云覆盖和水蒸气去除的算法。针对 NOAA 卫星出现的轨道偏移和过赤道时间变化较大的现象,采用 Gutman(1999)提出的算法修正第 4 和第 5 波段的数据。

GLO-PEM 模型本身含有利用 AVHRR 数据计算 NDVI、FPAR、生物量、温度和大气水汽压的算法,这些算法都是经过了实地观测数据的证实的。在本次研究中,实时光合有效辐射 PAR 数据是从国际卫星气候计划(International Satellite Cloud Climatology Project,ISCCP)中获得的,降雨量数据则是从全球降雨数据计划(Global Precipitation Climatology Project,GPCP)中得到的。CO_2 浓度数据来自 Mauna Loa 观测站,它与全球观测网的平均值较为接近。

图 5-12 展示了 1981～2000 年全球平均净初级生产力分布。

结果表明,在 1981～2000 年之间,全球净初级生产力变化很大,从 $8g \cdot cm^{-2} \cdot 10d^{-1}$ 增

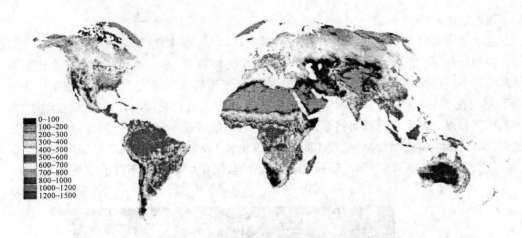

图 5-12 1981~2000 年全球平均净初级生产力分布情况

加到 $22g \cdot cm^{-2} \cdot 10d^{-1}$,变化系数为 28%。然而,年际间的季节异常呈现出上升的趋势,每年以 0.52% 递增 ($R^2=0.67, P<0.01$)(图 5-13)。NPP 的年际变化与厄尔尼诺现象的周期循环明显相关,厄尔尼诺现象会使大部分热带区域的气候由湿润凉爽变为干燥温暖,从而影响其他地区的气候。在厄尔尼诺现象发生期,全球 NPP 呈下降趋势,而在拉尼娜发生期,全球 NPP 呈上升趋势。在厄尔尼诺现象发生期,当 MEI(Multivariate ENSO index)指数大于 0.5 时,全球平均净初级生产力会比拉尼娜时期降低 3.6%,而当大型厄尔尼诺现象发生时,这个降幅可能达到 10%,比如在 1982~1983 年和 1986~1987 年这两次厄尔尼诺现象发生期就是如此。

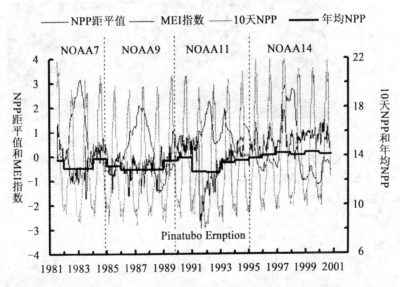

图 5-13 受厄尔尼诺周期变化影响的全球净初级生产力随时间变化的曲线

图 5-14 中,NPP 距平值($g \cdot cm^{-2} \cdot 10d^{-1}$)是通过旬 NPP 值与 1981~2000 年间全球平均 NPP 值之差得到的。MEI(Multivariate ENSO Index)指数是与厄尔尼诺现象成正相关而与

拉尼娜现象成负相关的。

在厄尔尼诺现象发生季,严重的干旱气候影响到印尼、菲律宾、南美洲北部、美洲中部、非洲北部和南部、印度、澳大利亚等地区,相反,在南美洲西岸、东南亚和非洲南部会比平常时期温暖许多。在这些区域,利用 GLO-PEM 模型预测到的 NPP 在厄尔尼诺现象发生季中降低了8%(图5-14)。厄尔尼诺现象与全球净初级生产力变化之间的紧密联系,在印度、南美洲东南部和澳大利亚东部都得到了证实。由于厄尔尼诺现象阻止了季风的运行,直接导致这些区域的降水量大幅度减少,在1982~1983年和1986~1987年厄尔尼诺现象发生期间,在印度、南美洲东南部、非洲南部和撒哈拉部分地区,年均 NPP 都下降了20%左右。

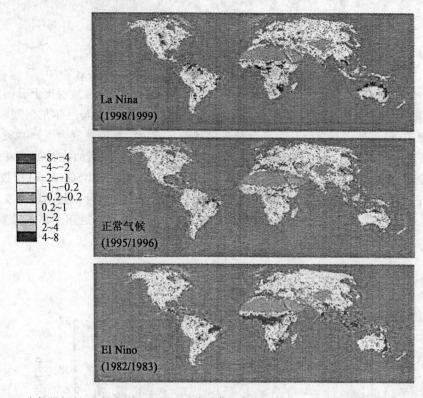

图5-14 在拉尼娜(La Nina,1998/1999)、正常时期(1995/1996)和厄尔尼诺时期(1982/1983)NPP 距平值($g \cdot cm^{-2} \cdot 10d^{-1}$)(相对于1981~2000年全球平均 NPP 值而言)(Cao et al,2004),其中在1982年墨西哥发生的火山爆发导致的气溶胶蔓延影响了低纬度的 NPP 的测定,而全球 NPP 下降特别是在北部地区,则是由于厄尔尼诺现象引起的

参考文献

[1] 蔡承侠. 植被净第一性生产力及其对气候变化响应研究进展. 新疆气象,2003,26(6):1-7,12.

[2] 曹丽青,高国栋. 太阳短波辐射分光谱计算模式. 气象科学,2004,24(2):185-192.

[3] 陈利军,刘高焕,冯险峰. 运用遥感估算中国陆地植被第一性生产力[J]. 生态学杂志,

2001,21(2):53-57.
[4] 陈述彭,童庆禧,郭华东等.遥感信息机理研究[M].北京:科学出版社,1998.
[5] 陈忠辉编.植物与植物生理.北京:中国农业出版社,2001.
[6] 戴小华,余世孝.遥感技术支持下的植被生产力与生物量研究进展.生态学杂志.2004, 23(4):92-98.
[7] 方精云等.全球生态学——气候变化与生态响应.北京:高等教育出版社,2001.
[8] 方秀琴,张万昌.叶面积指数(LAI)的遥感定量方法综述.国土资源遥感,2003,57(3): 58-62.
[9] 费尊乐,C.C.Trees,李宝华.利用叶绿素计算初级生产力.黄渤海海洋,1997,15(1): 35-45.
[10] 高会旺,王强.1999年渤海浮游植物生物量的数值模拟.中国海洋大学学报,2004,34 (5):867-873.
[11] 宫鹏,史培军,浦瑞良等.对地观测技术与地球系统科学[M].北京:科学出版社,1996.
[12] 郭志华,彭少麟,王伯荪.利用GIS和RS估算广东植被光利用率.生态学报,2000,20: 903-909.
[13] 刘荣高,刘纪元,庄大方.基于MODIS数据估算晴空陆地光合有效辐射.地理学报, 2004,59(1):64-74.
[14] 李贵才.基于MODIS数据和光能利用率模型的中国陆地净初级生产力估算研究.北 京:中国科学院研究生院博士学位论文,2004.
[15] 李国胜、邵宇宾.海洋初级生产力遥感与GIS评估模型研究.地理学报.1998,53(6): 546-552.
[16] 李国胜,王芳,梁强,李继龙.东海初级生产力遥感反演及其时空演化机制.地理学报, 2003,58(4):484-493
[17] 李世华,牛铮,李壁成.植物第一性生产力遥感过程模型研究.水土保持研究,2005,12 (3):126-128.
[18] 李小斌,陈楚群,施平,詹海刚,何全军.南海1998-2002年初级生产力的遥感估算及其 时空演化机制.热带海洋学报,2006,25(3):57-62.
[19] 吕建华、季劲钧.青藏高原大气-植被相互作用的模拟试验Ⅱ植被叶面积指数与净初 级生产力.大气科学,2002,26(2):255-262.
[20] 孟猛,倪健,张治国.地理生态学的干燥度指数及其应用评述.植物生态学报,2004,28 (6):853-861.
[21] 蒲瑞良,宫鹏.高光谱遥感及其应用.北京:高等教育出版社,2000.
[22] 朴世龙,方精云,郭庆华.利用CASA模型估算我国植被净第一性生产力.植物生态学 报,2001,25(5):603-608.
[23] 浦瑞良,宫鹏,约翰R.米勒.美国西部黄松叶面积指数与高光谱CASI数据的相关分析 [J].环境遥感,1993,8(2):112-125.
[24] 申光荣,王人潮.基于神经元网络的水稻双向反射模型研究[J].遥感学报,2002,6 (4):252-258.
[25] 松下文经,杨翠芬,陈晋等.广域空间尺度上植被净初级生产力的精确推算[J].地理

学报.2004,59(1):80-87.
[26] 孙林,柳钦火,刘强,陈良富.高反射率地区气溶胶光学厚度遥感反演:现状与展望.地理科学进展,2006,25(3):70-78.
[27] 孙睿,朱启疆.陆地植被净第一性生产力的研究.应用生态学报.1999,卷10(6):757-760.
[28] 檀赛春,石广玉.海洋初级生产力的卫星遥感.地球科学进展,2005,20(8):863-870
[29] 唐世浩,朱启疆,孙睿.基于方向反射率的大尺度叶面积指数反演算法及其验证.自然科学通报,2006,16(3):331-337.
[30] 武红敢,乔彦友,黄建文等.利用陆地卫星TM数据评估森林病虫害[J].遥感技术与应用.1994,9(4),46-51.
[31] 武维华编.植物生理学.北京:科学出版社,2003.
[32] 杨磊.应用MODIS数据估算晴空陆地光合有效辐射(PAR).吉林大学博士论文.吉林:2005.
[33] 张佳华,府浣斌.利用遥感反演的叶面积指数研究中国东部生态系统对东亚季风的响应.自然科学进展.2002,12(10),1098-1100.
[34] 张晓阳,李劲峰.利用垂直植被指数推算作物叶面积细数的理论模式[J].遥感技术与应用.1995,10(3),13-18.
[35] 张中波,卞建春,陈洪滨,王振会.根据Brewer和TOMS资料分析、验证瓦里关地区大气臭氧总量变化特征.气候与环境研究.2006,11(4):451-456.
[36] 赵英时等.遥感应用分析原理与方法.北京:科学出版社,2003.
[37] 周广胜.气候-植被关系研究(II)—植被的净第一性生产力研究.哈尔滨,东北林业大学出版社,1993.
[38] 周广胜,张新时.自然植被的净第一性生产力模型初探.植物生态学报.1995,19(3):193-200.
[39] 周伟华,袁翔城,霍文毅,殷克东.长江口邻域叶绿素a和初级生产力的分布.海洋学报.2004,26(3):143-150
[40] 朱文泉,陈云浩,徐丹,李京.陆地植被净初级生产力计算模型研究进展.生态学杂志.2005,24(3):296-300.
[41] 朱志辉.自然植被净第一性生产力估计模型[J].科学通报.1993,38(15):1422-1426.
[42] 邹亚荣,马超飞,邵岩.遥感海洋初级生产力的研究进展.遥感信息,2005,2:58-61
[43] 左大康.地球表层辐射研究.北京:科学出版社,1991.
[44] Antoine D, Andre J M, Morel A. Oceanic primary production: II. Estimation at global scale from satellite(Coastal Zone Color Scanner) chlorophyll[J]. Global Biogeochemical Cycles, 1996,10:57-69.
[45] Antoine D, Morel A. Oceanic primary production: I. Adaptation of a spectral light-photosynthesis model in view of application to satellite chlorophyll observations[J] Global Biogeochemical Cycles,1996.10:43-55.
[46] Balch W M, Abbott M R, Eppley R W. Remote sensing of primary production-I. A comparison of empirical and semi-analytical algorithms[J]. Deep-Sea Research,1989,36:

281-295.

[47] Balch W M, Eppley R W, Abbott M R. Remote sensing of primary production- II. A semi-analytical algorithm based on pigments, temperature and light[J]. Deep Sea Research Part A. Oceanographic Research Papers, 1989 +36(8):1201-1217.

[48] Behrenfeld M J, P G Falkowski. Photosynthetic rates derived from satellite-based chlorophyll concentration. Limnology and Oceanography. 1997, 42(7):1479-1490

[49] Bird R. E, Riordan C. Simple solar spectral model for direct and diffuse irradiance onhorizontal and tilted plants at the earth's surface for cloudless atmospheres. Journal climate of Applied Meteorology. 1986, 25:87-97.

[50] Budyko M. I. Climate and life. New York. Academic Press. 1974.

[51] Cadee G C. Primary production of the Guyana Coast. Netherlands Journal of Sea Research, 1975, 9(1):126-143.

[52] Cannell M G R. World forest biomass and primary productivity data [M]. London: Academic Press, 1982.

[53] Cao M K, Prince S D, Small J, Goetz S. J. Remotely sensed Interannual Variations and Trends in Terrestrial Net Primary Productivity 1981-2000. Ecosystems. 2004, 7:233-242.

[54] Carder K et al. Instaneous photosynthtically available radiation and absorbed radiation by phytoplankton. ATBD-MOD-20. April 1999, 5.

[55] Chen J M, Liu J. Cihlar J., et al. Daily canopy photosynthesis model through temporal and spatial scaling for remote sensing applications[J]. Ecological Modeling. 1999, 124:99-119.

[56] Chen J. M., Pavlic G., Brown L., et al. Derivation and validation of Canada-wide coarse-resolution leaf area index maps using high-resolution satellite imagery and ground measurements[J]. Remote Sensing of Environment. 2001, 80:165-184.

[57] Chen J. M., Cihlar J. Retrieving leaf area index for boral conifer forests using landsat TM images. Remote Sensing of Environment. 1996, 55:153-162.

[58] Chen J. M., Canopy Architecture and Remote Sensing of the fraction of Photosynthetically Active Radiation Absorbed by Boreal conifer Forests[J]. IEEE Transactions on Geoscience and Remote Sensing. 1996, 36:1353-1368.

[59] Eck T. F., Dye D. G., Satellite estimates of incident photosynthetically active radiation using ultraviolet reflectance. Remote Sensing of Environment. 1991, 38(2):135-146.

[60] Efimova N. A. Radiative Factors of Vegetation Productivity. Leningrad: Hydrometeorological Printing Office, 1977.

[61] Epiphanio J. C. N., Huete A. R. D. Expendence of NDVI and SAVI on sun/sensor geometry and its effect on FPAR relationships in Alfala [J]. Remote Sensing of Environment. 1995, 51: 350-360.

[62] Eppley R W, Stewart E, Abbott M R. Estimating ocean primary production from satellite chlorophyll, introduction to regional differences and statistics for the southern California bight. J. Plankton Res. 1985, 7(1): 57-70.

[63] Field C. B., Randerson J T., et al. Global net primary production: combining ecology and

remote sensing[J]. Remote sensing of environment. 1995,51:74-88.

[64] Frouin, R., Lingner, D. W., Gautier, C., Baker, K. S., and Smith, R. C., A simple analytical formula to compute clear sky total and pho, losynthetically available solar irradiance at the ocean surface, J. Geophys. Res. 1989, 94:9731-9742.

[65] Frouin, R., and Gautier, C., Variability of photosynthetically available and total solar irradiance at the surface during FIFE: a satellite description, in Proc. of the Symposium on the First ISLSCP Field Experiment, 7-9 Feb. Anaheim, CA, American Meteorological Society, Boston, 1990,98-104.

[66] Frouin, R., Pinker, R.. Estimating Photosynthetically Active Radiation(PAR) of the Earth's surface from satellite observations. Remote Sensing of Environment, 1995, 51, 98-107.

[67] Frouin R., et. al. Algorithm to estimate PAR from SeaWiFS data. V1. 0-Documentation. 2000.

[68] Gautier, C., Diak, G., & Masse, S.. A simple physical model to estimate incident solar radiation at the surface from GOES satellite data. Journal of Applied Meteorology, 1980, 19, 1005-1012.

[69] Gleason A. C. R., Prince S. D., Goetz S. J. Effects of orbital drift on land surface temperature recoved from AVHRR sensors. Remote Sens Environ. 2002, 79:147-165.

[70] Goetz S. J., Prince S. D., Gleason A. C. R., Thawley M. M. Interannual variability of global terrestrial primary production: reduction of a model driven with satellite observations. J Geophys Res. 2000,105(20):7-91.

[71] Goldberg B, Klein W. H. A. Model for determining the spectral quality of daylight on a horizonal surface at any geographical location. Solar Energy. 1980,24: 351-357.

[72] Gong P., Pu R. L., Miller J R. Coniferous forest leaf are index estimation along the Oregon transect using compact airborne spectrographic imager data[J]. Photogrammetric Engineering & Remote Sensing. 1995,61(9):1107-1117.

[73] Goward S. N., Dye D. Global biospheric monitoring with remote sensing, The use of Remote sensing in modeling forest productivity at scales from the stand to the globe(ed. by H. L. Gholtz. K. Nakane and H. Shimoda). New York: Kluwer Academic,1995.

[74] Gower S. T., Kucharik C. J., Norman J. M. Direct and Indirect Estimation of Leaf Area Index,fAPAR,and Net Primary Production of Terrestrial Ecosystem[J]. Remote Sensing of Environment. 1999, 70:29-51.

[75] Gregg W. W. Carder K. L. A. Simple spectral solar irradiance model for cloudless maritime atmospheres, Limnol. Oceanogr. 1990,35(8):1657-1675.

[76] Gutman G. G. On the monitoring of land surface temperatures with NOAA/AVHRR: removing the effect of satellite orbit drift. Int J Remote Sens. 1999a,20:3407-3413.

[77] Hunt E. R., Relationship between woody biomass and PAR conversion efficiency for estimating net primary production from NDVI. Int. J. Remote Sensing. 1994,14:1725-1730.

[78] Hunt E. R., Piper S. C. Nemani R, et al. Global net carbon exchange and intra-annual

atmospheric transport modle[J]. Global Biogeochemical Cycle. 1996,10:431-456.

[79] IGBP. Terrestrial Carbon Working Group. IGBP, Science, 1998. Climate: The terrestrial Carbon Cycle: Implications for the Kyoto Protocol. 280(5368):1393-1394.

[80] Justus C. G.. Paris M. V. A, Model for solar spectral irradiance at the bottom and top of a cloudless atmosphere. Journal of climate Applied Meteorology. 1985,24:193-205.

[81] Kaufman Y J, Gao B C. Remote sensing of water vapor in the near IR from EOS/MODIS. IEEE Transactions on Geoscience and Remote Sensing, 1992,30(5):871-884.

[82] Knorr W. H., Eimann M., Impact of drought stress and other factors on seasonal land biosphere CO_2 exchange studied through an atmospheric tracer transport model[J]. Tellus. 1995, 47B:471-789.

[83] Leblanc S. G., Chen J. M, Leroy M., et al. Investigation of Birectional Reflectance in Boreal Forests with an Improved 4-Scale Model and Airborne POLDER data[J]. IEEE Transactions on Geoscience and Remote Sensing. 1999,37:1-21.

[84] Leckner B. The spectral distribution of solar radiation at the earth's surface-elements of a model. Solar Energy. 1980,20:143-150.

[85] Li X, Strahler A. H., Geometric-Optical Modeling of a Conifer Forest Canopy[J]. IEEE Transaction on Geoscience and Remote sensing. 1985,23(5):705-720.

[86] Li Z., Moreau L., Cihlar J. Estimation of photosynthetically active radiation absorbed at the surface. Journal of Geophysical Research. 1997,102(D24):29717-29727.

[87] Liang S., Strahler A. H. An analytic BRDF model of Canopy radiative transfer and its inversion[J]. IEEE Transactions on Geoscience and Remote Sensing. 1993,31(5):1081-1092.

[88] Lieth H., Whittaker R. H., Primary productivity of the Biosphere. New York: Springer-Verlag,1975.

[89] Liu J., Chen J. M., Cihlar J., et al. A process-based boreal ecosystem productivity simulator using remote sensing inputs[J]. Remote Sensing of Environment. 1997,62:158-175.

[90] Lorenzen C J. Surface chlorophyll as an index of the depth, chlorophyll content and primary productivity of the euphotic layer. Limnol. Oceanogr. 1970,15:479-480.

[91] Melillo J. M., McGuire A. D., Kicklighter D. W, Moore B III., et. al. Global climate change and terrestrial net primary production. Nature,1993,363:234-240.

[92] Michael J. Behrenfeld; Paul G. Falkowske. Photosynthetic derived from satellite-based chlorophyll concentration. Limnology and Oceanography. 1997,42(1):1-20.

[93] Monteith J. L., Solar radiation and productivity in tropical ecosystems. J. Appl. Ecol. 1972, 9:747-766.

[94] Moulin S., et al. Combining agriculture crop models and satellite observations from field to regional scales[J]. Int. J. Remote sens. 1998,19:1021-1036.

[95] Myneni R B., Nenami R. R, Running S. W, Estimation of Global Leaf Area Index and Absorbed PAR Using Radiative Transfer Models[J]. IEEE Transactions on Geoscience and

Remote Sensing. 1997,35:1380-1393.

[96] Neyman J. On a New Class of "Contagious" distribution, Applicable in Entomology and Bacteriology[J]. Ann. Math. Statist. 1939,10:35-57.

[97] Parsons, T. R., Y. Maita, and C. M. Lalli (1984) A Manual of Chemical and Biological Methods for Seawater Analysis. Pergamon Press : 3-122.

[98] Parsons T R, TakahashiM, Hargrave B. Biological oceanographic orocesses. 3rd. Ed. Pergamon Press, 1984. 380.

[99] Pinker R. T., Laszlo I., Global distribution of photosynthetically active radiation as observed from satellites. Journal of Climate. 1992,5(1):56-65.

[100] Pinker R. T., Ewing J. A. Modeling surface solar radiation: model formulation and validation. Journal of climate Applied Meteorology. 1985,24:389-401.

[101] Pitman J. I. Absorption of Photosynthetically Active Radiation, Radiation Use Efficiency and Spectral Reflectance of Bracken[Pteridium aquilinum(L.)Kuhn] Canopies. Annals of Botany. 2000,85(b):101-111.

[102] Potter C. S., Randerson J. T., Field C. B., et. al. Terrestrial ecosystem production: a process model based on global satellite and surface data. Global Biogeochemical. 1993,7: 811-841.

[103] Prince S. D., Goward S. N., Global primary production: a remote sensing approach. journal of biogeography. 1995,22:815-835.

[104] Qi J., Kerr Y. H., et al. Leaf Area Index estimates using remotely sensed data and BRDF models in a semiarid region[J]. Remote Sensing of Environment. 2000,73:18-30.

[105] Raich J W,Schlesinger W. H.,1992,The global carbon dioxide flux in soil respiration and its relationship to vegetation and climate. Tellus,44(B):81-99

[106] Rao C. R. N., Degradation of the visible and near-Infrared channels of the Advanced Very High Resolution Radiometer on the NOAAP9 spacecraft:assessment and recommendations for corrections. NOAA Technical Report NESDIS-70. Washington(DC),NOAA/NESDIS, 1993.

[107] Raymond E., Hunt J. R. Relationship between woody biomass and PAR conversion efficiency for estimating net primary production from NDVI[J]. Int. J. Remote Sens. 1994, 15:1725-1730.

[108] Ropelewski C. F., Halpert M. S.,North American precipitation patterns associated with the El Nino-Southern Oscillation(ENSO). Monthly Weather Rev. 1986,114:2352-2362.

[109] Rosema A., Snel J. F. H., et al. The relation between laser induced chlorophyll fluorescence and photosynthesis. Remote Sens Environ. 1998,65:143-154.

[110] Roujean J. L., Breon F. M., Estimating PAR absorbed by vegetation from didrectional reflectatance measurements[J]. Remote Sensing of Environment. 1995,51:375-384.

[111] Ruimy, et. al. Methodology for the estimation of terrestrial net primary productivity from remotely sensed data[J]. Journal of Geophysical Research. 1994,99:5263-5283.

[112] Ryther J H R, Yentsch C S. The estimation of phytop lank ton p roduction in the ocean

from cho lo rophyll and ligh t data. L im nology of Oceanog rap hy , 1957（2）： 281-286.

[113] Saxton K. E. , Rawls W. J. , et. al. Estimating generalized soil-water characteristics from texture. Soil Science Societv of America Journal. 1986,50:1031-1036.

[114] Smith R C, Baker K S. Oceanic chlorophyll concentrations as determined by satellite (Nimbus-7 Coastal Zone Color Scanner). Marine Biology . 1982,(66): 269-279.

[115] Stellers P. L. , Los S. O. , Randall G. , et al. A revised land surface parameterization (SiB2) for atmospheric GCMs, Part1:Model formulation. Journal of Climate. 1996a,. 9: 676-705.

[116] Stellers P L. , Los, S. O. , Tucker C. J. , et al. A revised land surface parameterization (SiB2) for atmospheric GCMs. PartII: The generation of global fields of terrestrial biophysical parameters from satellite data, J. Climate, 1996b, 9:706-737.

[117] Thornthwaite C. W. , An approach toward rational classification of climate. Geographic Review. 1948,38:55-94.

[118] Uchijima Z. Seino H. , Agroclimatic evaluation of net primary productivity. Journal of Agricultural Meteorology. 1985,40:343-352.

[119] Uchijima Z. , Seino. H. , An agroclimating net primary productivity of natural vegetation [J]. J Agric. Res. Q. ,1985,214:244-250.

[120] VEMP Members, Melillo J. M. , Borchers J. , et al. Vegetation/ecosystem modelling and analysis project: Comparing biogeography and biogeochemistry models in a continental-scale study of terrestrial ecosystem responses to climate change and CO_2 doubling. Global Biogeochemical Cycles. 1995,9:407-437.

[121] Verhoef W. , Light scattering by leaf layers with application to canopy reflectance modeling, the SAIL model[J]. Remote Sensing of Environment. 1984,16:125-141.

[122] White M. A. Thornton P. E,. et. al. Parameterization and Sensitivity Analysis of BIMOE-BGC Terrestrial Ecosystem Model: Net Primary Production Controls [J]. Earth Interactions. 2000,4:1-85.

第6章 环境灾害遥感应用

利用遥感和地理信息系统技术开展国土资源利用和生态环境研究一直是遥感应用的重要方向之一。在前面的章节中已经针对温度、水色、植被等相关生态参数的反演模型作了详细的介绍。本章主要针对比较常见的几种环境灾害类型,如干旱监测、森林火灾监测、雪灾监测、海洋赤潮及油污监测等的遥感监测方法及模型作简要介绍。

6.1 干旱遥感监测

干旱是因长期无降水或降水异常偏少而造成空气干燥、土壤缺水的一种现象。它与许多因素有关,如降水、蒸发、气温、土壤底墒、灌溉条件、种植结构、作物生育期的抗旱能力以及工业和城乡用水等。根据干旱所涉及的气象、农业、水文和社会经济等学科,又可以具体分为:气象干旱、水文干旱、农业干旱及社会经济干旱等。其中,气象干旱是基础,它往往以农业干旱、水文干旱和社会经济干旱的形式表现出来。

快速准确地评估一个地区乃至全国的干旱状况,有利于决策和管理部门快速响应,从而减少由于干旱而造成的各个方面的损失。传统的干旱监测方法是利用历史气象资料进行统计模拟,主要采用降水距平百分率和Z指数法确定干旱等级,该方法受制于大量历史气象资料的搜集整理,不利于从宏观上快速评估干旱程度,从而做出快速响应。而遥感技术利用可见光、近红外和热红外波段,能够较为准确地提取一些地表特征参数和热信息,具有宏观、快速、动态、经济的特点。目前所利用的遥感干旱监测方法可归纳为:基于土壤热惯量的方法、基于区域蒸散量计算的方法、基于植被指数和温度的方法以及基于土壤水分光谱特征的方法等。

6.1.1 土壤热惯量方法

土壤热惯量是衡量土壤阻止温度变化能力的一个热特性参数,它与土壤水分之间有着比较确定的关系,而多时相遥感方法正好在遥感热惯量和土壤湿度之间建立了关系的桥梁,从而可以实现土壤湿度的遥感监测。因此,利用这一方法进行干旱监测的关键是土壤热惯量的遥感获取。Waston等(1971)首次提出热惯量模式,Kahle(1977)对土壤热惯量模式做了进一步改进和简化。1978年NASA发起了热容量制图计划(Heat Capacity Mapping Mission,HCMM),该计划主要为了研究热红外遥感获取地球表面热惯量的可能性。在我国,土壤热惯量遥感模型在干旱监测中应用的研究起步于20世纪80年代末期,并得到了长足的发展。

1. 热红外遥感监测土壤湿度的原理(热惯量模型的基本方法)

对于裸露土壤,用热红外方法遥感监测土壤湿度是基于热传导方程:

$$\frac{\partial T}{\partial t} = k \frac{\partial T}{\partial Z^2} \tag{6-1}$$

式中：T 为土壤温度；t 为时间；Z 为土壤深度；$k = \lambda/(C_a \cdot \rho)$；$\lambda$ 为热传导率；C_a 为土壤热容量；ρ 为土壤密度。

上述热传导方程的边界条件为：

$$T_0(i) = \overline{T_0} + \Delta T_0 \sin\omega t \tag{6-2}$$

式中：$\overline{T_0}$ 为日平均温度；ΔT_0 为 0cm 的地表温度日较差；ω 为角频率。

解方程后，得到热惯量表达式：

$$P = \frac{B(1 - A)}{\Delta T_0} \tag{6-3}$$

式中：P 为热惯量，即卫星间接遥感量；ΔT_0 为每日最高温度与最低温度之差；A 为全波段反照率；B 为常数。

通常采用统计方法建立土壤水分遥感模型，主要有线性模型和幂函数模型，目前国内建立的大多是线性模型：

$$S_W = a + bP \tag{6-4}$$
$$S_W = aP^b \tag{6-5}$$

式中：S_W 为土壤湿度；a，b 为拟合系数；P 为热惯量。

在业务应用中，为了简化计算，直接使用日较差，拟合公式变成

$$S_W = a + b\Delta T \tag{6-6}$$
$$S_W = a\Delta T^{-b} \tag{6-7}$$

研究表明，幂函数模型比线性模型好，因为它的物理意义与式(6-3)的数学表达式相一致，试验结果也表明拟合精度也更高。

利用土壤热惯量方法反演土壤湿度的流程可概括如图 6-1 所示：

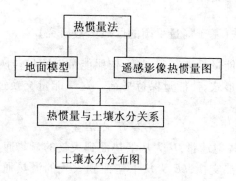

图 6-1　热惯量法检测土壤温度流程图

2. 土壤热惯量模型实例

土壤热惯量方法的第一步就是土壤热惯量模型的建立，这里仅以张仁华(1991)提出的模型为例：

$$p \approx \frac{\sum_{i=t_1}^{t_2}(Rn_i - H_i - LE_i)\Delta t_i}{\sqrt{(t_2 - t_1)(T_2 - T_1)}} \tag{6-8}$$

若用土壤热通量 G 取代式(6-8)中的 $Rn_i - H_i - LE_i$ 项,即得

$$p \approx \frac{\sum_{i=t_1}^{t_2} G_i \Delta t_i}{\sqrt{(t_2-t_1)(T_2-T_1)}} = \frac{\sum_{i=t_1}^{t_2} \frac{\Delta Q_i}{\Delta t_i} \Delta t_i}{\sqrt{(t_2-t_1)(T_2-T_1)}} \quad (6\text{-}9)$$

式中:p 表示土壤的热惯量;Rn_i、H_i、LE_i 分别是某一时刻的净辐射、感热通量、潜热通量;G_i 是某一时刻的土壤热通量;ΔQ_i 是某一时刻的土壤热熵与 t_2 时刻热熵之差;Δt_i 为取样时间间隔;t_1、t_2 表示计算热惯量的起始和终了时刻;T_1、T_2 表示该两个时刻的地表红外辐射温度。在 t_1,t_2 时间内土壤热通量和土壤红外辐射温度必须满足单调变化过程。

从式(6-9)可以看出,只需测定给定时段(t_1,t_2)内的土壤热通量和土壤红外辐射温度,就可以计算土壤热惯量,不必按式(6-8)那样需要了解热量平衡各分量。

该模型仅适用于表面无或少量植被覆盖的情况,即反演裸土条件下的土壤水分。为了使热惯量模型的应用范围从裸土扩展到植被覆盖区,可以使用双层模型中的土壤热能量平衡方程,同时,在热传导方程的边界条件中引进显热通量和潜热通量。

土壤热惯量方法的第二步是建立土壤水分与热惯量之间的关系,该关系的建立需要一定数量的地面测点。比较适用于小范围、土壤类型单一的土壤湿度的反演,但对于大范围土壤水分的反演,则花费巨大,并不适用。

土壤热惯量法虽然在中国已得到广泛应用,但很难在任何时间和任何植被覆盖条件下都能很好地应用,主要原因是:引入参数较多,且对遥感影像的要求较高。随着植被覆盖度的增加,遥感精度迅速降低,在高植被覆盖情况下几乎不能应用。在计算日较差时,要求下午2∶30 及午夜2∶30 当卫星过境时天空都要无云,而且,卫星轨道都要满足星下点(或准星下点),这样,获取卫星影像的可能性大大降低,但这种方法仍是目前干旱遥感监测中定量水平最高的,对裸露土壤湿度的遥感定量反演精度可达到60%,根据农业气象观测规范,它可以给出土壤干旱的绝对等级。

6.1.2 区域蒸散量法(基于能量平衡的区域蒸散研究)

蒸散量方法是建立在能量平衡基础上的,依照能量守恒与转换定律,地表接收的能量以不同方式转换为其他运动形式,使能量保持平衡。这一能量交换过程可用地表能量平衡方程来表示,即

$$R_n = G + H + LE + \cdots \quad (6\text{-}10)$$

式中:R_n 为地表的净太阳辐射通量;H 为从下垫面到大气的显热通量(又称感热通量),即下垫面与大气间湍流形式的热交换;LE 为从下垫面到大气的潜热通量,即下垫面与大气间水汽的热交换,其中 L 为水汽的气化潜热,E 为蒸发量;G 为土壤热通量,即下垫面土壤中的热交换。上述所有的通量单位均为 $W \cdot m^{-2}$。

从上式可见,地表能量交换是以辐射通量、感热通量、潜热通量、土壤热通量等来定量表达的,同时,这些参数又受不同地物参数的影响和控制。

1. 蒸散法的相关参数

1)地表净辐射(Net radiation,R_n)

地表净辐射通量又称辐射平衡(Radiance Balance)或辐射差额(Radiation Budget)。它是地表面净得的短波辐射与长波辐射的和,即地表辐射能量收支的差额。它是地表面能量、

动量、水分输送与交换过程中的主要能源。

地表辐射平衡方程可表示为:
$$R_n = R_s\downarrow - R_s\uparrow + R_L\downarrow - R_L\uparrow$$
$$= (1-\alpha)R_s\downarrow + \varepsilon_a\sigma T_a^4 - \varepsilon_s\sigma T_s^4 \tag{6-11}$$

式中: R_n 为地表净辐射; $R_s\downarrow$ 为入射到地表的太阳短波辐射,即太阳总辐射(Q); $R_s\uparrow$ 为地表反射的太阳短波辐射,即地表反射辐射; $R_L\downarrow$ 为来自大气的长波辐射,即大气逆辐射; $R_L\uparrow$ 为地表发射至大气的长波辐射,即地表发射辐射; ε_a 为无云天气的大气有效发射率; ε_s 为地表发射率。T_a 为参照高度(一般距地面2m)的空气温度; T_s 为地表辐射温度; α 为地表反照率; σ 为斯特藩-玻耳兹曼常数($5.67\times10^{-8}\mathrm{W\cdot m^{-2}\cdot K^{-4}}$)。

其中, $R_s\downarrow - R_s\uparrow$ 为地表对短波辐射的净收入(R_{ns}),即地表短波辐射平衡; $R_L\downarrow - R_L\uparrow$ 为地表的长波辐射平衡(R_{nL}),即地面有效辐射(I)。

一般说来,地表净短波辐射(R_{ns})约是地表净长波辐射(R_{nL})的5倍。地表辐射平衡(净辐射R_n)是以上两者的代数和。

$R_s\downarrow$ 又称太阳总辐射Q,是纬度、时间及云的函数,包括紫外—短波红外波段(0.3~3μm)入射到地面的太阳辐射总量,由太阳直接辐射(即太阳直射光)和大气散射辐射(天空散射光)两部分组成,可以利用气象台站或辐射台站的太阳直射辐射表及天空辐射表来测定。一般说来,在晴天和稳定的天气条件下,一个地面观测站的$R_s\downarrow$数据可以代表$10\mathrm{km}^2$的面积。入射到地面的太阳总辐射量Q,也可以通过理论太阳辐射及日照率的计算获得,即
$$Q = Q'(0.1144 + 0.5683C/C_0) \tag{6-12}$$

式中: Q' 为大气顶部理论太阳总辐射,它与气象台站经纬度、太阳赤纬、日地距离和太阳常数(地球处于日地平均距离时,单位面积、单位时间内,垂直投射到大气顶层的太阳辐射能为$1.37\times10^3\mathrm{W\cdot m^{-2}}$)有关; C/C_0 为日照率; C 为日照时数; C_0 为最大可能日照时数。

$R_L\downarrow$ 即大气、云发射至地表的长波辐射,它是大气温度和大气湿度(及云)的函数,可表示为: $R_L = \varepsilon_a\sigma T_a^4$,其中大气发射率 $\varepsilon_a = 1.24(e_a/T_a)^{1/7}$,是空气水汽压$e_a$与空气温度$T_a$的函数,可利用红外测温仪对天空(多角度)测量到的温度来推算。

2)土壤热通量(Soil heat flux, G)

土壤热通量是地表热量平衡的组成部分,它表征土壤表层与深层间的热交换状况,研究土壤热交换对了解各地气候,特别是土壤气候的形成以及对农业生产、工交建设都有重要意义。

土壤热通量可以通过专门的测量仪器(如热流板等)定点测量得到,亦可通过土壤热惯量法加以确定(参考热惯量方法公式(6-9))。研究发现,2cm深度处的土壤热通量与冠层顶部净辐射存在较好的相关性。早在1985年,Reginato等就研究提出了一种利用遥感信息推算土壤热通量的简便方法,即将土壤热通量(G)与净辐射(R_n)、土壤上覆盖的植被高度(h)联系起来,建立三者之间的经验关系式,表达如下:
$$G = (0.1 - 0.042h)R_n \tag{6-13}$$

需要注意的是,不同类型的作物覆盖对土壤热通量影响较大,因此,在实际使用中引入叶面积因子才能取得较好的动态计算效果。

1989年Choudhury首次提出陆地表面能量平衡模型,在此基础上,Friedl(1995)根据比尔(Beer)定律给出了估算土壤表面净辐射(R_s)的方程:

$$R_s = R_n \exp(-C\text{LAI}/\cos\theta) \quad (6\text{-}14)$$

式中:C 为净辐射在植被冠层中的消减系数(Extinction Coefficient),值域为 0.3~0.7;LAI 为叶面积指数;θ 为太阳天顶角(Solar Zenith Angle)。C 值取决于冠层的叶面角度分布状况,对于具有球形叶面角度分布的冠层,$C = 0.5$。根据土壤湿度和热特性的改变,土壤热通量(G)与土壤表面净辐射(R_s)之间存在共变性。因此,G 可表示为 R_s 和 θ 的函数:

$$G = kR_s \cos(\theta) \quad (6\text{-}15)$$

式中:$k \in (0,1)$ 为共变系数,该系数随着土壤类型、温度和湿度的变化而变化,通常 $\mu = 0.4$。

根据多年实验观测也表明:土壤热通量(G)与净辐射通量(R_n)之间有一定的相关性——对于裸露土壤,G 可达 R_n 的 20%~30%;而在作物覆盖下,G 为 R_n 的 5%~20%。

3) 显热通量(Sensible Heat Flux,H)

在土壤-植被-大气系统中,当把土壤、植被简单地处理为同一层界面时,显热通量表征下垫面与大气间湍流形式的热交换,又称感热通量(H)。它是低层大气的主要热量来源,也是地面热量平衡的重要分量。感热通量可利用如下三个方程的组合计算:

$$\begin{aligned} u &= \frac{u_*}{k}\left[\ln\left(\frac{z-d_0}{z_{0m}}\right) - \Psi_m\left(\frac{z-d_0}{L}\right) + \Psi_m\left(\frac{z_{0m}}{L}\right)\right] \\ T_0 - T_a &= \frac{H}{ku_*\rho C_P}\left[\ln\left(\frac{z-d_0}{z_{0h}}\right) - \Psi_h\left(\frac{z-d_0}{L}\right) + \Psi_h\left(\frac{z_{0h}}{L}\right)\right] \\ L &= -\frac{\rho C_p u_*^3 T_v}{2} \end{aligned} \quad (6\text{-}16)$$

式中:u 为风速;u_* 为摩擦速度;ρ 为大气密度;C_p 为定压比热容;k 为 Karman 常数;d_0 为零平面位移;z 为表面之上的高度;z_{0m} 和 z_{0h} 分别为动量粗糙度和热力学粗糙度;T_0 和 T_a 分别为表面位温和高度 z 处的位温;T_v 为近表面的实际温度;Ψ_h 和 Ψ_m 分别为感热传输和动量传输的稳定修正函数;L 为 Monin-Obukhov 长度尺度;g 为重力加速度。

对表面感热和潜热通量的参数化中,一个难以解决又必须面对的问题是,各种表面的热力学粗糙度特征及其与动量传输的表面粗糙度 z_{0m} 之间的关系。在大气数值模式中,往往采用 $z_{0m} = z_{0h}$ 的假设,从而使得热力学粗糙度(以附加阻尼 $kB^{-1} = \ln\frac{z_{0m}}{z_{0h}}$ 的形式)可以忽略不计。但是,研究表明:热力学粗糙度在估算感热通量时影响较大,如果忽略附加阻尼,势必导致对感热通量的明显高估。因此,在计算感热通量时,不能采用简单的 $z_{0m} = z_{0h}$ 的假设,否则,会带来较大误差。

4) 潜热通量(Latent Heat Flux,LE)

潜热通量是指地表吸收辐射能与蒸发辐射能与蒸发耗热的热交换,即地面蒸发或植被蒸腾、蒸发的能量,又称为蒸散(Evapotranspiration)。

遥感方法估算区域蒸散量应用比较广泛的有两种,一种是完全以地表热量平衡方程为基础,用遥感方法估算出净辐射、土壤热通量和显热通量,然后,用余项法求出蒸散量(见方程(6-10));另一种是以 Penman-Monteith 方程为基础,结合地表热量平衡方程,直接估算出蒸散量。著名的 Penman-Monteith 公式如下:

$$\text{LE} = \frac{\Delta(R_n - G) + \rho C_p / r_{ah}(e_s(T_s) - e_a)}{\Delta + \gamma(r_{av} + r_s)/r_{ah}} \quad (6\text{-}17)$$

式中：LE，R_n，G 的意义同前；ρ 为空气密度（kg·m^{-3}）；C_p 为空气定压比热（kJ/(kg·℃)）；γ 为干湿表常数（hPa/℃）；Δ 为饱和水汽压温度曲线的斜率（hPa/℃）；$e_s(T_s)$ 是表面温度 T_s 下的饱和水汽压（hPa）；e_a 是参考高度的实际水汽压（hPa）；r_{av} 是水汽输送的空气动力学阻抗（s/m）；r_s 是表面阻抗（s/m）；r_{ah} 为显热输送的空气动力学阻抗（s/m）。

根据以上公式，理论上，可以将遥感测量的表面温度和 Penman-Monteith 公式相结合（Jackson et al，1981），利用遥感影像反演地表反照率、地表比辐射率和地表表面温度结合地面观测资料直接估算出区域蒸散量。实践证明该方法是行之有效的。

2. 蒸散模型

在 Penman-Monteith 方程中用到显热输送的空气动力学阻抗（r_{ah}），目前已经建立了单层、双层和多层阻抗模型来计算显热通量值。

1) 单层模型

单层阻抗模型是把整个下垫面作为一个"大叶片"处理，它的优点是简单，需要输入的数据和参数也比较少，在大尺度区域研究中得到广泛的应用。应用比较广泛的 SEBAL（Surface Energy Balance Algorithm for Land）模型和已经业务化的 SEBS（Surface Energy Balance System）模型就是一种单层模型。这里以业务化运行的 SEBS 系统为例，简述单层模型如下：

SEBS 模型包含几个独立的模块，分别用来计算净辐射量和土壤热通量，并将有效能量划分为显热通量和潜热通量。SEBS 模型基础是表面能量平衡方程（方程(6-10)），实际上该方程中包含部分用于植物光合作用和生物量增加的能量，只是这部分能量很小，可忽略不计，故方程(6-10)改写为：

$$R_n = G + H + LE \tag{6-18}$$

式中：所有参数意义同上。

在卫星遥感应用中，利用 SEBS 计算净辐射量是建立在辐射能量平衡基础上的，计算公式如下：

$$R_n = (1-\alpha)R_{swd} + \varepsilon R_{lwd} - \varepsilon\sigma T_s^4 \tag{6-19}$$

（注：可与方程(6-11)对比）

式中：α 为可见光和近红外波段的宽带反照率；ε 为热红外波段的宽带发射率；R_{swd} 为入射太阳辐射；R_{lwd} 为下行长波辐射；T_s 为表面温度；σ 为斯特藩-玻耳兹曼常数。

在大范围区域尺度的卫星遥感应用中，缺乏土壤热通量的实测数据。建立在净辐射和植被覆盖度基础上，计算土壤热通量的经验公式可用来计算区域总的土壤热通量值。公式如下：

$$G = R_n[\Gamma_v f_v + \Gamma_s(1-f_v)] \tag{6-20}$$

式中：Γ_v 和 Γ_s 分别为完全植被覆盖和裸地的土壤热通量比率；f_v 为植被覆盖度。

感热通量（H）是 SEBS 模型中单独计算的变量，其计算方法见式(6-16)。SEBS 模型中输出的显热通量和潜热通量受制于干湿极限条件。

单层模型采用冠层整体阻抗的概念，简化了模拟和计算过程，同时也牺牲了模拟的精度和深入研究系统内部的可能性。

2) 双层模型

双层阻抗模型是将土壤和植被分开，即将地表显热通量看成是土壤显热通量与植被显热通量之和($H = H_s + H_v$)。其计算原理与单层模型中的余项法相同:首先利用遥感反演地面反照率和地表温度,求得地表可利用能量($R_n - G$),然后通过推算显热通量 H,再利用能量平衡方程计算潜热通量($LE = LE_s + LE_v$)。近 20 年来,国内外先后提出了一些复杂程度各有不同的计算蒸散的双层模型:从经典的双层模型到简化的双层模型再到以分解组分温度为关键技术的双层模型。

经典双层模型能够充分模拟植被土壤大气能量传输特性,如 Shuttlewallace 模型(图 6-2)。从图 6-2 可以看出,Shuttleworth-Wallace 经典双层模型中引入了大量的参数,从而限制了其实用性。后来,国内外许多学者致力于经典双层模型的简化与改进。简化的双层模型能够直接采用遥感反演的表面温度来驱动模型,但是,目前的模型大多是经验模型,而且模型中使用的经验参数限制了其在空间上的推广应用。

双层模型的基本方程组为:

$$R_{nv} = \rho C_p \frac{T_v - T_0}{r_{av}} + \frac{\rho C_p}{\gamma} \frac{e_v^* - e_0}{r_{av} + r_{sv}} \tag{6-20a}$$

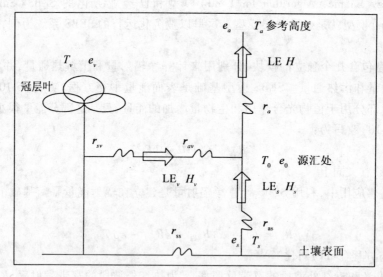

注:图中 T_a 和 e_a 分别为参考高度的温度和水汽压;T_0 和 e_0 分别为冠层有效高度处的温度和水汽压;T_v 和 e_v 分别为冠层的温度和水汽压;T_s 和 e_s 分别为土壤表层的温度和水汽压;H_s 和 H_v 分别为土壤和植被的显热通量;LE_s 和 LE_v 分别为土壤和植被的潜热通量;LE 和 H 分别为冠层有效高度与参考高度处进行热交换的潜热和显热通量;r_a 为冠层有效高度与参考高度间的空气动力学阻抗;r_{as} 为土壤表面热传输空气动力学阻抗;r_{ss} 为土壤表面水汽扩散阻抗;r_{av} 为叶面边界层阻抗;r_{sv} 为冠层气孔阻抗。

图 6-2 Shuttleworth-Wallace 经典双层模型示意图

$$R_{ns} - G = \rho C_p \frac{T_s - T_0}{r_{as}} + \frac{\rho C_p}{\gamma} \frac{e_s - e_0}{r_{as} + r_{ss}} \tag{6-20b}$$

$$\frac{T_0 - T_a}{r_{aa}} = \frac{T_s - T_0}{r_{as}} + \frac{T_v - T_0}{r_{av}} \tag{6-20c}$$

$$\frac{e_0 - e_a}{r_{aa}} = \frac{e_v^* - e_0}{r_{av} + r_{sv}} + \frac{e_s - e_0}{r_{as} + r_{ss}} \tag{6-20d}$$

式中:各项参数的意义同图 6-2 的注释相同。其中,冠层和土壤的水汽压可以做如下考虑:一般假设气孔内的水汽在温度 T_v 下是饱和的,因此,冠层的饱和水汽压为:

$$e_v^* = 0.611 \exp\left[\frac{17.27(T_v - 273.2)}{T_v - 35.86}\right] \tag{6-21}$$

土壤表面湿度 e_s 与土壤表面温度和土壤含水量有关,用如下公式计算:

$$e_s = e_s^* \exp\left[\frac{g\Psi_s}{R'T_s}\right] \tag{6-22}$$

式中:e_s^* 是在温度 T_s 下的饱和水汽压;R' 是水汽气体常数(461.53J/(kg·K));g 是重力加速度;Ψ_s 是土壤基质势;可以用当地土壤水分特征曲线来计算不同含水量下的土壤水势。

冠层阻抗 r_{av} 是叶片气孔阻抗 r_{sv} 在整个冠层的积分,通过叶面积指数可以将叶片气孔阻抗扩展到冠层水平:

$$r_{av} = r_{sv} \frac{0.5 \text{LAI} + 1}{\text{LAI}} \tag{6-23}$$

但是在较高叶面积时,下层叶面的气孔导度处于光限制状态,所以,实际的平均气孔导度(气孔阻抗倒数)与叶面积指数的关系并非如此简单。实际上,冠层导度是非受迫冠层导度(即叶片最大气孔导度)、吸收的 PAR、水汽压差和根区土壤含水量的函数。目前,对气孔阻抗的模拟多采用简化的半经验关系,以 Campbell 提出的半经验方法为例:

假设气孔阻抗是叶片水势(Ψ_{leaf})、有效能量(A_1,即冠层净辐射)和叶面积指数 LAI 的函数:

$$r_{sv} = \left[1 + \left(\frac{\Psi_{leaf}}{\Psi_{critical}}\right)\right]\left[\frac{1000}{0.4\text{LAI} + 0.05A_1}\right] \tag{6-24}$$

$\Psi_{critical} = -1600\text{J} \cdot \text{kg}^{-1}$(约等于 -1.6MPa),Y 的值根据具体作物确定,当水分充足时,第一项趋向于 1($\Psi_{leaf} \ll \Psi_{critical}$),第二项是综合辐照度与蒸腾作用的经验关系。

土壤蒸发阻抗 r_{ss} 对土壤表面蒸发通量的精确估计很关键,在不饱和状态下,土壤蒸发的水汽源位于土壤表层之下,水汽源之上的干土层的厚度限制水汽扩散,所以 r_{ss} 岁土壤变干而逐渐增加。可以用土壤湿度来拟合土壤表面阻抗:

$$r_{ss} = 3.5\left(\frac{\theta_{sat}}{\theta}\right) + 33.5 \tag{6-25}$$

θ_{sat} 是土壤饱和含水量,θ 是土壤实际含水量。对冠层阻抗和土壤表面阻抗的拟合关系有很多。在此不再赘述。在地表温度信息充足的条件下,这些阻抗不影响双层模型的求解和通量的计算。

双层模型的 4 个基本方程中,包含 6 个未知数:$T_0, e_0, T_v, T_s, e_s, r_{ss}$。上述方程中给出了土壤湿度 e_s 和土壤水汽扩散阻抗 r_{ss} 的模拟方程,从而使得未知数减少到 4 个。

从遥感的角度考虑,土壤湿度和水汽扩散阻抗信息可以用微波探测,也可以用多光谱或多角度热红外波段反演组分温度 T_v 和 T_s,后者是目前研究的主要方向。

双层模型是一种空气充分混合、植被与土壤完全耦合条件下的冠层模型,土壤和植被的辐射、动量和标量的积分可以在平均地表面上直接进行累计,因此,只适用于局地范围。

3）多层模型

多层阻抗模型也是将植被和土壤分开，并且将植被细分为若干层，即将显热通量看做是土壤显热通量与若干层植被显热通量之和，这种模型适用于小尺度研究。

多层模型受到双层模型的启发，并基于对冠层内部廓线的知识，在理论上是一种进步。但是，这种模型无疑引入更多的未知量和参数，且受到使用者知识的限制，所以，这种模型离实用化还有很大的距离。在此，不再作具体介绍。

3. 蒸散法测土壤湿度的实例

蒸散与作物缺水指数法是在有植被情况下监测土壤水分的方法。该方法以能量平衡为基础，考虑因素较全面，物理意义明确。此法使用多时相气象数据，在准确迅速提供气象数据的情况下，才能达到实用化程度，可用此法作土壤水分分布图。

这里仅以单层模型中已经实用化的 SEBS 系统为例，来说明蒸散法的应用。SEBS 在理论上主要包括四个方面：

（1）通过对遥感影像的处理获得一系列地表物理参数如反照率、比辐射率、温度、植被覆盖度等；

（2）建立热传导粗糙度模型；

（3）利用大气团相似性（BAS）（Bulk Atmospheric Similarity）确定摩擦速度、显热通量和奥布霍夫稳定度；

（4）利用地表能量平衡指数（SEBI）（Surface Energy Balance Index）计算蒸发比。张长春等利用该模型使用 NOAA 数据估算黄河三角洲区域蒸散量（见图 6-3）。随后，利用反演的蒸散量与同期降雨量对比就可以确定该地区的干旱程度，或者说缺水指数。

6.1.3 基于植被指数和温度的方法

当植被受水分胁迫时，反映植被生长状况的遥感植被指数会发生相应变化，可通过这种变化反映土壤水分状况。但是，单一的植被指数对旱情的反映相对滞后，而由于蒸发引起的土壤、冠层温度升高现象则更具时效性。因此，植被指数和温度相结合的遥感干旱监测方法较之单一植被指数法更为可行，其优势在于不受气象数据的限制。

利用植被指数和温度法监测土壤湿度的关键是：植被指数和温度的反演以及两者与土壤湿度关系的研究。研究表明，当区域植被覆盖度范围较大时，以遥感资料得到的 T_s 和 NDVI 为横纵坐标得到的散点图呈三角形或梯形。Sandholt 等（2002）利用简化的 NDVI-T_s 特征空间提出水分胁迫指标，即温度植被旱情指数（TVDI，Temperature Vegetation Dryness Index）。该简化的特征空间，将湿边（T_{s_min}）处理为与 NDVI 轴平行的直线，旱边（T_{s_max}）与 NDVI 成线性关系（见图 6-4）。

特征空间的计算表达式为：

$$TVDI = \frac{T_s - T_{s\_min}}{a + b\text{NDVI} - T_{s\_min}} \tag{6-26}$$

式中：T_{s_min} 表示湿边（特征三角形中最小表面温度），T_s 为给定观测像元的表面温度，NDVI 为归一化植被指数，a 和 b 为干边的线性拟合参数（$T_{s\_max} = a + b\text{NDVI}$），$T_{s\_max}$ 是给定的 NDVI 值对应的最大表面温度。

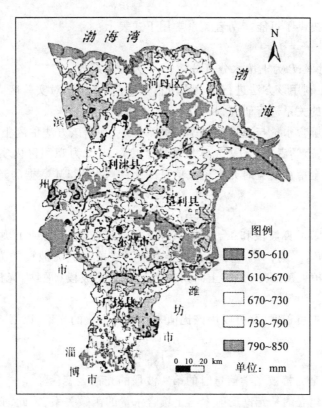

图 6-3　1992 年蒸散(发)量空间分布

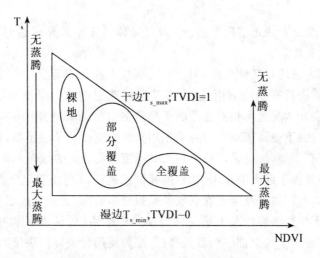

图 6-4　简化的 T_s-NDVI 特征空间

6.1.4　土壤水分光谱特征法

土壤是含多种成分的复杂的自然综合体,土壤光谱受母质、有机质、水分等多种复杂因素的影响,在母质等其余因素固定的情况下,土壤光谱受土壤水分的制约比较明显。土壤水分含量约大于5%时,土壤反射率随土壤水分含量的增加呈指数下降趋势,这一规律为遥感方法监测土壤水分提供了可能。两者关系常用下式表示：

$$R = ae^{bP} \tag{6-27}$$

式中：R 为光谱反射率；P 为土壤水分百分数；a、b 为待定系数。

需要注意的是：利用该方法进行土壤水分监测之前，必须要对实验区内各种土壤类型含水量与光谱反射率的关系进行研究，从而确定 a、b 两个系数。

除了要确定土壤含水量与土壤反射率的关系之外，利用该方法估测土壤水分，必须要剔除植被干扰。为此，有学者提出了"光学植被覆盖度"，定义为观测区内实际的光学植被信息与该区内理想的全植被覆盖时光学植被信息的比。这里以 TM 数据的光谱亮度来表达：

$$C_{vo} = \frac{B_4 - B_{23} - r_{so}}{(B_4 - B_{23})_{max} - r_{so}} \tag{6-28}$$

式中：B_4、B_{23} 分别为 TM 四波段和二、三波段（平均）光谱亮度；r_{so} 为纯土壤（裸土）的植被指数本底，$r_{so} = B_{4\pm} - B_{23\pm}$（$B_{4\pm}$，$B_{23\pm}$ 分别为裸土 TM 四波段、二、三波段的光谱亮度）；$(B_4 - B_{23})_{max}$ 为理想的全植被覆盖时（无裸土面）四波段和二、三波段（平均）光谱亮度的差值（也是极大值）。

在得到光学植被覆盖度后，可以用该比值来计算纯土壤的光谱，以第 4 波段为例：

$$B_{4\pm} = \frac{B_4 - C_{vo}B_{4植}}{1 - C_{vo}} \tag{6-29}$$

式中：$B_{4植}$ 为理想的全为植被光学信息时的第 4 波段的光谱亮度。

公式(6-27)中建立的是光谱反射率与土壤含水量的函数关系，因此，必须将式(6-29)中所得到的纯土壤的光谱值转化为反射率，其转化关系式为：

$$B_\lambda = R_\lambda \tau_\lambda B_{0\lambda} \tag{6-30}$$

式中：R_λ 为土壤对波长 λ 的光谱反射率；τ_λ 为大气对波长 λ 的光谱透射率；$B_{0\lambda}$ 为土壤在 λ 处的太阳光谱辐射亮度。

各种干旱监测方法均有其优缺点。目前，遥感技术在干旱监测中的应用还处于初级阶段，没有任何一种方法具有全球适用性，大多是区域范围内的干旱监测模型。在实际应用中，只能根据区域实际情况选择相对合适的干旱监测方法。如裸地或半裸地较多的地区可采用土壤热惯量方法；下垫面相对均匀时可采用蒸散模型中的单层模型；研究区域土壤含水量范围几乎涵盖所有类型时，可采用植被指数和温度相结合的方法等。尽管如此，遥感技术在干旱监测中已经发挥了巨大的作用，如目前我国已经可以利用卫星资料和全国土壤湿度分布数据、全国土壤利用数据及全国农业气象预报分布数据，生成全国卫星遥感干旱监测影像、区域卫星遥感干旱监测影像及卫星遥感干旱分析产品（包括农区和牧区的干旱程度）。干旱监测产品及时传送至气象部门和有关部门，成为辅助相关部门决策的重要依据。

6.2 森林火灾遥感监测

森林火灾一旦发生，就会释放大量的 CO_2 及大量空气中的示踪气体，这些气体对环境和全球气候变化产生重大影响。除此以外，森林火灾的发生无疑会导致大量林地的减少，从而对土地覆盖产生重大影响。因此，森林火灾监测已经引起广泛的重视。森林火灾的监测包括灾前预警、实时监控和灾后评估恢复等各个方面。一般而言，大片的林地距离居民地较远,一旦发生火灾,如何快速获知信息成为森林火灾监测的重点。目前,已有多种利用气象卫星数据或其他小卫星数据进行森林火灾监测的方法。

6.2.1 火灾监测的原理及数据选取

森林火灾的火焰温度一般在600°C以上,根据韦恩位移定律,森林火灾在波长为 3~5μm 红外线的波段上有较强的辐射。因此,在森林火灾的监测中,3~5μm 的红外通道数据是必不可少的。

另外,利用遥感技术确定地表是否发生燃烧,至少需要考虑两方面的因素,一方面是探测到的地表亮温是否异常,另一方面要考虑覆盖该处的地物是否可燃烧。前者可利用红外或热红外通道监测来完成,后者则引入可见光/红外波段(用于监测植被指数)进行林火监测。

目前,用于森林火灾监测的卫星数据大多为中低分辨率的气象卫星,如 GOES 系列卫星 NOAA/AVHRR、MODIS,风云气象卫星等。除此之外,高分辨率的陆地卫星系统也可以为火灾监测提供数据支持,如 Landsat/中红外通道(2.08~2.35μm)可用于检测温度超过700K、占像元面积(30m×30m)20% 的火焰。但是,上述状况下通道(2.08~2.35μm)接收的信号达到饱和。

6.2.2 森林火灾监测模型

森林火灾监测模型大体可分为四种类型:Dozier 方法,阈值法(Threshold-Based Method),关联法(Contextual Method)和燃料掩膜法(Fuel Mask Method)。

1. Dozier 方法

1981年 Dozier 就提出了利用多通道热红外光谱数据提取子像元分辨率热点面积和温度的计算方法,该方法利用了 Planck 辐射函数,并假设:如果像元的某一部分温度明显高于其他部分,则温度高的部分在短波红外波段的辐射信号强于热红外波段。混合像元的温度可利用如下方程表示:

$$T_i = L_i^{-1}[pL_i(T_t) + (1-p)L_i(T_b)] \tag{6-31}$$

式中:i 分别代表红外波段和热红外波段,对于 AVHRR 数据而言,$i=3,4$;T_i 为通道 i 的辐射温度;T_t 为目标温度或热点温度;T_b 为背景温度;L_i^{-1} 为通道 i 黑体辐射函数的反函数;p 为混合像元中热点所占的比例($0 \leq p \leq 1$)。

一般而言,背景温度 T_b 可用与热点临近像元的平均值来代替。因此,以上方程中未知数只有 T_t 和 p。通过 $i=3$ 和 $i=4$ 这两个方程就可以求出未知因子。求出 T_t 之后,根据 T_t 和 T_b 的温差大小便可确定目标点的类型。

Dozier 方法提出之后,有许多学者利用并改进了这一方法,但是这一方法有效性的验证却非常困难,直到2001年,Louis Giglio 和 Jacqueline D. Kendall 研究表明,当火点(热点)占一个像元的比例大于0.005时,利用 Dozier 方法提取热点温度和面积的随机误差(用标准差表示)高达±100K 和±50%,热点越小随机误差和系统误差越大。尽管如此,Dozier 方法仍然成为后来提出的各种方法的理论基础。

2. 阈值法(Threshold-Based Method)

阈值法是继 Dozier 方法之后发展最早的方法。阈值法实际上就是利用经验确定值来区分热点和背景点(或云)。在此,阈值的确定非常重要,所需确定的阈值包括:红外和热红外通道亮温阈值,红外和热红外通道的温差阈值。不同研究对红外和热红外通道亮温阈值的确定存在区域性差异,但是后者温差的确定却基本相同,即上午或夜间温差为8K,而下午温差为10K。如 Kaufman 等(1990)利用 AVHRR 识别火点的模型如下:

$$T_3 \geqslant 320°K$$
$$T_3 - T_4 \geqslant 10°K \qquad (6-32)$$
$$T_4 > 250°K$$

满足以上三个条件的像元即为火点,但是,利用以上三个阈值并不足以应对各种火点的识别。为此,引入更多参数,如 Rauste 等(1997)开发的针对 AVHRR 数据的自动识别系统由6个阈值组成:通道2、3、4的阈值,扫描角限制,火点大小限制以及避免太阳闪光点的限制等。

3. 关联法(Contextual Method)

关联法是根据潜在火点和背景像元(根据卷积大小定义背景变量)之间的对比级识别火点的方法。与固定阈值法不同,关联法根据不同的区域和季节定义不同的变量,从而使关联法在不同的环境条件下更灵活有效。

对于 NOAA/AVHRR 而言,关联法包括三个步骤:首先,求测试像元的周围像元在通道3、4、5的温度均值,这些值在个别方法中可用来评估背景温度并调整第3、4通道的温度值;其次,利用 Dozier 模型计算第3通道的温度阈值;最后,如果第3通道的调整温度值大于第二步中所确定的阈值,则确认该像元为热点(或火点)。

关联法流程图如图6-5所示。

值得注意的是,像元背景窗口大小可根据实际情况来确定,但是,不可太小(如,3×3),如果背景窗口太小,占有几个像元的大面积火点将会提高背景点温度,从而导致火点不可探测。

在以上方法中,首先利用分通道阈值(即,$T_3 > 309K$ 和 $T_4 > 286K$)和分通道的温差阈值($T_3 - T_4 \geqslant 10K$)选取潜在火点,然后利用如下关联条件:

$$T_3 > \mu_3 + (1.5 \times \sigma_3)$$
$$T_3 - T_4 > \mu_{3-4} + (1.5 \times \sigma_{3-4}) \qquad (6-33)$$
$$R_2 < \mu_2 + \sigma_2$$

判断火点像元(同时满足以上三个条件的像元分类为火点像元)。Giglio 等(2003)在原始关联算法的基础上进行改进,提出了针对 MODIS 数据的加强型关联火灾探测算法。在加强型火灾探测算法中,同时应用了可见光、近红外数据。在短波红外(如 MODIS,3.55~3.93μm 波段)监测到的异常点,除森林火灾外,还有水面对阳光的反射、高空热气流、阳光下的沙滩和沙漠、常规工业热源点、噪声点等。可见光、近红外数据的应用为这些混淆点的剔除提供可能,如 0.65μm、0.86μm 和 12μm 波段可用于做云和水体掩膜,从而剔除因水体和云雾反射而造成的异常点。

4. 燃料掩膜法(Fuel Mask Method)

野火或林火产生的必要条件之一是:下垫面可提供足够的可燃物质。而归一化植被指数(NDVI)与植被生物量(即可燃物质)密切相关,为此,可引入植被指数作为附加条件剔除遥感监测中误判的像元点,这就是燃料掩膜法。燃料掩膜法是在 Chuvieco 和 Martin(1994)利用林地掩膜法剔除误判火点的基础上发展起来的。它与关联法类似,只是需要在应用关

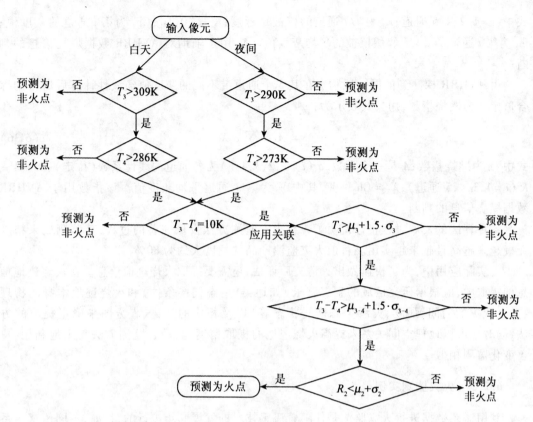

图 6-5 昼夜关联模型(μ 和 σ 分别为待判像元周围 15×15 像元窗口的均值和标准差)

联法之前首先进行可燃物质的验证。

针对可供燃料的判断中,引入 NDVI 最大值合成法(Maximum Value Composite),即利用一年中接近最大绿度(植被覆盖率)且在火灾发生之前的影像。当 MVC 大于某个阈值(0.3 或 0.4)时,才可认为有足够的燃料维持火焰的延续。潜在火点的判断条件为:

$$\begin{aligned} &\text{NDVI MVI} \geqslant 0.3 \text{ 或 } 0.4 \\ &T_3 > k_1 \text{ and } T_4 > k_2 \\ &T_3 - T_4 \geqslant k_3 \end{aligned} \quad (6\text{-}34)$$

(k_1, k_2 和 k_3 分别为不同的阈值)

此后即可进行火点的判断,其判断条件与关联法相同,在此不再赘述。其他方法如亮温-植被指数法,与燃料掩膜法亦有异曲同工之处。

5. 多因子分析算法

多因子分析算法的目的是为了剔除水体和云层的干扰,并将植被信息作为辅助判断条件之一。该算法利用 NOAA 卫星 AVHRR 传感器 5 个通道分别反映地面的不同信息(如利用第 1、2 通道表现燃烧点的植被信息,利用第 4、5 通道得到的地表亮温可消除裸地、水体和云层的干扰)建立了小火点自动识别模型,并给出了植被贴近度和燃烧指数的定义。

植被贴近度:指待判点与同一通道邻域植被均值的接近程度,用公式表示为:

$$K_i = 1 - \left| \frac{\text{Ch}_i - \text{fh}_i}{\text{fh}_i} \right| \quad (6\text{-}35)$$

式中：$i=1,2,4,5$ 通道；K_i 为第 i 通道的植被贴近度，$K_i \in [0,1]$；Ch_i 为第 i 通道的灰度值；fh_i 为第 i 通道的 5×5 邻域植被的平均灰度值。K_i 用于辅助对 AVHRR 数据燃烧信息的判断。

由 AVHRR 探测到的同一地物点在其 5 个通道上不同的灰度值经线性计算后所得的综合值定义为燃烧指数，用公式表示为：

$$Y = A + \sum_{i=1}^{5} a_i X_i \qquad (6\text{-}36)$$

式中：Y 为燃烧指数；A 是一个常数；$a_i(i=1,2,3,4,5)$ 为各通道的线性系数（待定）；$X_i = 1 - K_i (i=1,2,4,5$ 通道$)$；$X_3 = Ch_3 - W$，其中 W 为第 3 通道平均灰度值。该指数用于 AVHRR 数据燃烧信息的判断。

各种算法的发展过程正好说明了森林火灾监测方法发展完善的过程，其监测成果精度无疑越来越高且越来越实用。目前火灾监测产品的精度大约为 80%。

在实际应用中，为了快速做出火情灾后评估，还需要提取火烧迹地信息。在火烧迹地信息的提取中，应根据研究区域的生态背景（如地类、生态气候条件）和火烧迹地本身的物理特性（火灾的时间、强度、灾后生态恢复状态等）以及相应的光谱、直方图来确定提取的方法，同时还可以地理空间关系来提高火烧迹地的提取精度，其动态监测方法与土地利用/覆盖变化监测相似。

6.2.3 火灾监测实例

利用遥感数据进行火灾监测是伴随着遥感技术的发展同步进行的，目前，不同传感器系统（如 AVHRR、MODIS 等）火灾监测成果已经可以从网上下载（如 http://modis-fire.umd.edu/products.asp）。图 6-6 是为期 8 天的 3 级 MODIS 火灾合成产品。有关该产品的处理方法和过程可参考 MODIS 火灾产品用户手册（MODIS Collection 4 Active Fire Product User's Guide Version 2.2）及 MODIS 火灾产品方法技术背景手册（Algorithm Technical Background Document：MODIS FIRE PRODUCTS）。

图 6-6　2001 年 10 月 9 日澳大利亚北部火点掩膜图

国内相应的卫星遥感应用中心或接受站也开始为相应单位提供火灾监测产品。如武汉大学 MODIS 卫星数据地面接收站在火灾监测中采用了阈值检测法,通过短波红外和热红外通道(即 MODIS 的 $4\mu m$ 和 $11\mu m$ 通道)的亮度温度的差别来识别火点。并从 2002 年 9 月开始全国范围内的自动实时森林火灾研究和监测工作,于 2003 年 2～5 月期间向黑龙江测绘局提供火灾监测产品。

6.3 雪灾遥感监测

雪是地球表面最为活跃的自然要素之一,其特征(如积雪面积、积雪分布、雪深等)是全球能量平衡、气候、水文以及生态模型中的重要输入参数。就全球和大陆尺度而言,大范围积雪会影响气候的变化、地表辐射平衡与能量交换以及水资源的利用等;就局部和流域而言,积雪会影响天气、工农业和生产、生活用水资源、环境、寒区工程等一系列与人类活动有关的要素。

农谚有"瑞雪兆丰年"的说法,也就是说,适当的降雪有利于农牧业的生产和发展,而且,人们生产、生活所用淡水资源在很大程度上依赖于冰川积雪融水。但是在人类活动频繁的地区出现长时间积雪和大量降雪,则有可能对人们的生产、生活乃至生命财产安全造成影响以至形成灾害,如牧区雪灾(白灾)及其衍生灾害(如低温冷害、房屋倒损,交通、通信、电力中断等),都是由于长时间积雪和过量降雪造成的。遥感技术在对大范围雪灾进行监测方面具有其他常规手段无法替代的优势,它可以对雪灾前期地面覆盖状况、降雪过程、地表亮温以及成灾过程等进行实时监测,从而判断出降雪是否成灾。

6.3.1 积雪遥感监测原理

1. 积雪光谱特征

积雪遥感监测的基本原理主要是利用雪的光谱特性及其与云、裸地、植被等光谱特性的差异,提取积雪信息。

积雪在可见光、红外通道的反射率明显高于裸地,而在热红外通道的热辐射率却低于裸地,利用这种特征,只选择其中一个通道的单阈值判断法和同时选择上述两个波段的双阈值法均可有效地区分积雪与裸地。

虽然云与积雪具有相似的光谱特征,但研究表明,云在可见光和近红外通道的反射率比积雪高 3%,而在热红外通道的亮温要低 3℃ 左右;积雪在短波红外 $1.6\mu m$ 和 $2.0\mu m$ 波长处的反射率最低,而云(尤其是中低云)在该波段反射率仍很高,这一特点可用于识别积雪和中低云(图 6-7);同时,云是运动的,观测量随时间变动较大,而积雪则相对稳定。因此,在积雪的遥感监测中,可利用双阈值法或多时相变化监测法区分云体和积雪,如利用 NOAA 卫星高时间分辨率的特点,采用多时相的最小亮度合成法,可以有效地消除云对积雪区域判定的影响。

2. 积雪的微波反射特征

除利用可见光的反射和热红外波段的辐射信号外,积雪信息还可以通过微波反射信号获取。通过对 SAR 影像的分析发现:裸岩、裸地、灌丛等未受到扰动的地表相干性高,湖面、雪被等变化明显的地表相干性低,利用其相干性低的特征可以进行积雪划分。一般而言,从

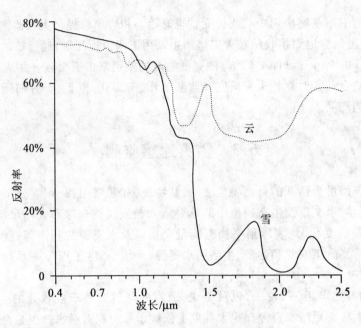

图 6-7 云、积雪反射率光谱曲线图

积雪场返回的雷达信号包括气-雪边界的表面散射,积雪场的体散射以及雪-地边界的散射等。积雪可分为雪温较低但不含水分的"干雪"和雪温通常为 0℃ 的含有水分的"湿雪"两种。对于"干雪"而言,当航空或航天 SAR 传感器的发射频率位于 1~12GHz 时,积雪场的体散射的贡献可以忽略,且"干雪"的衰减系数较小,因此,"干雪"的后向散射系数与无雪表面类似,从而导致"干雪"覆盖场很难从无雪覆盖的下垫面中识别出来;但是,对于表面光滑的"湿雪"而言,其雪盖的衰减系数增加,后向散射系数则明显减少。

6.3.2 积雪范围遥感监测模型

目前常用的多光谱卫星遥感监测积雪方法有:多时次合成法、多光谱阈值法、概率积雪判识法以及聚类分析等。基于"湿雪"场后向散射系数的变化,Baghdadi 等(1997)提出了多时相 ERS-1 SAR 数据绘制湿雪范围的变化监测法,该方法需要设定背景影像,可以将非积雪或"干雪"条件下的影像作为背景影像。下面分别介绍多光谱和 SAR 数据的雪灾监测模型。

1. 基于多光谱数据的监测模型

1) 多时次合成法

多时次合成法主要可分为两个步骤:一是云的剔除;二是积雪阈值的确定。由于云和积雪的光谱特征相似,消除云的影响是遥感雪灾监测的前提,多时次合成法正是为了区分云与雪而提出的一种有效的方法。其基本思路为:选取没有新降雪过程发生的一定时段的遥感资料,在各时相影像完全配准的情况下,根据云与积雪在可见光、远红外波段的光谱特征,就不同时相上同一位置点,取其在可见光通道的最低值和远红外(热红外)通道的最高值,即可去掉反射率较大、热辐射值较低的云的数据,而保留较稳定的积雪信息。具体计算公式为:

$$Ch_{VIS} = \min(Ch1_{VIS}, Ch2_{VIS}, \cdots, Chj_{VIS}) \tag{6-37}$$

$$Ch_{TIR} = \max(Ch1_{TIR}, Ch2_{TIR}, \cdots, Chj_{TIR}) \tag{6-38}$$

式中：Ch_{VIS}、Ch_{TIR} 为结果值；Chj_{VIS} 为各时相的可见光通道值；Chj_{TIR} 为各时相的远红外通道值；j 为所取时段的总天数。

2) 多光谱阈值法

多光谱阈值法主要根据积雪及云、裸地在可见光、中红外、远红外及近红外通道的光谱特性，利用上述通道资料提取积雪信息。该方法一般在不具备短波红外通道资料条件下使用。

算法包括雪与云的区分和雪与其他陆地目标（如植被、水体等）的区分。雪与云的区分（即，云的判识）算法为：

$R_{VIS} > Th_{10}$ 且 $R_{VIS} - R_{NIR} > Th_{11}$ 且 $T_{MIR} - T_{TIR} > T_{10}$ 或

$R_{VIS} > Th_{10}$ 且 $R_{VIS} - R_{NIR} > Th_{11}$ 且 $(T_{MIR} - T_{TIR})/T_{TIR} > T_{11}$ 或

$R_{VIS} > Th_{10}$ 且 $R_{VIS} - R_{NIR} > Th_{11}$ 且 $R_{VIS}/R_{NIR} > Th_{12}$

R_{VIS}、R_{NIR} 分别为可见光和近红外通道的反射率，R_{VIS}、T_{MIR}、T_{TIR} 分别为可见光通道反射率、中红外通道和远红外通道的亮温。Th_{10}、Th_{11}、Th_{12} 为反射率运算的判识阈值，T_{10}、T_{11} 为亮温判识阈值。

对雪与植被、水体、裸地等其他地物的判识算法分别为：

$R_{VIS} > Th_{10}$ 且 $R_{VIS} - R_{NIR} < Th_{11}$ 且 $N_{DVI} > Th_{13}$（植被判识）；

$R_{VIS} > Th_{10}$ 且 $R_{VIS} - R_{NIR} < Th_{11}$ 且 $R_{NIR} < Th_{14}$（水体判识）；

$R_{VIS} > Th_{10}$ 且 $R_{VIS} - R_{NIR} < Th_{11}$ 且 $T_{TIR} > T_{12}$（裸地判识）。

其中，NDVI 为植被指数，Th_{13}、Th_{14}、T_{12} 均为判识阈值。以上各个算法的执行是按顺序循环进行的。

可见，多光谱阈值法监测积雪的基础是积雪信息在各判识物理量中的数值分布特征。这里所指的物理量，既包括原始的卫星观测通道物理量，如可见光通道、近红外通道、红外长波通道、大气分裂窗通道等，也包括根据光谱原理将不同的卫星观测通道组合衍生出来的物理量，如 NDVI、NDSI 等。郑照军等（2004）在对 NOAA-16/AVHRR3 遥感影像上不同云和下垫面进行多光谱聚类和光谱特征分析的基础上，通过影像合成等多种手段进行反复试验，确定出用于积雪监测的各种判识物理量，并建立了它们对不同月份、不同下垫面的检测阈值库，见表 6-1。

在多光谱阈值法中，较为常用的是归一化差分积雪指数（NDSI）方法，该方法是基于雪对可见光与短波红外波段的反射特性和反射差的相对大小的一种测量。NDSI 类似于归一化植被指数（NDVI），对大范围的光照条件不敏感，对大气作用可使其局地归一化并且不依赖于单通道的反射，其基本运算如下：

$$NDSI = (CH_{VIS} - CH_{SWIR})/(CH_{VIS} - CH_{SWIR}) \tag{6-39}$$

式中：CH_{VIS}，CH_{SWIR} 分别代表可见光波段与短波红外波段的反射率。

在归一化差分积雪指数方法中，NDSI 通常与近红外通道反射率和远红外通道的亮温阈值相结合，共同用于识别积雪区域，识别算法如下：

$NDSI > Th_{NDSI}$，且

$R_{NIR} > Th_{NIR}$ 且 $T_{TIR} > Th_{TIR}$

式中:R_{NIR}表示近红外波段的反射率;T_{TIR}代表热红外波段的亮温;Th_{NDSI}、Th_{NIR}和Th_{TIR}分别代表 NDSI、反射率和亮温的积雪判识阈值。

表 6-1　　NOAA-16/AVHRR3 积雪判识物理量及 11 月中旬的积雪检测阈值表

判识物理量	表达式及单位	雪信息范围	补充说明
R_1	R_1	0.290~0.999	0.200 以下为陆地、水体、冰
R_2	R_2	0.270~0.999	包含云、部分冰和少量陆地
R_3	R_3	0.030~0.185	水<(雪、部分陆地、部分云)<(云、陆地)
T_4	T_4(×1K)	248.0~275.0	包含雪和部分云,248.0K 以下为云
T_5	T_5(×1K)	248.0~275.0	包含雪和部分云,248.0K 以下为云
DR_{12}	R_1-R_2(×10000)	100~1800	-10000~50 为陆地水体
DR_{13}	R_1-R_3(×10000)	1200~8500	-10000~100 为陆地水体
DR_{23}	R_2-R_3(×10000)	1000~8500	-10000~0 为陆地水体
NDVI	$(R_2-R_1)/(R_2+R_1)$(×1000)	-150~-10	包含云、雪、陆地,-1000~-150 为云阴影、水体、冰,-10~1000 为陆地
NDSI	$(R_1-R_3)/(R_1+R_3)$(×1000)	120~999	-1000~20 为陆地水体,550~1000 为雪
RR_{12}	$(R_1-R_2)/R_2$(×1000)	20~300	230~10000 为云阴影、水体、冰、雪,-1000~10 为陆地
RR_{13}	$(R_1-R_3)/R_3$(×1000)	1100~9999	1100~3200 为混合区,3200~10000 为雪(含冰)和极个别的云阴影区

3)概率积雪判识法

概率积雪判识法与多光谱阈值法类似,需要根据积雪值在各个判识物理量中的分布情况,确定满足积雪阈值的范围。不同的是,在确定积雪阈值范围的同时,需要确定像元点在阈值区内不同位置处符合积雪点的可信度,即积雪概率,然后,将所有判识物理量对应的积雪概率权重累加,得到一个综合的积雪判识概率变量值,再将其用于积雪判识。下面给出的流程,是采用概率积雪判识方法,利用 NOAA-16/AVHRR3 遥感影像,进行旬积雪监测。

第一,计算各个积雪判识物理量的概率值。假定对某个像元点 M,在某旬中有 l 个时次的卫星观测资料。对于 j 时次的观测,设 x_i 为某个判识物理量 X_i 的值;a_i、b_i 分别为该判识物理量中积雪分布区域的下限和上限;u_i 为上下限之间积雪信息最强处,判识物理量的取值,显然 $a_i<u_i<b_i$。判识物理量 X_i 符合积雪信息的概率 p_i 计算公式如下:

$$p_i(x_i) = 1 - \frac{|x_i - u_i|}{b_i - a_i}, a_i \leq x_i \leq b_i \quad (6-40)$$

$$p_i(x_i) = 0, x_i < a_i \text{ 或 } x_i > b_i$$

当 x_i 位于 a_i、b_i 之间时,$p_i(x_i)$ 为不超过 1 的正值。也就是说,从 j 时次判识物理量 X_i 来看,M 点积雪的概率为 $p_i(x_i)$,且 x_i 值越接近 u_i,概率越大;当 x_i 位于 a_i、b_i 区域之外时,$p_i(x_i)$ 为零,即从 j 时次判识物理量 X_i 来看,M 点不可能为积雪。按照同样原理,依次利用各判识

物理量对 M 点进行判断,就得到 n 个概率值。

第二,计算积雪点的综合概率值 P_j。将上述 n 个概率值权重相加,得到一个用于描述 j 时次 M 点是否为积雪点的综合概率值 P_j:

$$P_j = \sum_{i=1}^{n} w_i p_i(x_i) \tag{6-41}$$

式中:w_i 为第 i 个判识物理量的积雪概率 $p_i(x_i)$ 的权重因子。

第三,计算 M 点的旬积雪概率 P。P_j 仅反映了 M 点在 j 时次观测时符合积雪信息的可能性,并不能据此判断 M 点就是积雪点。为此,可根据积雪的持续性,利用其他时相卫星观测资料对 M 点进行综合判识。这样,l 个时次的卫星观测资料就可以得到 l 个权重后的综合积雪概率值,然后,将第二步中计算的综合概率值累计相加得到旬积雪覆盖概率:

$$P = \sum_{j=1}^{n} P_j \tag{6-42}$$

第四,根据 l 的值设定 P 的积雪判识阈值,进而判定 M 点在旬中是否为积雪点。

2. 基于 SAR 数据的遥感监测模型

冰雪覆盖后的地表面,其相干性将发生很大的变化,利用合成孔径雷达数据进行全天候雪灾监测正是基于以上相干性变化特征进行的。

重轨干涉测量数据的相干性是干涉测量最重要的参数之一,它用相干度(Degree of Coherence)来表示,相干度表达式如下:

$$\rho = \frac{|\langle s_1 \cdot s_2^* \rangle|}{\sqrt{\langle s_1 \cdot s_1^* \rangle \langle s_2 \cdot s_2^* \rangle}} \tag{6-43}$$

式中:s_1、s_2 分别表示重轨干涉测量获取数据,重轨干涉测量雷达数据都是复数形式。$\langle \cdot \rangle$ 表示期望值,$*$ 表示复数共轭,且 $\langle s \rangle = \frac{1}{n} \sum_{i=1}^{n} s_i$,表示影像窗口的期望值。据此,可以计算出两数据相应像元的相干度。相干度的范围在 0~1 之间,0 表示不相干,1 表示完全相干。利用 SAR 提取冰雪范围的流程如图 6-8 所示。

6.3.3 积雪深度遥感监测

1. 线性回归模型

研究表明,积雪深度与各波段反射率、积雪指数、坡度等因素存在一定的相关关系,因此,可以通过对各因素的多元线性回归分析反演出积雪深度信息。

由于可见光和热红外波段对积雪反应比较敏感,可以作为雪深估算的基础,例如,在对北疆阿尔泰地区的积雪资料进行详细统计分析的基础上,可以利用可见光和热红外波段的遥感数据进行回归统计分析,进而建立雪深反演的回归模型:

$$\begin{aligned} &SD = 5.736 + 0.597(Ch1 - Ch2) \quad 0 < SD \leqslant 20 \\ &SD = 41.711 - 0.362(Ch1 - Ch2) \quad SD > 20 \end{aligned} \tag{6-44}$$

该模型的样本数为 80,回归系数为 0.879,显著性水平为 0.05。分析发现,干雪期的雪深与经度、纬度、海拔高度、NOAA 卫星可见光波段 Ch1、近红外波段 Ch2 的灰度值及波段组合指数 Ch1-Ch2、Ch1Ch2、Ch2/Ch1、Ch2+Ch1 和 (Ch2-Ch1)/(Ch2+Ch1) 之间具有明显的相关性。结果表明:上述回归模型对于 0~20cm 的雪深反演精度较高,雪深大于 20cm 时,模型

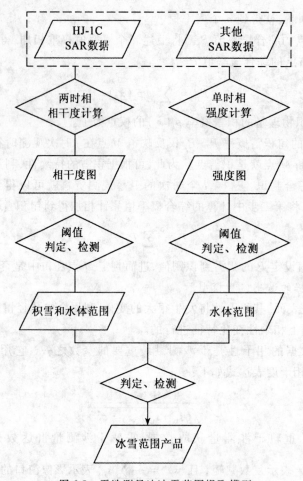

图 6-8 干涉测量法冰雪范围提取模型

误差较大。

考虑到积雪指数 NDSI 与积雪厚度具有一定的相关关系,可以将 NDSI 作为影响积雪厚度的一个因子。此外,考虑到高程、坡度和坡向对于积雪深度的重要性,将高程、坡度和坡向也作为积雪厚度估算的三个因子。因此,在多元线性回归模型中,主要选取遥感数据相应通道的反射率、雪被指数(NDSI)、积雪表面温度(T_s)、坡度(Slope)、坡向(Aspect)和高程(Altitude)作为积雪深度反演参数,按坡度分段建立相关关系模型,用于积雪深度反演,一般计算公式如下:

$$SD = \alpha_1 \rho_{VIS} + \alpha_2 \rho_{NIR} + \alpha_3 NDSI + \alpha_4 T_s + \alpha_5 Slope + \alpha_6 Aspect + \alpha_7 Altiude \quad (6-45)$$

式中:SD 为积雪深;ρ_{VIS},ρ_{NIR} 为可见光、近红外通道的反射率;$\alpha_1,\alpha_2,\alpha_3,\cdots,\alpha_7$ 为率定的系数;NDSI 为雪被指数;T_s 为积雪表面温度;Slope 为坡度;Aspect 为坡向;Altitude 为高程值。

对于高光谱传感器而言,可见光和近红外通道均可以分解为几个通道,此时,$\alpha_1 \rho_{VIS} = \alpha_{11} \rho_{VIS1} + \alpha_{12} \rho_{VS2} + \cdots + \alpha_{1n} \rho_{VISn}$,$\alpha_2 \rho_{NIR} = \alpha_{21} \rho_{NIR1} + \alpha_{22} \rho_{NIR2} + \cdots + \alpha_{2n} \rho_{NIRn}$;对于某个坡度范围,要去除某个通道反射率的影响,则 $\alpha_{11} \cdots \alpha_{1n}$,$\alpha_{21} \cdots \alpha_{2n}$ 的某个系数值可为零。

2. 微波遥感雪深反演模型

卫星遥感传感器上获得的微波亮度温度来自大气、雪盖和雪盖下的地表能量辐射。雪粒是微波辐射的散射体,散射重新分配了雪盖地面的辐射,这种散射主要受到雪层的深度和雪粒大小的影响,雪层越深,到达传感器的微波能量被散射的越多,因此,在深雪覆盖地区的微波亮度温度低,而浅雪地区的微波亮度温度高。另一方面,亮度温度也是雪层后向散射系数的函数,而后向散射系数又和微波的频率成正比,导致了微波波段积雪的负亮度温度梯度。大气的贡献在星载微波辐射计的19GHz和37 GHz频率上的差别很小,可以忽略不计。

在考虑大气吸收影响的前提下,利用不用高度的辐射测量,可以通过辐射转换估算雪深。该方法主要是在考虑大气吸收作用的同时,通过测量亮度温度,根据辐射转换方程得出雪深。如果需要得到较为准确的结果,需要同时对大气与表面参数进行微波辐射测量,地面坡度、粗糙度、植被等因素对雪深估计也有一定的影响。

目前常用的积雪深度被动微波算法是NASA的Chang的半理论半经验算法,该算法利用18GHz和37GHz亮度温度差得到积雪深度的反演值:

$$SD = C(Tb18H - Tb37H) \tag{6-46}$$

式中,SD为积雪深度(cm);C为经验常数;Tb18H、Tb37H分别为SMMR的18GHz和37GHz的水平极化亮度温度。SMMR是DMSP F11卫星上的SMM/I之前的一个被动微波遥感传感器。该算法适用于雪深小于1m的地区,已广泛应用于全球积雪深度反演,但是,在高原地区误差较大。因此,针对高山地区稀薄的大气条件,对该算法进行了订正:

$$SD = 2.0(Tb18H - Tb37H) - 8.0 \tag{6-47}$$

对于SSM/I数据,用Tb19H替代Tb18H得到公式:

$$SD = 2.0(Tb19H - Tb37H) - 8.0 \tag{6-48}$$

6.3.4 雪灾判别体系的建立

适当降雪有利于人们的生产、生活,但是过量或者说不适当的降雪会给人们的生产、生活乃至生命财产安全造成重大影响,以至于形成灾害。那么,在什么时候什么状况下才会形成灾害呢?可以通过建立雪灾判别体系解决这个问题。

1. 雪灾判别因子

一场降雪可否成灾,主要取决于以下几个方面:

(1)积雪厚度

积雪厚度是影响降雪是否成灾的主要因子之一,对于非牧区而言,积雪可能造成许多次生灾害;而对于牧区而言,积雪不但影响牲畜的食草还影响牲畜的身体状况。

(2)气温

气温直接影响积雪厚度的变化及积雪持续的天数。

(3)降雪时间

积雪降在不同的时间就可能导致成灾与不成灾两种截然相反的结果。

(4)降雪总量

降雪总量影响积雪厚度的变化和积雪持续天数的变化。

(5)其他因素

风速、地形、坡度、坡向、草场的草高、张势,牲畜本身的抗灾能力等对一场降雪能否成灾也有重要的作用。

在上述众多的判别因子之中,遥感可以监测和判读的包括积雪信息(积雪范围和厚度)、气温以及下垫面状况等。其中,积雪信息是雪灾遥感监测的前提也是重点。

2. 积雪危害评价指数

利用雪灾判别因子建立基础空间数据库,探索有效的积雪危害综合评价指数,是雪灾遥感监测的主要任务之一。如梁天刚等(2004)提出了评价积雪对草地畜牧业危害程度的两种基于格网数据结构的定量化指数,即积雪危害指数 K 和积雪危害综合评价指数 E。

$$K = k_1 \times k_2 \times k_3, \quad E = K \times S \times D/D_{max} \tag{6-49}$$

式中: $k_1 = SC$, $k_2 = SD/(SD+GH)$, $k_3 = GS \cdot GY \cdot GC \cdot GU$; S、D 和 D_{max} 分别代表家畜死亡率(%)、低温持续天数和最大低温持续时间;SD 和 SC 代表积雪遥感监测的深度(cm)和积雪覆盖率(%);GY、GH、GC、GU 和 GS 分别代表鲜草产量(kg·hm^{-2})、草群高度(cm)、草地载畜力(km^2/标准羊单位)、可利用草地面积系数(%)及草地季节放牧利用权重系数;k_1 为积雪覆盖率,反映积雪在地表水平方向的变化;k_2 为草地掩埋指数,反映积雪在垂直方向的变化;k_3 为草地利用价值指数,反映积雪期可放牧利用草场及其贡献率。

3. 雪灾判别模型

目前,常用的雪灾灾情及灾情等级判别模型是逐步判别分析方法,其形式为:

$$Z_g(X) = \ln P_g + C_{og} + C_g^{(\gamma_1)} X^{(\gamma_1)} + \cdots + C_g^{(\gamma_L)} X^{(\gamma_L)}, \quad g = 1, 2, \cdots, G \tag{6-50}$$

式中:X 为判别因子矩阵;G 为雪灾等级,其中 1、2、3、4、5 分别表示无灾、轻度雪灾、中度雪灾、严重雪灾和特大雪灾;L 为选取的判别因子数;C_{og} 为常参;$C_g^{(\gamma_1)}$ 为判别系数;P_g 为灾情等级划分的先验概率。其中 $C_g^{\gamma_i} = (m-G) \sum_{j=1}^{L} W^{\gamma_i \gamma_j} X_g^{(\gamma_j)}, i = 1, 2, \cdots, L; g = 1, 2, \cdots, G; C_{og} = -\frac{1}{2} \sum_{i=1}^{L} C_g^{(\gamma_i)} X_g^{(\gamma_i)}$。

判别因子矩阵直接影响到判别模型的效果,因此,判别因子的选择在建模过程中至关重要,且从动态分析的角度,判别因子矩阵还需进行实时的更新。

6.3.5 雪灾遥感监测实例

目前,牧区的雪灾遥感应用监测是雪灾监测中应用最为广泛和成熟的领域之一,如黄晓东、梁天刚、冯学智等国内学者都曾经对不同牧区雪灾的遥感监测做过相应的研究。具体的雪灾监测应用实例请参阅相关文献。

6.4 赤潮遥感监测

赤潮(Red Tide)又名"红潮",是海洋浮游微藻、原始动物或细菌等在短时间内突发性连锁爆增和聚集,导致海洋生态系统严重破坏或引起水色变化的灾害性海洋生态异常现象。

由于发生赤潮的种类、季节、海区及其成因的不同,其危害方式及危害程度也有着很大的差异。赤潮的危害主要表现在如下几个方面:

(1)赤潮对海洋生态平衡的破坏

海洋生态系统是生物与环境、生物与生物相互依存,相互制约的复杂的生态系统,其中任何一个环节出现问题都会导致生态平衡的破坏。赤潮发生时,其生境状况发生了极大改变,进而影响到海洋生物,最终导致对整个海洋生态系统的破坏。

(2) 赤潮对海洋渔业和水产资源的破坏

赤潮发生时,海洋生物的生境遭到了巨大破坏,如,破坏渔场饵料基础;某些生物的异常爆增,导致鱼、虾、贝等经济生物瓣机械堵塞,造成这些生物窒息而死;赤潮发生后期,赤潮生物的大量死亡及细菌繁殖会分解出大量有害物质,从而使海洋生物缺氧或中毒而死。

(3) 赤潮对人体健康造成的危害

赤潮发生时,鱼、虾、贝等生物会摄取大量的有毒物质,如果人类食用了中毒但没有死亡的海洋生物时,势必会导致中毒甚至死亡。

(4) 赤潮损害海滨旅游业,给海洋经济造成巨大损失

赤潮已成为海岸带水域越来越受关注的海洋灾害,但目前仍没有有效的方法避免赤潮的发生。因此,只能依靠可靠的方法预测、监测赤潮发生的海域,掌握赤潮灾害的发生、发展和消亡规律,进而有效防止或减少赤潮造成的损失和危害。目前,赤潮监测技术大致分为三种:水温、水色遥感监测技术,光学测量技术及生物分析技术。这里仅介绍与遥感技术有关的监测方法。

6.4.1 赤潮遥感监测原理

遥感对赤潮的监测在本质上是对赤潮相关因子的探测。赤潮发生时,赤潮相关因子都会有异常的变化,其中,许多重要的因子诸如海水表层温度、海水叶绿素浓度、表层悬浮泥沙浓度、COD 浓度以及部分反映综合指标的海水水色等,都是可以通过遥感直接观测得到的,这些因子的遥感探测也在不断取得新的进展。因此,遥感已成为探测赤潮发生的有效手段。

赤潮的遥感监测正是根据各种相关因子的异常变化展开的,如叶绿素 a 的遥感监测法。叶绿素探测法可分为浓度绝对值法和增加速率法。下面给出的是一个增加速率法的范例。

一般而言,当赤潮发生时,赤潮影响区的海水叶绿素 a 的浓度持续或螺旋状上升,且会较快地上升到峰值;邻近非赤潮海水的叶绿素 a 浓度也会增加,其含量也比无赤潮高,但增加速度缓慢,而且只增加到一个相对较低水平;二者变化方式和变化速率有明显差别。如1987 年厦门海域某次赤潮期间,从开始到第 4 天,增速分别为 1.2,1.7,1.5,此后增速逐渐降低,直至赤潮消失(图 6-9)。

6.4.2 赤潮的遥感监测模型

根据遥感探测因素的不同,赤潮遥感监测的方法可分为:海面温度遥感监测法、海洋水色遥感监测法(如叶绿素 a 反演监测法、生物量变化监测法等)以及影像合成分析法。

1. 基于海面温度的赤潮监测法

海水温度是赤潮生物繁殖、赤潮形成与维持的重要因素。赤潮发生时,会有海水表面温度升高,甚至出现局部海面高温现象。因此,可通过监测海面温度异常区辅助判断赤潮的发生、发展、流向和消失。具体的海面温度反演方法可参阅本书第 2 章的"海面温度反演模型"。

利用海面温度绝对值提取赤潮信息,需要较好地了解具体海区的海面温度场,还要考虑诸如上升流(其水温比正常水团的表面温度低)等因素的干扰,此时,正常水团的海表水温可能被误判为赤潮温升,导致错误结果,利用温度变化速率则是更有效的途径。对于正常海水,其表层温度变化是一个相对缓慢的过程,一年中表层海水温度变异在 20℃ 左右,但是,

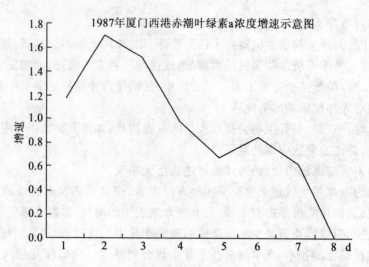

图 6-9 1987 年厦门港赤潮典型站的叶绿素 a 浓度的变化速率

逐日温度变化很小。当赤潮发生时,海水温度变异则大大超过日温差,所以,当表层海水温度日变化率达到一定值时,即可判断赤潮的形成,即

$$SST_{vrs} \geqslant SST_{vt} 且 \Delta SST \geqslant 2℃ \tag{6-51}$$

式中:SST_{vrs} 为根据卫星温度产品数据计算得到的前后两幅影像海表面温度变化率,SST_{vt} 为海表面温度变化速率阈值,ΔSST 为若干天内遥感海面温度上升值,几天内(一般 5~7 天)海水表面温度变化达到 2℃ 以上时,往往是发生赤潮的前兆。

一般情况下,SST_{vrs} 和 ΔSST 因海区和赤潮种类不同而有所差异,需要根据研究赤潮来确定,综合分析目前可以利用的赤潮历史研究,可以认为赤潮发生的临界条件是:$SST_{vrs} \approx 1.1 \sim 1.2$,$\Delta SST \approx 2℃$。

2. 基于水色要素(海洋生物要素)的赤潮监测法

对于赤潮的发生过程,可由海水表层的赤潮生物集聚、繁生和消散过程所引起的海洋水色变化,进行本底对比和异常水色区域的判别,从而识别水色异常区来进行,并以此为依据,进行大尺度、定期的分布式赤潮监测,还可预测赤潮的发生周期及其扩散面积。

水色主要取决于三个要素:叶绿素、悬浮泥沙和黄色物质,研究表明,水色要素与赤潮发生过程有着密切的关系,因此,成为检测赤潮的重要成分。目前,根据水色要素进行赤潮遥感卫星检测的方法有多种,归纳起来主要包括两种类型:基于光谱特征的遥感监测法和数值模拟/计算法。

1) 单波段赤潮遥感监测法

单波段赤潮遥感监测技术主要利用的是赤潮生物细胞颗粒对入射太阳光有较强的散射作用。赤潮发生时,高浓度的赤潮生物悬浮在表层海水中,使赤潮水体的反射率高于正常海水。

由于不同传感器在波段设置上的差别,所以,单波段法遥感赤潮监测中运用的波段也不尽相同,例如,利用陆地卫星(Landsat)多光谱扫描仪(MSS)第 6 波段数据,利用 NOAA 卫星 AVHRR 传感器第 1 波段数据等。但该类技术的弱点是,无法区分赤潮和非赤潮引起的高反射率水体,因此,不能应用于二类水体的赤潮探测和监测。

2) 多波段赤潮遥感监测法

在基于水色要素的赤潮遥感监测法中,使用最多的基于光谱特征的监测技术当属多波段遥感监测法。多波段赤潮遥感监测法包括双波段比值法、归一化植被指数法和多波段差值比值法。

(1) 双波段比值法

双波段比值法是基于水体光谱特征进行的。水体中叶绿素 a 在红光波段(665nm)有一吸收峰,随着叶绿素 a 含量的增加,从水体中出射的红光将减少。近红外波段水体的反射率基本上不受色素吸收影响,主要由水体中悬浮泥沙含量决定。因此,双波段反射率的比值法能够反映叶绿素浓度的信息。当水体中叶绿素浓度增加时,水体在红光波段的吸收作用增强,使水体反射率减少,从而使反射率比值增大。因此,双波段比值模型在浑浊海区能够反映叶绿素浓度的分布,就像蓝、绿波段反射率比值可用于提取一类海水色素一样。但该技术只能探测那些与叶绿素浓度密切相关的赤潮。

Stumpf 和 Tyler 于 1983 年和 1988 年开发了 CZCS 第 1 波段和第 3 波段双波段比值模型和 AVHRR 第 1 波段和第 2 波段的双波段比值模型,此后,一些近岸海域使用该技术进行了赤潮监测。

(2) 归一化植被指数法

归一化植被指数是陆地遥感中常用的一个地物目标参数(见第 5 章),这个指数对提取陆地上的植被(在近红外波段具有高反射特征,红光波段具有低反射特征)和水体(在红光波段为低反射,近红外波段反射率更低)的物质信息具有十分明显的优势。

对于海洋赤潮遥感来说,也可以用归一化植被指数反映赤潮藻类的生长是微弱还是旺盛。随着水面浮游植物细胞的广泛分布与不断增加,归一化植被指数也随之以较快的速度增加,当增加到浮游植物的细胞数量超过赤潮临界值时,赤潮就会发生。

该技术在 20 世纪 80 年代开始用于赤潮遥感监测,1998 年赵冬至通过 NOAA/AVHRR 数据建立了渤海叉角藻赤潮生物细胞数遥感探测模型:

$$\log(phy) = 18.05 + 64.17 \times NDVI \tag{6-52}$$

式中:phy 为浮游植物细胞数。

(3) 多波段差值比值法

多波段差值比值法遥感监测技术是基于赤潮、叶绿素、悬浮泥沙和黄色物质的光谱特性,通过多波段不同的组合来分离水体赤潮信息和其他信息,是一种直接的赤潮探测技术。

1994 年 Gower 提出了基于 AVHRR 的双波段差值比值模型。1998 年毛显谋和黄韦艮通过对东海海区裸甲藻赤潮水体、叶绿素和悬浮泥沙光谱特征的分析,提出了多波段差值比值法模型:

$$r = (R_1 - R_3)/(R_5 - R_3) \tag{6-53}$$

式中:下标 1、3 和 5 是 SeaWiFS 波段序号。

1998 年顾德宇等则根据福建海区赤潮和非赤潮水体的光谱曲线,建立了中肋骨条藻赤潮信息反演模型。

利用多波段数据组合的差值比值方法的优点在于,可以充分利用现有的卫星传感器数据,并能有效地排除悬浮泥沙的干扰影响。但不足之处是,它是基于叶绿素高浓度吸收特性的,不能有效地判别含类胡萝卜素为主的夜光藻之类的赤潮。另一方面,因利用了短波波段组合,短波波段的强烈大气效应必须进行精确的大气校正。

3) 影像合成分析方法

多数赤潮现象的主要直观特征是海水水色异常,并与正常海水水色有明显的差异,因此,可以利用这一特点,选择三个波段的影像数据进行假彩色合成,找到水色异常区,从而判断出赤潮区(http://www.bioon.com/biology/Class422/52208.shtml)。如分别采用NOAA-14的1、2、3通道和FY-1C的1、2、6通道进行假彩色合成,通过变换去噪声,然后再进行色彩变换,就可以得到赤潮分布的假彩色合成影像。

4) 数值模拟法

数值模拟法是正在开发中的一类赤潮遥感监测技术,该技术利用赤潮、叶绿素、悬浮泥沙和黄色物质等的离水辐射率,建立辐射传输方程,模拟卫星接收到的赤潮等海洋信息。根据其原理,数值模拟不仅能分离赤潮与其他海洋信息,探测和监测赤潮,而且有可能识别赤潮。因此,该技术是很有发展前途的。但是,该技术需要大量的海洋现场观测资料,反演计算也比较复杂。

5) 软计算方法

近年来,人工神经网络和模糊推理系统等软计算方法因具有很强的对复杂与不确定信息的处理能力而应用于赤潮卫星信息提取技术研究。人工神经网络法赤潮遥感监测技术是通过建立遥感信息与赤潮水体信息的某种近似映射而完成对赤潮信息提取的,它表达的是影像像元海水属于赤潮水体的可能性,因此,采用该技术提取赤潮信息,会比基于阈值的赤潮信息提取技术更科学,也更符合实际情况。但是,人工神经网络法遥感监测技术的应用需要大量的学习和训练样本,需要以遥感和现场同步观测样本为基础。

6.4.3 赤潮监测实例

图6-10为HY-1A卫星监测的辽东湾赤潮发生区域。据此,可预测赤潮蔓延趋势及范围,从而尽可能地减少赤潮给沿岸水产养殖、居民生活等带来的危害。

目前,相对成熟的业务化运行的赤潮监测模型已有多种,如影像合成、海面温度和海表细胞生物量的反演(水色要素反演)等,有些模型已应用于我国近海赤潮遥感监测。需要指出的是,不同海域不同的赤潮类型所需要的赤潮监测方法也有所不同,为了提高赤潮的检测精度,有时需要综合利用多种赤潮监测方法。

但是,遥感技术用于赤潮监测存在观测时间间隔与空间分辨率难以两全的问题,易受天气影响和波段限制,仅能获得海洋表层的有关信息,相关技术方法尚未完善等不足之处,所以,未来应发展重复观测时间短,空间分辨率/光谱分辨率高和主、被动相结合的综合遥感赤潮监测技术。

图6-10 HY-1A 卫星 CCD 监测到的辽东湾赤潮发生区域(2002年6月15日)
www.coi.gov.cn/hygb/hywx/2002/4.htm

6.5 油污监测

随着社会经济的迅速发展,石油的开采利用和海上运输日趋增多与频繁,与此同时,石油生产过程中的跑、冒、滴、漏和海上油轮触礁事故时有发生,从而对海洋环境和海洋生物带来危害。据统计,海洋污染中石油对海洋环境造成的污染次数最多(约占80%),危害影响最重并存在潜在的长期污染影响。进入海水里的石油,对海洋的危害很大,据分析,1升石油完全氧化需要消耗40万升海水中的溶解氧。如何监测油污灾害并尽可能减少油污造成的危害,成为海洋灾害的又一主要问题。

溢油事件在广阔海面上的风、浪、流作用下,具有动态性。航空遥感的灵活、机动以及卫星遥感宏观、全天候、影像资料易于处理和解译等特点为油污监测提供了有效途径。目前,在遥感油污监测方面,最常使用的传感器是红外/紫外(IR/UV)扫描仪、合成孔径雷达(SAR)、侧视孔径雷达(SLAR)以及微波辐射计等。据此,也提出并发展了多种油污监测技术,如激光荧光监测技术、紫外监测技术、可见光监测技术、红外监测技术、微波监测技术等。

6.5.1 激光荧光监测技术

激光属于有源探测的主动式遥感,目前主要用于航空遥感。航空激光器向海面发射激光束,通过接收海面目标区的后向散射荧光信号来提取海面信息。激光束在照射海面污油时,将同时产生激光荧光和激光拉曼效应。利用油与水的拉曼后向散射荧光信号消光系数的不同,可以区分油膜与海水,并计算油膜的厚度,这种技术已经可以测量出 $0.05 \sim 20 \mu m$

厚的油膜。

激光遥感不仅能迅速描述海面石油污染的分布,而且具有二维制图能力。不管在白天、黑夜或恶劣气候条件下,都能有效地监测海面油污,资料准确可靠。由于激光荧光和拉曼遥感技术在石油污染监测等诸方面具有巨大的实用性和发展前景,受到了世界许多国家的重视。

6.5.2 紫外监测技术

紫外光波段电磁波的波长范围为:$0.01 \sim 0.40 \mu m$,紫外遥感油污监测是用装有对紫外光敏感胶卷的紫外照相机或紫外波段扫描仪(工作波段大多在 $0.32 \sim 0.40 \mu m$)来记录海面的油膜信息。紫外传感器在其工作波长范围内,对厚度小于 $5\mu m$ 的各种海面油膜敏感。一般情况下,紫外传感器接收到的油膜反射率要比海水反射率高 1.2 到 1.8 倍,这样,在遥感影像上就呈现出比较明显的亮度反差(油膜呈现亮白色),油膜和海水的边界清晰明显,而且,其他谱段几乎不能成像的极薄油膜,利用紫外波段也能成像。

虽然紫外波段遥感监测海面油膜比较准确,但它受到许多方面的限制:一方面,紫外波段电磁波波长很短,其绕射能力很差。在短波段(小于 $0.25\mu m$)处,受到大气中一些气体(如 O_2,O_3)分子的强烈吸收,在大于 $0.25\mu m$ 波段处,则受到大气气溶胶的强烈影响。另一方面,紫外传感器的空中探测距离一般要在 2 000m 以内,这样苛刻的要求很大程度上限制了紫外传感器在航空和航天遥感方面的应用。

6.5.3 可见光监测技术

在可见光波段,水面油膜的反射率与洁净海面的反射率相比有较大的差别。应用可见光波段的传感器反射率的差别,能很好地从影像中提取大面积海区的溢油信息。

早期利用可见光遥感技术监测海面油污,主要借助于机载传感器的航空遥感来进行。近年来,随着卫星地面分辨率的提高,使得利用星载多波段可见光传感器来监测海面大面积溢油成为可能。常用来进行海洋油污监测的卫星有,Landsat 卫星(2 个可见光波段)、Seasat 卫星(6 个可见光波段)、NOAA 卫星(1 个可见光波段)。

6.5.4 红外监测技术

红外遥感技术是目前广泛使用的溢油污染监测技术。任何黑体,只要其温度高于绝对零度,就会辐射出与表面温度相关的热辐射,包括红外热辐射。由于实际物体均非理想黑体,比如此处涉及的油膜和水体,都不完全服从普朗克方程,所以,目标物真正的辐射能 W_λ' 与相同温度的黑体的辐射能,必须乘以一个系数,由 $W_\lambda' = \varepsilon_\lambda W_\lambda$ 表示,式中,ε_λ 即为目标物辐射电磁波的辐射率。水和油膜的热红外辐射率 ε 虽然相近,但却有一定差别。实验结果表明,厚度大于 0.3mm 的油膜,热红外辐射率在 $0.95 \sim 0.98$ 之间,海水的比辐射率是 0.993。因此,当油膜与海水实际温度相同时,它们的热红外辐射强度是不同的。这时,两者的辐射温度差 δT 为:

$$\delta T = -\frac{\lambda T}{C}\left(1 - \frac{\varepsilon}{\varepsilon_w}\right) \tag{6-54}$$

式中:T 为实际温度(K);λ 为热红外辐射波长;$C = 1.44 \times 10^2$。

利用红外波段的传感器:红外辐射计、红外扫描仪、热像仪等,均可测定海水和油膜的不同辐射能量,从而获得海面油膜的影像。

美国在加利福尼亚海岸进行了红外技术监测海面石油污染的广泛研究,证明了在 8~14μm 的热红外波段中能够清晰地探测出海面的石油污染。航天和航空红外传感器都能很好地监测海面溢油,并且监测效果往往比可见光波段清晰。红外影像灰度层次变化是随油膜厚度变化的,因此,可以根据影像和影像灰度分别计算出油膜范围和油膜厚度,从而推算出总溢油量。

由于激光荧光监测技术、紫外监测技术、可见光监测技术、红外监测技术等单一光谱油污监测技术各自都存在不足,为能较全面地得到海面油膜的辐射特性和监测溢油,发展可见光和红外,或红外和紫外相结合的多光谱技术,是遥感技术应用于油污监测的必然发展方向,世界上如美国、瑞典等一些发达国家已经开始这方面的研究并取得了很好的效果。

6.5.5 微波监测技术

微波波段电磁波波长较长(1mm~30cm),与紫外光不同的是,它具有很强的绕射透射能力,可以穿透云、雨、雾。运用微波波段的被动式传感器和主动式传感器,均能监测海面溢油。

微波辐射计(被动式微波传感器)可以接受来自海面的微波波段信息,实验结果表明,对波长为 8mm、1.35cm 和 3cm 的微波,不论入射角和油膜厚度如何,油膜的微波辐射率都比海水高,可以用微波辐射计观测海面油膜。同时,由于油膜辐射率还随其厚度变化,反映到微波辐射计影像上,则是表现为灰度随油膜厚度变化。因此,用微波辐射计可以探测到油膜的厚度、油膜面积,进而计算出油膜体积。微波辐射计虽然地面分辨率低,但它可以全天候、全天时工作,为在阴雨恶劣天气和夜间监测海面溢油污染带来了很大的便利。这类微波辐射计主要用于航空遥感海面油污监测。

主动式微波传感器——雷达向海面发射微波脉冲,通过接收海面目标区的后向散射微波能量,来提取海面信息。由于水体和油膜对微波波段电磁波的吸收比红外区要小得多,对用雷达探测海面油膜非常有利。和光学传感器不一样的是,微波能穿透黑暗、云层、灰尘、雾气,因此,它可以在任何天气条件下工作。目前主要的雷达传感器为合成孔径雷达(SAR),如 RADARSAT-SAR。RADARSAT-SAR 是一种带有 HH 偏极的主动式传感器,它工作在一个单一的微波频率,称为 C 波段(频率 5.3GHz,波长 5.6cm)。海面粗糙度、地形及其他物理性质,如水汽含量的变化,都会造成不同的回辐射。根据不同的回辐射,SAR 影像不但可用于获取诸如表面波、海流、海冰等海面特性,还可用于发现和监测溢油。油膜的存在对海面产生了平滑效应,使海面粗糙度降低。由于平滑的表面会减小对雷达信号的回辐射,这样,受油膜覆盖海面的后向散射明显比周围无油膜覆盖区海面要小,因此,在合成孔径雷达影像上,油膜呈暗色调。

6.5.6 其他用于溢油监测的技术

用于海洋油污监测的遥感技术众多,除了上述的五种,还有应用激光扫描成像系统、湿度测定法和声学遥感技术等进行油污监测的。

利用激光扫描成像系统,向海面发射激光束,根据接收的海面信号扫描成像,也可以用来判别海面油膜的范围、面积和厚度。

湿度测定法是利用海面大面积油膜存在时对海水正常蒸发速率的破坏，相应地使油膜上空的湿度也大为降低，进而采用近水面空气湿度的变化模式，计算得到油膜范围。

声学遥感技术是利用水和油膜对声脉冲反射的差异来判别油污。

目前卫星遥感最大的不足是，重复观测周期较长，不利于对溢油事件过程的监测；空间分辨率较低，对小规模溢油监测难以发挥有效作用。但随着航天遥感技术的快速发展，这些问题将会得到解决，使之成为低成本、高效的监测手段。

参考文献

[1] 陈本清,徐涵秋.遥感技术在森林火灾信息提取中的应用.福州大学学报(自然科学版),2001,29(2):23-26.

[2] 陈晓翔,邓孺孺等.赤潮相关因子的卫星遥感探测与赤潮预报的可行性探讨.中山大学学报:自然科学版,2001,40(2):112-115.

[3] 车涛,李新.利用被动微波遥感数据反演我国积雪深度及其精度评价.遥感技术与应用,Vol.19(5):301-306.

[4] 丛丕福,赵冬至,曲丽梅.利用卫星遥感技术监测赤潮的研究.海洋技术,2001,20(4).

[5] 丁倩.海洋溢油卫星遥感图像处理.大连海事大学硕士学位论文,2000.

[6] 冯学智,鲁安新,曾群柱.中国主要牧区雪灾遥感监测评估模型研究.遥感学报,1997,Vol.1(2):129-134.

[7] 苟钊训,任春艳.赤潮的成因及其预报初探.聊城大学学报(自然科学版),2003,16(4):82-85.

[8] 顾德宇,许德伟,陈海颖.赤潮遥感算法与进展研究.遥感技术与应用,2003,18(6).

[9] 惠凤鸣,田庆久,李英成,郭童英,李玲.基于MODIS数据的雪情分析研究.遥感信息应用技术,34-37.

[10] 黄妙芬,刘素红,朱启疆.应用遥感方法估算区域蒸散量的制约因子分析.干旱区地理,2004,27(1):100-105.

[11] 黄晓东,梁天刚.牧区雪灾遥感监测方法的研究.草业科学,2005,Vol.22(12):10-16.

[12] 黄韦艮,肖清梅等.国内外赤潮卫星遥感技术与应用进展.遥感技术与应用,2002,17(1):32-36.

[13] 姬菊枝,安晓存,魏松林.利用卫星遥感技术进行干旱监测.自然灾害学报,2005,14(3):61-65.

[14] 姬菊枝,安晓存,魏松林.利用卫星遥感技术进行干旱监测.自然灾害学报,2005(6),14(3):61-65.

[15] 贾立,王介民,胡泽勇.干旱区热力学粗糙度特征及对感热通量估算的影响.高原气象,2000,19(4):495-503.

[16] 蒋岳新.应用气象卫星进行森林火灾监测.林业资源管理,1995,(2):13-15.

[17] 李冠国,范振刚.海洋生态学.北京:高等教育出版社,2004.

[18] 李红军,雷玉平,郑力,毛任钊.SEBAL 模型及其在区域蒸散研究中的应用.遥感技术与应用,2005,20(3):321-325.

[19] 李建龙,蒋平,刘培君,赵德华,朱明,徐胜.利用遥感光谱法进行农田土壤水分遥感动态监测[J].生态学报,2003,23(8):1498-1504.

[20] 李四海.海上溢油遥感探测技术及其应用进展.遥感信息,2004,2:53-57.

[21] 李震,郭华东,李新武,王长林.SAR 干涉测量的相干性特征分析及积雪划分.遥感学报,2002,Vol.6(5):334-338.

[22] 梁天刚,高新华,刘兴元.阿勒泰地区雪灾遥感监测模型与评价方法.应用生态学报,2004,Vol.15,No.12:2272-2276.

[23] 刘培君,张琳,艾里西尔·库尔班,常萍,李良序,赵兵科.用 TM 数据估测光学植被盖度的方法[J].遥感技术与应用,1995,10(4):9-14.

[24] 刘培君,张琳,艾里西尔·库尔班,等.卫星遥感估测土壤水分的一种方法[J].遥感学报,1997,1(2):135-139.

[25] 刘雅尼,武建军等.地表蒸散遥感反演双层模型的研究方法综述.干旱地理,2005,28(1):65-71.

[26] 刘振华,赵英时.一种改进的遥感热惯量模型初探.中国科学院研究生院学报,2005,22(3):380-385.

[27] 刘玉洁,郑照军,王丽波.我国西部地区冬季雪盖遥感和变化分析.气候与环境研究,Vol.8(1):114-123.

[28] 楼王秀林,黄韦艮.基于人工神经网络的赤潮卫星遥感方法研究[J].遥感学报,2003,2:125-130.

[29] 鲁安新,冯学智,曾群柱.我国牧区雪灾判别因子体系及分级初探.灾害学,Vol.10(3):15-18.

[30] 陆家驹,张和平.应用遥感技术连续监测地表土壤水分[J].水科学进展,1997,8(3):281-286.

[31] 鹿守本.海洋管理通论.北京:海洋出版社.1997.

[32] 聂娟.业务化的雪灾遥感监测及预测.中国减灾,2005,No.5:40-41.

[33] 毛显谋,黄韦艮.赤潮遥感监测[R].海洋水产养殖区赤潮监测及其短期预报试验性研究项目赤潮遥感研究报告,1998.

[34] 毛显谋,黄韦艮.多波段卫星遥感海洋赤潮水华的方法研究.应用生态学报,2003,14(7):1200-1202.

[35] 齐述华干旱监测遥感模型和中国干旱时空分析.博士学位论文,2004(6):1-2.

[36] 齐述华,王长耀,牛铮.利用温度植被旱情指数(TVDI)进行全国旱情监测研究.遥感学报,2003,7(5):420-429.

[37] 齐雨藻等.中国沿海赤潮.北京:科学出版社,2003.

[38] 申双和,崔兆韵.棉田土壤热通量的计算.气象科学,1999.19(3):276-281.

[39] 史培军,陈晋.RS 与 GIS 支持下的草地雪灾监测试验研究.地理学报,Vol.51,No.4:296-305.

[40] 孙晓敏,朱治林,唐新斋,苏红波,张仁华.一种测定土壤热惯量的新方法.中国科学,

2000,30:71-76.

[41] 塔西甫拉提·特依拜,阿布都瓦斯提·吾拉木.绿洲-荒漠交错带地下水位分布的遥感模型研究.遥感学报,2002,6(4):299-307.

[42] 覃先林,易浩若.基于MODIS数据的林火识别方法研究.火灾科学,2004,13(2):83-89.

[43] 覃先林,易浩若,纪平.AVHRR数据小火点自动识别方法的研究.遥感技术与应用,2000,15(1):36-40.

[44] 王超,张宗科.中日关于信息化技术在环境和灾害领域的应用与合作.中国科学院院刊,2001,04:308-310.

[45] 王丽红等,遥感技术在牧区雪灾监测研究中的应用.遥感技术与应用,1998,Vol.13(2):32-36.

[46] 王鹏新,WAN Zheng ming,龚健雅,李小文,王锦地.基于植被指数和土地表面温度的干旱监测模型.地球科学进展,2003,18(8):527-533.

[47] 王鹏新,龚健雅,李小文.条件植被温度指数及其在干旱监测中的应用.武汉大学学报信息科学版,2001,26(5):412-417.

[48] 翁笃鸣,高庆先,何凤翩.中国土壤热通量的气候计算及其分布特征.气象科学,1994,14(2):91-98.

[49] 夏虹,武建军,刘雅妮,范锦龙.中国用遥感方法进行干旱监测的研究进展.遥感信息,2005,55-59.

[50] 辛晓洲.用定量遥感方法计算地表蒸散.中国科学院研究生院博士学位论文,2003.

[51] 颜天,周名江.有毒赤潮藻种Pfiesteria piscicida的研究进展综述[J].海洋与湖沼.2000,31(1):110-115.

[52] 张长春,王晓燕,邵景力.利用NOAA数据估算黄河三角洲区域蒸散量.资源科学,2005,27(1):86-90.

[53] 张仁华.实验遥感模型及地面基础.北京:科学出版社,1996.

[54] 赵英时等.遥感应用分析原理与方法.北京:科学出版社,2003.

[55] 郑照军,刘玉洁,张炳川.中国地区冬季积雪遥感监测方法改进.应用气象学报,2004,Vol.15 Suppl.:75-84.

[56] Bastiaanssen, W. G. M.. SEBAL-based sensible and latent heat fluxes in the irrigated Gediz Basin. Turkey:Journal of Hydrology, 2000,229:87-100.

[57] Carlson, T. N., Gillies R. R., Perry E. M.. A Method to Make Use of Thermal Infrared Temperature and NDVI Measurements to Infer Surface Soil Water Content and Fractional Vegetation Cover[J]. Remote Sensing Review. 1994,52:45-59.

[58] Chamberlain A C, Transport of gases to and from grass and grasslike surfaces[J]. Proc Roy Soc, 1966,A290,236-265.

[59] Cullen J J, CiottiA M, Davis R F, et al. Optical Detection and Assessment of Algal Blooms[J]. Limnol Oceangr, 1997,42:1223-1239.

[60] Doerffer R, Fischer J. Concentrations of Chlorophyll, Suspended Matter, and Gelbstoff in Case II Waters Derived from Satellite Coastal Zone Color Scanner Data with Inverse

Modeling Methods[J]. Journal of Geophysical Research, 1994,99:7457-7466.

[61] Friedl M. A., Relationships among remotely sensed data, surface energy balance, and area-averaged fluxes over partially vegetated land surfaces, J. of Applied Meteorology, 1996, 35(11):2091-2103.

[62] Giglio L., Kendall J. D., Application of the Dozier retrieval to wildfire characterization. A sensitivity analysis, Remote Sensing of Environment, 2001, 77: 34-49.

[63] Groom S B, Holligan PM. Remote Sensing of Coccolithophore Blooms[J]. Adv Space Res, 1987,7(2):73-78.

[64] HuangW G, Lou X L., 2001, A Method for Detecting Red Tides Using AVHRR Imagery [R]. IGARSS 2001.

[65] Jackson R D, Idso D B, Reginato RJ, PinterJr P J. Canopy temperature as a crop water stress indicator. Water Resour. Res. 1981, 17:1133-1138.

[66] Jeff Dozier, A method for satellite identification of surface temperature fields of subpixel resolutioin, Remote Sensing of Environment, 1981,11: 221-229.

[67] Kahru M, Horstmann U, Rud O. Increased Cyanobacterial Blooming in the Baltic Sea Detected by Satellite: N atural Fluctuation or Ecosystem Change[J]. Ambio, 1994, 23: 469-472.

[68] Kahru M, Mitchell B G., Spectral Reflectance and Absorption of a Massive Red Tide off Southern California [J]. Journal of Geophysical Research, 1998,103: 21601-21609.

[69] Li Jia et al., Estimation of sensible heat flux using the Surface Energy Balance System (SEBS) and ATSR measurements, Physics and Chemistry of the Earth, 2003,28:75-88.

[70] Louis Giglio, Jacques Dexcloitres, Christopher O. Justice, Yoram J. Kaufman. An Enhanced Contextual Fire Detection Algorithm for MODIS, Remote Sensing of Environment, 2003,87: 273-282.

[71] Martijn de Ruyter de Wildt, Gabriela Seiz, Armin Gruen, Operational snow mapping using multi-temporal Meteosat SEVIRI imagery, Remote Sensing of Environment, 2007,109:29-41.

[72] Moran M S, Clarke T R, Inoue Y., Estimating Crop Water Deficit Using the Relation between Surface Air Temperature and Spectural Vegetation Index [J]. Remote Sens. Environ, 1994, 49 (3): 246-263.

[73] Nehme Baghdadi, Yves Gauthier, and Monique Bernier,1997, Capability of multi-temporal ERS-1 SAR data for wet-snow mapping, REMOTE SENS. ENVIRON. 60:174-186.

[74] Norman J M Kustas W P Humes K S, Sources approach for estimating soil and vegetation energy fluxes in observations of directional radiometric surface temperature[J]. Agric For Meteor, 1995,77:263-293.

[75] Owen P. R, W R Thomson,1963, Heat transfer across rough surfaces[J]. J Fluid Mech, 115 : 321-324.

[76] P. Nasipuri, T. J. Majumdar, D. S., 2006, Study of high-resolution thermal inertia over western India oil fields using ASTER data, Mitra, Acta Astronautica,58:270-278.

[77] Paulo Marinho Barbosa, Jean-Marie Grégoire and José Miguel Cardoso Pereira, An Algorithm for Extracting Burned Areas from Time Series of AVHRR GAC Data Applied at a Continental Scale,Remote Sensing of Environment,1999,69:253-263.

[78] Prangsma G J , Roozekrans J N. U sing NOAA AVHRR Imagery in Assessing Water Quality Paraineters[J]. Int J Remote Sensing, 1989, 10: 811-818.

[79] Sandholt I, Rasmussen K, Andersen J ., A Simple Interpretation of the Surface Temperature/ Vegetation Index Space for Assessment of Surface Moisture Status [J]. Remote Sens. Environ. , 2002,79 (2):213-224.

[80] Shuttleworth W J, Wallace J S. Evaporation from sparse crops—an energy combination theory[J]. Quart J Roy Meteorol Soc, 1985, 111:839-855.

[81] Stephen H. Boles and David L. Verbyla, Comparison of Three AVHRR-Based Fire Detection Algorithm for Interior Alaska, Remote Sensing of Environment, 2000,72: 1-16.

[82] Strong, Alan E. REMOTE SENSING OF ALGAL BLOOMS BY AIRCRAFT AND SATELLITE IN LAKE ERIE AND UTAH LAKE. Remote Sensing Environment 1974,3:99-107.

[83] Stumpf R P, TylerM A. Satellite Detection of Bloom and D istributions in Estuaries[J]. Remote Sensing of Environment,1988, 24: 385-404.

[84] Su, H. et al. , Modeling evapotranspiration during SMACEX : comparing two approaches for local—and regional-scale prediction. In: Journal of hydrometeorology, 2005,6: 910-922.

[85] Su, Z. , The Surface Energy Balance System (SEBS) for estimation of turbulent heat fluxes, Hydrology and Earth System Sciences, 2002,6(1), 85-99.

[86] Tassan S. An Algorithm for the Detection of the Whitetide ("Mucilage") Phenomenon in the A driatic Sea Using AVHRR Data[J]. Remote Sensing of Environment, 1993, 45: 29-42.

[87] W. G. M. Bastiaanssen et al. , A remote sensing surface energy balance algorithm for land (SEBAL). 1. Formulation,Journal of Hydrology, 1998,212~213:198-212.

第7章 土地利用/地面覆盖变化

全球变化研究计划自1989年开始以来,已成为迄今规模最大、范围最广的国际合作研究计划之一,并越来越普遍地受到科学界和社会各界的广泛关注。2007年10月12日,挪威诺贝尔委员会在奥斯陆宣布,将2007年诺贝尔和平奖授予美国前副总统戈尔和联合国的政府间气候变化专业委员会(IPCC),以表彰他们为改善全球环境与气候状况所作的不懈的努力。可见,全球变化已经提到了关乎人类和平的高度。

全球土地利用和地面覆盖变化(Land Use and Cover Change,LUCC)已经公认为是人类活动影响全球变化的主要因素。土地利用的强度、多样化和科技进步,已经导致了生物地球化学循环、水文过程和景观动态的快速变化,如局地和区域气候变化、土壤退化、生态系统服务变化等。而土地本身也是人类生存和发展过程中不可代替的、短期内不可再生的宝贵资源。因此,土地利用和地面覆盖变化是关乎人类生存和可持续发展的重大课题,已经成为当今世界各国科学研究的重点和热点。随着计算机和传感器技术的进步,遥感技术以其数据获取和更新速度快、范围广、经济方便、空间信息丰富等优点,成为当今LUCC特别是人类活动较少地区数据获取的主要手段。LUCC也成为遥感应用领域的一个重要方面。

7.1 LUCC基础知识

在众多研究中,土地利用和地面覆盖往往作为一个整体同时出现。实质上,土地利用和地面覆盖是两个既有区别又有联系的独立的概念。

7.1.1 LUCC基本概念

1. 土地利用(Land Use)与地面覆盖(Land Cover)的区别与联系

1) 土地利用(变化)

土地利用是人类根据土地的特点,按照一定的经济与社会目的,采取一系列生物和技术手段,对土地进行的长期或周期性的经营活动,是一个把土地的生态系统转变为人工生态系统的工程,它包括可控制土地生物物理特点的利用方式和隐含于其中的土地利用目的。这里的生物物理控制指的是,人们为了一定目的对植被、土壤、水源等采取的特定处理方式,如杀虫剂和化肥的使用。土地利用变化包括一种利用方式向另一种利用方式的转变及利用范围和强度的改变。

2) 地面覆盖(变化)

地面覆盖是指地表及近地表的生物物理状态,是自然营造物和人工建筑物所覆盖的地表诸要素的综合体,包括地表植被、土壤、冰川、湖泊、沼泽湿地及各种建筑物(如道路等),具有特定的时间和空间属性,其形态和状态可在多种时空尺度上变化。地面覆盖变化包括在生物多样性、现时的及潜在的初级生产力、土壤质量、径流和沉积速率方面的变化,也包含两个方面的含义,一是一种地面覆盖类型向另一种类型的转化(Conversion),二是一种地面覆盖类型内部条件(结构和功能)的变化。

土地利用和地面覆盖之间的区别在于,前者着重于土地的社会经济属性,而后者着重于其自然属性(图7-1)。一种土地利用形式往往对应一种地面覆盖类型,如牧地通常与草地相对应;一种地面覆盖类型则可以对应多种土地利用方式,如建筑区可以对应居民地和商业用地两种土地利用形式。

土地利用的变化通常会引起地面覆盖类型的变化,但是,在土地利用方式不变的情况下,地面覆盖类型也会因自然过程而发生变化,如火山、泥石流爆发等引起的地面覆盖类型的变化。随着科学技术的发展和社会进步,人类活动在全球变化中的影响力不断增强。可以说,地面覆盖变化在很大程度上是土地利用改变的直接响应。因此,认知土地利用变化是了解地面覆盖变化的首要条件。理解它们之间的关系时,我们必须将其和人类活动联系在一起(图7-1)。

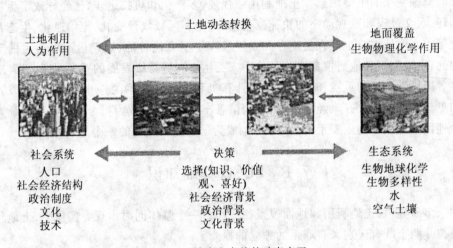

图7-1 社会和自然的动态交互

2. 土地利用和地面覆盖系统

土地利用、地面覆盖变化和全球环境变化构成了一个复杂的相互作用的系统,人类活动与其中的各个环节密切相关,在这个系统中起着相对重要的作用。由于人类活动是特定的社会经济和环境背景中个体和群体行为的产物,因此,系统中各环节都会受到社会、政治、经济、文化和宗教等因素的影响,再加上各环节在不同时空尺度的不同联系,使得这一系统更为复杂化。

由于土地利用、地面覆盖与社会生态系统之间具有相似性,因此,在分析土地利用和地面覆盖变化时,可以利用那些在研究和模拟生态系统中已经被证明非常有用的理论和方法,其中,关联性是一个很重要的方面,它表示相距一定距离的区域之间是相关的,它是生物物理过程的一个直接结果,它要求在研究某区域土地利用时需要考虑研究区附近乃至更远范围的土地利用状况。另外,社会组织的等级结构使得一些低等级的过程受到一些更高等级动力的约束,因而,有必要对土地利用系统进行不同水平上的分析。土地利用和地面覆盖变化是许多过程交互作用的结果,其中的每个过程都在一定时间和空间尺度上发生作用,受到一个或多个驱动因子的影响。因此,还需要在不同尺度上分析土地利用系统。此外,土地利用系统还具有稳定性和恢复能力。

7.1.2 LUCC 计划及研究进展

土地利用/地面覆盖变化已成为研究全球环境变化及其人类驱动力和影响的核心,在全球环境变化和可持续发展中占有重要地位。因此,进入 20 世纪 90 年代以来,全球环境变化研究领域逐渐加强了对 LUCC 的研究。两大国际组织"国际地圈生物圈计划(IGBP)"和"全球环境变化的人文领域计划(IHDP)"自 1990 年起开始积极筹划全球性综合研究计划,于 1992 年正式确立共同的核心计划——LUCC,并于 1995 年共同拟定并发表了《土地利用/土地覆盖变化科学研究计划》,该计划就 LUCC 的研究目标及其内容作了详细的说明。

1. 研究目标

LUCC 计划的研究目标是,提高对全球土地利用和土地覆盖变化动态过程以及对人类社会经济与环境所产生影响的认识,提高预测土地利用和土地覆盖变化的能力,为全球、国家或地区的可持续发展战略提供决策依据。

具体分为:

(1) 更好地认识全球土地利用和土地覆盖的驱动力;

(2) 调查和描述土地利用和土地覆盖动力学中的时空可变性;

(3) 确定各种土地利用和可持续性间的关系;

(4) 认识 LUCC、生物地球化学和气候之间的相互关系,最终增进对区域模型给出的土地利用与土地覆盖之间关系的理解,以更好地进行预测。

LUCC 计划中确定了一些关键的科学问题,包括:

(1) 过去 300 年间土地覆盖是怎样被人类利用而改变的?

(2) 未来 50~100 年土地利用变化将怎样改变土地覆盖?

(3) 在不同地理和历史背景下,土地利用变化的主要人为原因是什么?

(4) 人类和生物物理动态如何影响土地利用类型的可持续性?

(5) 全球环境变化怎样影响土地利用和地面覆盖?

2. 研究范围和主要内容

LUCC 计划确定了 LUCC 研究的范围和主要内容,具体如下:

(1) 土地利用/地面覆盖动力机制与联动关系。土地利用、地面覆盖变化与全球环境变化构成了一个复杂的相互作用的系统。土地利用和地面覆盖是其他环境变化的动力因子,全球变化也是土地利用和地面覆盖变化的动力因子。

(2) 地面覆盖的变化及其环境影响。包括:地面覆盖变化,地面覆盖对生物化学循环的影响,土地利用/地面覆盖的联系,土地利用/地面覆盖对可持续发展的影响。

(3) 建立土地利用/地面覆盖变化模型。可通过土地利用案例研究、地面覆盖变化模式的专题评估和预设的土地利用区域和全球模式等来完成。

(4) 土地利用动力机制。这一研究需要有大量在结构、内容上具有可比性的案例研究,从而积累坚实的经验基础,综合考虑社会经济、自然生物和土地管理三维驱动,建立跨(时间、空间)尺度的动力机制。

在这些研究内容之中确定了以下 3 个研究重点：

(1) 土地利用变化的机制。即通过区域性个例的比较研究，分析影响土地使用者或管理者改变土地利用和管理方式的自然和社会经济方面的主要驱动因子，建立区域性的土地利用/地面覆盖变化经验模型。

(2) 地面覆盖的变化机制，主要通过遥感影像分析，了解过去 20 年内地面覆盖的空间变化过程，并将其与驱动因子联系起来，建立解释地面覆盖时空变化和推断未来 10~20 年的地面覆盖变化的经验诊断模型。

(3) 建立区域和全球尺度的模型。建立宏观尺度的，包括与土地利用有关的各经济部门在内的土地利用/地面覆盖变化动态模型，根据驱动因子的变化来推断地面覆盖未来(50~100 年)的变化趋势，为制定相应对策和全球环境变化研究任务提供可靠的科学依据。

3. LUCC 研究进展

1826 年，德国学者杜能建立杜能农业区位论，这是解决农业用地和其他土地利用/地面覆盖类型的最有效空间布置，开创了近代 LUCC 研究的先河。20 世纪上半叶，LUCC 研究呈现出初步繁荣的景象，各学科 LUCC 研究理论和模型趋于系统化、科学化。到了 20 世纪 70 年代，多学科交叉、全球变化研究的兴起和遥感技术的发展将 LUCC 研究推进到一个新阶段。进入 80 年代后，人们在洲际范围内利用气象卫星数据进行地面覆盖研究取得了有效成果。90 年代以来，在 IGDP 和 IHDP 等国际组织的推动下，LUCC 研究进入到了空前繁荣的阶段，在这一阶段中，遥感、地理信息系统等新技术手段在 LUCC 研究中成为重要角色。

1993 年国际科学联合会与国际社会科学联合会成立了土地利用/地面覆盖变化核心计划委员会，并于 1995 年联合提出 LUCC 研究计划。其后，一些积极参与全球环境变化的国际组织和国家纷纷启动了各自的土地利用/地面覆盖变化研究项目。国际应用系统分析研究所(IIASA)于 1995 年启动了"欧洲和北亚土地利用/地面覆盖变化模拟"的三年期项目；联合国环境署(UNEP)亚太地区环境评价计划于 1994 年启动了"土地覆盖评价和模拟"(LCAM)项目；1994 年由欧盟资助开展了"欧洲土地利用预测整合模型"(IMPEL)的研究；荷兰 Wageningen 农业大学组建了"土地利用转化和影响模型"(CLUE)研究小组；就 CLUE 模型构造和 CLUE 模型案例进行了一系列研究；日本国立科学院全球环境研究中心提出了"为全球环境保护的土地利用研究"(LU/GFC)项目。美国全球变化委员会则将土地覆盖变化与气候变化、臭氧层的损耗共同列为全球变化研究的主要领域之一，其研究主要集中在全球和区域性土地覆盖变化的监测、土地覆盖变化与温室气体的释放及减少温室气体的途径上。其他还有许多针对世界上不同热点地区和不同研究目的的研究项目，如"温带亚洲东部土地利用"项目(LUTEA)、"全球变化和南部非洲牧场保护"项目、"遥感在热带生态系统、环境监测总的应用"(TREES.JRC)、"尤卡坦半岛南部地区土地利用/地面覆盖变化"(SYPR)等。

在 LUCC 计划完成之后(2005 年)，在 LUCC 和 GCTE(Global Change and Terrestrial Ecosystems，全球变化与陆地生态系统)两大研究计划的基础上，由 IGBP/IHDP 于 2005 年联合发起了 GLP 计划(Global Land Project，全球土地计划)，其核心目标是量测、模拟和理解人类-环境耦合系统。该计划强调从局部到区域尺度上的人地耦合系统变化的研究，土地系统与生态系统的进一步"叠加"、"整合"和"连接为一个整体"是其重要特征。

随着各类 LUCC 项目的开展以及技术的进步，对 LUCC 的研究，无论是从手段上还是从认识上都有了长足发展。在早期的研究中,人们通过实地观测获取研究资料,仅仅关注区域尺度上的土地利用/地面覆盖,特别是热带雨林地区的转换;将地面覆盖看做单一的土地和植被类型,其变化是单向连续的;研究中通常从同质空间出发而没有考虑到空间异质性;认为变化原因在于人口增长和生物-自然变化。而现在的研究从全球和区域多个尺度出发,以卫星遥感影像为主要数据源,获取土地利用/地面覆盖类型和变化信息,并重视对空间异质性的认识。

7.2 LUCC 检测方法

传统的 LUCC 研究由于缺乏一定的技术支持,发展缓慢。20 世纪 70 年代以来,卫星遥感技术的发展为快速、大范围获取土地利用/地面覆盖信息提供了方便,从而为遥感变化监测技术的发展提供了坚实的数据基础。同时,计算机软硬件技术的飞速发展也带动了遥感影像处理技术的进步。遥感技术在获取地面物体信息中具有宏观性、实时性和动态性等特点,现代计算机也具有高容量、高性能、速度快等特点,使得 LUCC 信息获取也从最初的目视解译,发展到现在以计算机解译技术为主要手段和多样的遥感变化监测方法。

LUCC 的一个关键是检测变化,变化检测方法多种多样,归纳起来可以分为以下几个方面:

(1)根据变化检测与分类先后顺序的不同,可分为分类前检测(基于像元光谱的直接检测法)和分类后检测(基于分类的检测方法);

(2)根据变化检测方法所使用的知识,可分为基于模式识别的变化检测法、基于混合技术的变化检测法和其他变化检测法;

(3)根据变化监测目标的不同,可分为像元级、特征级和目标级变化检测;

(4)D. Lu 等(2004)采用数学方法,将变化检测技术分为 7 类:代数运算方法、变换方法、分类方法、高级模型方法、GIS 方法、可视化分析方法和其他方法。

针对 LUCC 的遥感检测,第一种分类体系得到较为广泛的认可,本节也采用该体系介绍各种方法。

7.2.1 分类前变化检测

分类前变化检测,即基于像元光谱的直接检测法,就是通过一定的手段,如影像差值法、比值法、主成分分析法和变化矢量分析法等方法,对多时相遥感影像直接进行处理,发现变化区域,提取并识别其变化类型。该方法可以快速发现变化范围,适合于具有多时相数据的情况,但是,易于受到不同成像条件等因素的影响。

土地利用/地面覆盖变化检测的一般技术流程如图 7-2 所示。

1. 影像的预处理

在分类之前需要对遥感影像进行预处理,包括影像增强与滤波、影像裁剪与镶嵌、几何校正、辐射校正等。其中,几何校正和辐射校正对检测结果具有较大影响。

几何校正是土地利用和地面覆盖变化检测前必须完成的工作,因为,遥感成像受到飞行器平台、传感器、大气条件、地形等因素影响,使得影像产生几何的线性和非线性畸变,准确的空间匹配才能正确反映同一地点的土地利用和地面覆盖变化状况。Townsheng 等(1992)

在 Landsat MSS 影像匹配误差对土地利用变化监测精度影响的研究中证明,要得到可靠的土地利用变化结果,需极高的影像配准精度:1 个像元空间匹配误差将导致 50% 的虚假变化;要获得 90% 的检测精度,影像配准误差就必须小于 0.2 个像元或更小。

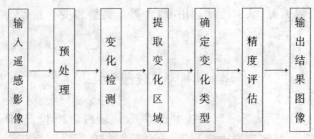

图 7-2　直接变化检测法流程图

采用基于灰度比较的变化检测方法时,必须对影像数据进行辐射校正,因为,基于影像灰度的变化检测方法的前提就是,相同地物在影像上具有相同的灰度。因此,只有在可靠的辐射校正基础上的检测结果,才可能避免伪变化。地物的灰度变化除了受时相变化的影响外,还受到传感器定标、太阳高度角、地面潮湿度等的影响。辐射校正包括绝对校正和相对校正两种方法,绝对校正去除大气传输影响,常用模型有 6S、Modtran、FLAASH 和 ATCOR 等;相对辐射校正是以一幅影像为标准对其他影像进行归一化处理,常用方法有回归和直方图匹配方法等。

2. 影像的变化检测方法

基于像元光谱的直接检测法包括以下几种:影像差值法、影像比值法、相关系数法、变化向量分析法、主成分分析法、内积分析法、M 典型变换、特征检测法、统计测试法等。根据这些方法的相似性,可以归纳为以下几类:

1) 影像差值法与比值法

(1) 影像差值法通过计算多时相配准影像的差值,从而产生一个差值影像。参与计算的影像可以是原始灰度影像,也可以是经简单计算的特征影像。根据参与计算影像的不同,可以分为灰度差值、归一化影像差值、纹理差值、影像回归、植被指数差值、反射率差值等方法。

灰度差值是对多时相配准影像对应像元的灰度值进行相减;归一化影像差值是对归一化后的影像进行相减生成差值影像;纹理差值则是对影像纹理特征值进行差值运算;植被指数差值是用两波段(通常是红光和近红外光)对应像元的灰度值(几何运算)之比的结果进行差值处理,常用于植被研究;反射率差值是对影像的反射率影像作差值运算;影像回归法中将不同时相的影像看做影像灰度值的线性函数,通过最小二乘估计出线性函数,然后计算此函数得出的像元估值与真实影像的差值。

差值影像表达了场景在两个时间内所发生的变化,结果影像代表在此期间该地区的变化。通过设定一定的阈值,可以分离出变化和未变化区域。有显著幅值变化的像元一般分布在差值影像统计直方图的尾端,而其他像元集中于均值附近。影像差值法可以应用于单一波段(称作单变量影像差分),也可以应用于多波段(称作多变量影像差分)。影像差值法常采用辐射校正来减少照射角、强度和视角变化的影响,广泛用于检测海岸线环境变化、热带森林变化、温带森林变化、沙漠化以及农作物分析等。

(2)影像比值法计算已配准的多时相影像对应像元的灰度值的比值,如果在一个像元上没有发生变化,则比值接近1,如果在此像元上发生变化,则比值远远大于或远远小于1(依靠变化的方向)。影像比值法与影像差值法一样,需要对多时相影像进行某种数据标准化或辐射校正。这个方法的关键在于比值影像的统计分布。与影像差值法相比,影像比值法对于影像的乘性噪声不敏感。影像比值法对城区变化检测比较有效。

2)相关系数法与统计测试法

(1)相关系数法计算多时相配准影像中对应像元灰度的相关系数,代表两个时相间影像中对应像元的相关性。一般通过计算两个影像中对应窗口的相关系数来表示窗口中心像元的相关性。相关系数接近1表示相关性很高,该像元没有变化,反之,说明该像元发生了变化。相关系数公式为:

$$r_{ij} = \frac{\sum_{m=1}^{n}(x_m - \bar{x})(y_m - \bar{y})}{\sqrt{\sum_{m=1}^{n}(x_m - \bar{x})^2}\sqrt{\sum_{m=1}^{n}(y_m - \bar{y})^2}} \tag{7-1}$$

其中,n 为窗口内像元的个数,$\bar{x}$、$\bar{y}$ 分别为两幅影像相应窗口内像元灰度的平均值。

(2)统计测试法属于整体特征变化检测的范畴。典型的统计测试有:决定两个样本是否来自相同总体的 Kalmogorov-Smirnov 测试、两个时期影像数据之间的相关系数和半方差等。

统计测试只能检测影像数据是否发生变化,仅仅表示在检测影像或区域发生了统计学上的显著变化,不能解决变化的位置、变化的性质等问题。统计测试法的优点是它受影像配准误差的影响很小。

3)变化向量分析法与内积分析法

(1)变化向量分析法是用多波段遥感影像数据构建一个向量空间,向量空间的维数就是波段数。这样,影像上的一点就可以用向量空间的一点表示,向量空间上的点的坐标就是对应波段的灰度值。和每一个像元相联系的数据就定义了多维空间上的一个向量。如果一个像元从时间 t_1 到时间 t_2 发生变化,描述变化的向量用时间 t_1 和时间 t_2 的对应向量相减得到,这个变化向量就是多波段变化向量。变化向量既可以由原始数据也可以由变换数据(如主分量变换)计算得到。如果变化向量的幅值超过给定的阈值,则可判断该像元发生了变化,变化向量的方向包含变化类型信息。变化向量分析法已经在森林变化检测和土地利用变化中得到应用。

(2)内积分析法是将像元灰度值看做多光谱的向量,两个向量之间的区别通过两向量间夹角的余弦来表示。如果两个向量彼此一致,内积就等于1;如果两个不同时期的对应像元发生了改变,内积就会在 −1 和 1 之间变动。根据两幅影像生成的内积影像是一幅灰度影像,影像中内积的不同值反映了两幅影像对应位置发生的变化。

设 x,y 为两幅不同时相影像对应位置像元的光谱向量,两向量的内积可以表示为:

$$\langle x(t_1), x(t_2) \rangle = \sum_{k=1}^{b} x(t_1)_k x(t_2)_k \tag{7-2}$$

式中:b 为波段数,即向量维数。

表面反射值差异 d 可表示为：

$$d = \frac{\langle x(t_1), x(t_2) \rangle}{\sqrt{\langle x(t_1), x(t_1) \rangle \langle x(t_2), x(t_2) \rangle}} \quad (7-3)$$

有 $-1 < d < 1$，内积 c 可以表示为：

$$c = a_1 d + a_0 \quad (7-4)$$

式中：a_1，a_0 为两个常数，使得内积 c 能取得合适的非负值。

4）主分量分析法与 M 典型相关法

（1）主分量分析法（PCA）使用主分量变换（离散 K-L 变换），该变换是一个线性变换，它定义了一个新的正交坐标系统，使各分量在此坐标系统内是不相关的。主分量变换可以从原始数据的协方差矩阵或相关矩阵的特征向量推出，新坐标系统的坐标轴是由这些矩阵的特征向量定义的。每一个特征向量可以看做一个新波段，像元的坐标值可以看做在此"波段"上的亮度值。每一个新"波段"的方差由相应于矩阵特征向量的矩阵特征值决定。在没有变化的影像区域具有较高的相关，在变化的区域具有较低的相关。由协方差矩阵得到的主分量和由相关矩阵得到的主分量是不同的，由相关矩阵推导的主分量变换对于多时相分析尤其有用，因为，标准化能够减小大气条件和太阳角的影响。

（2）M 典型相关法是将两组随机变量之间的复杂相关关系简化，即将两组随机变量之间的相关简化成少数几对典型变量之间的相关，而这少数几对典型变量之间又是互不相关的。此处将区域统计特性、区域纹理特性、区域矩特性进行筛选、重组，然后再进行变化检测。因此，较之主分量分析法更适合于遥感影像之间的对比分析。

5）特征检测法

特征检测法属于特征级变化检测，包括边缘特征检测法和点特征检测法。采用边缘特征检测法时，首先提取多时相配准影像的边缘，然后，比较边缘图的差异，标注的差异边缘就是变化目标的轮廓。该方法稳健，对光照条件和视角差异不敏感，一般用于检测线性目标的变化。点特征检测法即通过检测影像中特征点的变化来表达影像中的变化信息，特征点一般是影像中具有复杂纹理特性的特殊点，如角点、拐点和交叉点等。该方法主要用于高分辨率遥感影像中点目标的变化检测。

6）可视化分析法

可视化分析法通过对不同时相影像进行增强、彩色合成，以突出检测对象，提取变化区域，是一种人机交互的变化检测方法。例如，将不同时相的影像分别作为彩色合成影像的不同颜色分量，根据其颜色变化人工目视解译合成影像。该方法需要分析人员具有丰富的经验和知识，以综合利用影像上的纹理、形状、大小和模式等特征来确定地物的变化。其优点是方法简单，但是，具有工作量大、效率低的缺点，适合小区域的变化识别。

分类前变化检测法是直接通过两时相数据的光谱差异确定变化发生的区域，但不能得出变化图斑的类型。分类前变化监测对需要检测的影像要求较高，两个待检测的不同时相的影像如果有季节差异，有可能得到不太精确的结果；还需要对影像作辐射校正等来提高检测精度。一般情况下，t_1 和 t_2 的年份不同，但应尽量选择相同或相近的日期，以减小季相变化带来的误差。在使用该方法时，要对影像进行辐射校正，以减少照射角、强度、视角变化的影响。该方法的一个难点在于，变化/非变化的阈值很难确定，如果阈值选取不恰当，可能会减小或增大变化范围，与实际情况不符。

7.2.2 分类后变化检测

分类后变化检测是先对配准后的不同时相的影像分别进行分类处理,然后,通过比较分类结果来获取变化区域和类别。该方法不受大气变化、传感器类型和分辨率不同等因素的影响,易于操作,但工作量大,精度受各时相分类精度的制约,并且,检测结果误差是各时相分类误差的积累。

分类后比较法一般技术流程如图 7-3 所示。

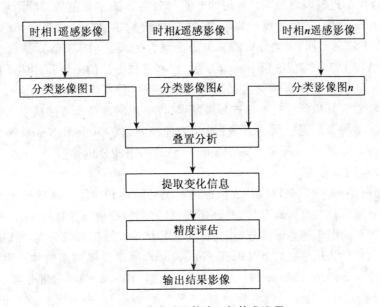

图 7-3 分类后比较法一般技术流程

分类后比较法因其方法简单实用而得到广泛应用,例如用于检测土地利用变化、湿地和森林变化等。特别是依赖于目视解译时,目视判读分类后再进行比较,成为遥感动态检测的通常做法。

从流程图可以看出,遥感影像的解译分类精度是制约分类后变化检测的主要因素,因此,根据不同的影像选择合适的遥感解译方法以期得到理想的分类结果,成为分类后变化检测的主要任务之一。下面给出的是目前较多采用的遥感分类检测方法。

1. 遥感影像解译(分类)方法

根据从遥感影像上获取信息的方式,遥感影像解译可分为目视解译和计算机分类两种。目视解译是专业人员通过直接观察或借助辅助判读仪器在遥感影像上获取特定目标地物信息的过程;而计算机解译是以计算机系统为支撑环境,将模式识别技术与人工智能技术相结合,根据遥感影像中目标地物所具有的颜色、形状、纹理与空间位置等各种影像特征,结合专家知识库中目标地物的解译经验和成像规律等知识进行分析和推理,实现对遥感影像的理解,进而完成对遥感影像的解译。这里仅简要介绍计算机自动解译的有关知识。

根据学习与分类先后次序的不同,计算机解译可分为监督分类和非监督分类两种。监督分类是先学习后分类的方法,它的基本思想是:根据已知的样本类别和类别的先验知识,确定判别函数和相应的判别准则。其中,利用一定数量的已知类别函数中求解待定参数的过程称之为学习或训练,然后,将未知类别的样本的观测值代入判别函数,再依据判别准则对该样本的所属类别作出判定。非监督分类是一种边学习边分类的方法,在这种分类中,事先对分类过程不施加任何的先验知识,而仅凭遥感影像的地物光谱特征分布规律,即自然聚类的特性,进行"盲目"分类;其分类结果只是对不同类别达到了区分,但不能确定类别的属性;其类别的属性需要通过分类结束后的目视判读或实地调查来确定。

常用的监督分类方法有最大似然法、平行六面体法、最短距离法、马氏距离法、波谱角度制图法(SAM)和二进制编码法等。常用非监督分类方法主要包括贝叶斯学习法、最大似然法和聚类(Clustering)分析法等。其中,聚类分析法是非监督分类最常用的分类方法,根据采用的数学方法的不同,聚类分析法又可分为混合距离法(ISOMIX)、迭代自组织数据分析算法(ISODATA)和K均值法(K-means)等。这些常规方法的原理和具体操作可参阅相关文献以及诸如 ERDAS IMAGINE 之类的遥感影像处理软件系统。

近年来,随着计算机解译技术的进一步发展,许多新的理论和方法被引入到遥感解译之中,从而发展了多种新的遥感解译方法,如人工神经网络(Artificial Neural Network,ANN)、模糊分类、支撑向量机(Support Vector Machine,SVM)、小波分析等。

1) 人工神经网络分类

人工神经网络(ANN),是以模拟人体神经系统的结构和功能为基础而建立的一种信息处理系统,具有对信息的分布式存储、并行处理、自组织和自学习等特点,是一种人工智能技术。从1988年开始用于遥感影像分类,到目前这种技术在遥感影像分类处理中已经有了较为广泛和深入的应用,从单一的BP(Back Propagation)网络发展到模糊神经网络、多层感知机、学习向量分层-2网络、Kohonen自组织特征分类器、Hybrid学习向量分层网络等多种分类器。ANN分类器是一种非参数型分类器,有较好的容错性,其分类精度要高于传统的基于统计的分类方法,但是也具有拓扑结构选择缺乏充分理论依据、网络连接权值物理意义不明确、推理过程难以理解等不足。

2) 模糊分类

模糊分类方法是一种针对不确定性事物,以模糊集合论作为基础的分类方法。由于遥感信息反映的地球表层信息的复杂性,使得遥感信息的分析结果具有不确定性和多解性,因此,模糊分类在遥感影像分类中具有较大的优势。许多研究表明,模糊分类在分析混合像元、提高分类精度方面具有很好的效果。使用模糊分类方法,必须首先确定训练样本中像元各类别的隶属度,过程比较麻烦,是一种有待于进一步研究和推广应用的新方法。

3) 支撑向量机分类

支撑向量机(SVM)分类方法采用事先定义的非线性变换函数集,把向量映射到高维特征空间中,按照支撑向量与决策曲面的空隙极大化的原则来产生最优超平面,然后,再将高维特征空间的线性决策边界映射到输入空间的非线性决策边界。SVM方法被认为是高维数据分类中最好的机器学习算法,在小样本的情况下就可以获得较高的准确率。

4) 面向对象的分类

面向对象的分类方法是不同于前面基于像元分类的一种高层次影像分类方法,它首先采用分割算法,将遥感影像分割成许多具有相同特征的"同质均一"对象,然后,根据各对象的光谱特征、形状特征、纹理特征和相邻关系等,选择合适的分类算法如决策支持模糊分类法,给出每个对象隶属于某一类的概率,按照最大概率确定分类结果。面向对象的分类方法属于较高层次的影像理解,具有分类精度高、速度快等优点,在高分辨率影像解译上具有广阔的应用前景,但是,在分割尺度和对象特征参数选取等问题上仍存在许多关键问题有待解决。

另外,还有基于数学形态学的遥感影像解译方法和小波分析的方法等,这里不再赘述。

2. 变化检测

将分类后的影像进行叠置分析或运算,获得土地利用和地面覆盖变化,一般采用变化检测矩阵表示成为"从……到……"变化。

获取变化检测矩阵的一般方法是:首先将前期分类影像 A 和后期分类影像 B 进行编码,相同的类别赋予相同的编码,如果总类别小于 10 类,可以进行如下运算:$10*A+B$。结果影像中,十位数表示原类别,个位数表示变化后类别。例如,结果影像中编码为 15 的像元表示该处变化类型为从类别 1 变为类别 5。如果类别较多,大于 10 类,则可以进行 $100*A+B$ 运算。

分类后比较法检测应用广泛并且易于理解,可以提取详细的变化信息,并可以获得各时相的分类图,但其精度受两独立时相影像分类精度的制约。从数学意义上讲,该方法积累了两次分类的误差,而且,是针对影像的全部范围,不管是否已经发生变化,都要进行分类计算,这样,无疑大大增加了变化信息检测的计算量。

7.2.3 变化检测方法的选取

由于以上各种变化检测方法是根据不同的目的发展出来的,因此,选取合适的检测手段也没有一个统一的标准,需要根据实际情况如可获取的数据、检测目的等进行筛选。许多学者也对各类方法进行了比较和总结,其结论也不尽相同,主要原因在于应用的数据、环境和目的的不同。有时候,变化检测不仅仅使用一种方法,而是通过多种方法的结合使用来获取较好的检测结果。总的说来,变化检测方法的选择前提是分析者对各种方法、数据处理技能、数据特点、研究目的和研究区域的深入理解。

7.3 LUCC 模型

由于 LUCC 涉及社会、经济、环境等众多因素,过程错综复杂,以简化和抽象化为特征的各种模型,对于理解和预测土地利用和地面覆盖变化至关重要。LUCC 模型是深入了解土地利用/地面覆盖变化复杂性的重要手段,通过 LUCC 建模,可以对土地利用和地面覆盖变化进行描述、解释、预测和制订对策。因此,LUCC 模型通过加强对土地利用的系统分析,可以为土地利用/地面覆盖的规划决策提供有效的辅助手段。

LUCC 研究主要聚焦于三个问题:

(1)土地利用变化动态模型(分析及过程模拟),主要是通过案例研究,对全球范围的土地利用变化和土地管理过程进行分析和建模;

(2)地面覆盖变化的观测和诊断模型(静态),主要是通过对各种解释因素的直接观测和测量,发展地面覆盖变化经验诊断模型;

(3)土地利用/地面覆盖变化的集成预测模型(区域和全球模型),主要是通过对前两个问题的分析,发展区域和全球集成的预测模型。

由此可见,发展 LUCC 模型的重要性。有许多研究从不同的目的出发,构造了大量的 LUCC 模型,对 LUCC 研究以及制订经济决策等起到了积极的作用。下面回顾和总结已有模型,并对其中某些具有代表性的模型进行重点阐述。

7.3.1 LUCC 建模及其影响因素

LUCC 模型因其研究目的的不同而具有不同的形式和结构,一般情况下,土地利用模型由四个主要部分构成:土地利用和地面覆盖的类型、各种类型变化的动因、变化过程和机制、变化造成的影响。

土地利用和地面覆盖变化受到自然、社会、经济等诸多因素的影响,且不同因素对土地利用和地面覆盖变化的作用方式与强度也各有不同。在土地利用和地面覆盖变化建模过程中,综合考虑以上各种因素也非常困难,所以,建模时一般都有所取舍。为了保证 LUCC 模型的有效性和准确性,在建模时,必须辨清如下 6 个建模所必须考虑的问题:

(1) 分析尺度(Level of Analysis),社会学家关注长时间序列微观个体的行为,而地理和生态学者则关注宏观尺度的土地利用变化状态。

(2) 跨尺度动态变化(Cross-scale Dynamics),尺度是测量或研究某个目标或过程的时间、空间、定量或解析维度;所有的尺度都包括广度和分辨率,广度指量测维度的大小(Magnitude of a Dimension),而分辨率则是测量的精度。

(3) 驱动因子(Driving Factors),包括社会经济因素、生物物理因素和土地管理因素。

(4) 空间相互作用和邻域效应(Spatial Interaction and Neighbourhood Effects),土地利用的分布模式具有自相关性,土地利用类型会受到相邻地块土地利用情况的影响。

(5) 时态变化(Temporal Dynamics,变化轨迹),土地利用状况在时间维上也具有相关性,某时段土地利用状态还与其前一时态的利用状况有关。

(6) 集成度(Level of Integration),土地系统是一个由多个子系统组合而成的复杂系统,子系统之间的相互作用和集成度是建模需要考虑的因素之一。

值得注意的是,并非所有的 LUCC 模型都要考虑相同的问题,它还受以下因素的影响:如建立模型的出发点(目的)、模型运用的理论(方法)、模型的空间尺度和空间聚集水平(又称"空间清晰度")、土地利用类型、土地利用变化类型、时间维的处理和所采用的技术等。

7.3.2 常用的 LUCC 模型及其分类

迄今为止,已经提出并发展了众多的 LUCC 模型。根据模型所受影响因素的不同,模型的分类体系也千差万别,如根据建模出发点的不同,可分为森林砍伐土地利用模型、综合城市模型、土地利用激化强度模型等。不同学者对不同类型的模型进行了分类总结,如 Lambin(1997)和 Kaimowitz 等(1998)针对森林砍伐土地利用模型,Miller 等(1999)针对综合城市模型,Lambin 等(2000)针对土地利用激化强度模型等。这里仅以 Lambin 等的土地利用变化模型的分类作简要说明(见表 7-1)。

表 7-1　土地利用变化模型分类

LUCC 已知知识	LUCC 待了解知识	模型类别	模拟方法
过去变化的地点和时间	将来变化的时间(短期)	随机模型	概率转移模型
	过去变化的原因(最近的原因) 将来变化的地点(短期)	经验、统计模型	多元统计建模 (基于 GIS 的)空间统计模型
过去变化的地点、时间和原因	将来变化的时间(长期) 将来变化的时间和地点(长期)	基于过程的、机械模型	行为模型和动态模拟模型 动态空间模拟模型
	将来变化的原因(根本原因) 将来变化的原因(根本原因和对应结果)	解析的、基于智能体的、经济模型	扩展的冯·杜能模型 基于确定性和随机性的最优化模型

下面详细介绍几种常用的 LUCC 模型,以供初学者参考,主要包括:经验统计模型、最优化模型、(基于过程的)动态模拟模型、元胞自动机模型、基于智能体的模型和混合/集成模型。在对各类模型的阐述中,首先概述该类模型的概念和特点,然后,具体介绍其中应用比较广泛的或者较为典型的模型。

1. 经验统计模型(Empirical, Statistical Models)

1) 模型概述

经验统计模型早在 20 世纪 60 年代就应用于土地利用变化分析,模型采用多元分析法,通常为多元线性回归技术,分析每个外在因子对 LUCC 的贡献率,从而找出土地利用和地面覆盖变化的外在原因。该模型一般假设在一定时间内,某种土地利用和地面覆盖类型与一些独立变量之间存在线性回归关系,然后,利用统计方法,进行显著性检验。该模型对数据的依赖性较大,适用于数据比较多且准确的区域。在数据量充足的情况下,通常能从复杂的土地利用系统中分离出主要的驱动因子,并建立与 LUCC 的定量关系。

对于多数经验统计模型来说,根据历史数据建立的这种统计上的显著相关关系并不一定能代表其因果关系,并且,建立的模型只适用于该研究区,对短期的土地利用和地面覆盖变化具有较好的描述和预测作用,对长期的变化或该区域以外并不一定适用,因此,不能用于大范围的推断,经常作为综合模型中的一部分出现。

经验统计模型是一种应用比较成熟的模型,从其采用的统计方法出发,经验统计模型主要包括:概率统计模型、多元逻辑回归模型、离散选择模型等。其中,应用最为广泛的模型是 CLUE 和 CLUE-S 模型:

(1) Veldkamp 和 Fresco(1996)提出了 CLUE(The Conversion of Land Use and its Effects)模型,Verburg 等(1999)对该模型进行了改进。该模型基于实际的土地利用架构,通过确定并量化农用地的生物物理因子和人类驱动因子(假定是最重要的),从而实现对土地利用变化空间清晰的、多尺度的量化描述。然后,将分析结果纳入土地利用变化(动力学)模型中。CLUE 模型既可以追溯过去的土地利用变化,也可以预测不远的将来(约 20 年)不同情景下可能的土地利用变化。与大部分经验模型相比,其优势在于,它能够模拟多种同时发生的土地利用方式变化。自该模型创建以来,已经在不同国家和区域,如哥斯达黎加、厄瓜多尔、马来西亚、中国、菲律宾西布岛以及印度尼西亚的爪哇等得到了较为成功的应用。

(2) CLUE-S(The Conversion of Land Use and Its Effects at Small Region Extent)模型是Verburg等组成的"土地利用变化和影响"研究小组在CLUE模型基础上提出,并于2002年7月开始推广应用的。与CLUE模型相比,该模型是基于较高分辨率(一般高于1km×1km)的空间数据构建的,适用于区域级的土地利用和地面覆盖变化研究。CLUE-S模型假设一个地区的土地利用变化是受土地利用需求驱动的,并且,一个地区的土地利用分布格局总是与土地利用需求、自然环境和社会经济状况处于动态平衡状态。在此假设的基础上,该模型运用系统论的方法处理不同土地利用类型之间的竞争关系,实现对不同土地利用变化的同步模拟。其中所应用的理论包括土地利用变化的关联性、层次性、竞争性和相对稳定性等。

需要注意的是,CLUE和CLUE-S模型中也采用了其他技术,因此,也常常将其归入到混合/集成模型中。

2) CLUE-S模型

CLUE-S模型包括两个主要模块:非空间需求模块和空间分配模块(见图7-4)。其中,非空间模块通过对人口、社会经济以及政策法规等土地利用变化驱动因素的分析,计算研究地区中每年对不同土地利用和地面覆盖类型的需求变化;然后,将逐年的需求变化分配到基于栅格系统的空间模块各候选单元中,计算各种发生变化的土地利用和地面覆盖类型面积的转移方向,实现对土地利用时空动态变化的模拟(见图7-5)。

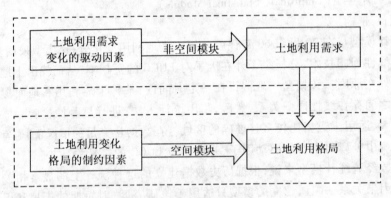

图7-4 CLUE-S模型结构示意图

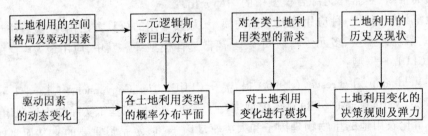

图7-5 基于栅格地图的土地利用变化分配示意图

对于土地利用需求模块,其需求变化的计算,可以根据研究区实际情况,选择合适的总量需求变化预测方法,如历史外推法、系统动力学仿真、经济学模型等。综合对土地利用的经验分析、空间变异分析以及动态模拟等,实现土地利用需求在空间模块中的分配。其中,通过经验分析将土地利用和地面覆盖变化的空间属性和变化驱动因子分离开来,结合经验分析和空间变异分析,可以揭示土地利用分布与其备选驱动因子以及空间制约因素的关系,生成不同土地利用类型概率分布适宜图,衡量不同土地类型在每一空间单元分布的适合程度。

动态模拟过程就是根据适合的土地利用类型的总概率($TPROP_{i,u}$)大小对土地利用需求进行空间分配的过程。分配通过多次迭代来实现(见图7-6)。

$$TPROP_{i,u} = P_{i,u} + ELAS_u + ITER_u \tag{7-5}$$

式中:$TPROP_{i,u}$表示栅格i适合土地利用类型u的概率,$ELAS_u$是根据土地利用和地面覆盖转变规则设置的参数,$ITER_u$为土地利用类型u的迭代变量。

在模拟土地利用和地面覆盖变化动态之前,需要计算某一土地利用类型出现的概率及其稳定程度。

CLUE-S模型中,根据土地利用格局和备选驱动因素数据,采用逻辑回归(Logistic Regression),诊断每一栅格可能出现某一土地利用类型的概率。

$$\ln\left\{\frac{P_i}{1-P_i}\right\} = \beta_0 + \beta_1 X_{1,i} + \beta_2 X_{2,i} + \cdots + \beta_n X_{n,i} \tag{7-6}$$

式中:P_i表示每个栅格可能出现某一土地利用类型i的概率,X表示各备选驱动因素。逻辑回归可以筛选出对土地利用格局影响较为显著的因素,同时剔除不显著的因素。根据回归结果得到各土地利用类型的空间分布概率适宜图。

CLUE-S模型中可以根据土地利用系统中不同土地利用类型变化历史以及未来土地规划,通过定义模型参数ELAS,设置不同土地利用类型的稳定程度。ELAS的值介于0(极易变化地类)和1(不发生变化地类)之间,值越大,表示土地利用越稳定,即转变概率越小。

动态模拟步骤如下:

(1)确定栅格系统中允许参与变化模拟的栅格。

(2)计算栅格i适合土地利用类型u的概率。

(3)对各类土地利用类型赋予相同迭代变量值,按照每一栅格对不同土地类型分布的总概率从大到小的顺序,对各栅格土地利用变化进行初次分配。

(4)比较不同土地利用类型初次分配面积和需求面积。若土地利用初次分配的面积大于需求面积,就减小ITER的值;反之,就增大ITER的值,然后,进行土地利用变化的第二次分配。

(5)重复(2)~(4)步,直至分配面积等于需求面积。

CLUE-S模型的检验包括回归分析结果检验和空间模拟效果检验两部分,前者可以利用ROC方法检验驱动因子的解释能力,如果驱动因子能够较好地解释土地利用和地面覆盖分布格局,则进入下一步进行空间分配;否则,需要重新选择驱动因子。可以利用Kappa系数或多次度检验等方法进行精度检验。

CLUE-S模型具有以下优点:

(1)在空间上反映土地利用变化的过程和结果,能同时模拟多种土地利用类型之间的竞争关系并进行情景分析。

(2)多种尺度上分析各种因素对土地利用变化的驱动作用,系统地考虑了土地利用系统中的社会经济和生物物理驱动因子,并基于经济理论、专家系统等选择驱动因子,具有更

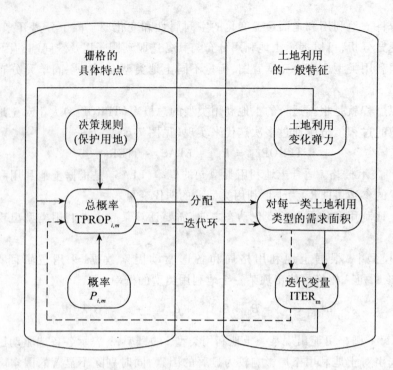

图 7-6 土地利用变化分配的迭代过程示意图

高的可信度和更强的解释能力。

模型缺点在于：

(1) 必须根据已有的土地利用历史和模式构建经验关系和决策规则，不能有效地描述土地利用变化的细节，无法在微观水平上解释土地利用变化；

(2) 未能实现社会经济因子的空间化。因此，在这几个方面的改进将是模型的发展方向。

2. 最优化模型(Optimization Models)

1) 模型概述

最优化模型大多起源于冯·杜能和里卡多的地租理论：对于给定属性和位置的地块，通过模拟得到可以获得最高地租的土地利用方式。最优化模型中，土地利用则尽量使土地在现有的约束条件下，目标函数值最大，对于土地利用而言，就是在现有条件下，使未来土地利用取得最佳经济、社会、生态效益的土地利用结构。这种约束最优化是经济理论的核心。

Herbert 和 Steven 早在 1960 年就提出了 Herbert-Steven 线性规划模型以获得居民地的最优分布，Hopkins et al. (1978) 提出一种用于最小化洪水灾害影响和最大化土地租金收入的土地利用动态规划模型，Nijkamp (1980) 提出了分等级最优化模型(Hierarchical Optimization)，Adams 等 (1994) 提出的森林和农业部门优化模型(The Forest and Agriculture Sector Optimization Model, FASOM) 模型，Fischer 等(1996) 使用 FASOM 模型研究了美国林业和农业部门间的土地分配问题。

最优化模型能够对地理空间结构的基础过程提供决策依据，可以考虑各种政策对 LUCC 的影响，其局限性在于：不能描述动态过程，在确定目标函数时具有较大的任意性以及人类行为非最优化。

2) 土地利用配置模型(LUAM)

土地利用配置模型(Land Use Allocation Model, LUAM)是用于英格兰和威尔士的一个农业线性规划模型,辅助决策者分析农业活动的可能变化、与其相关的环境影响及其在政策或市场条件变化上的影响。模型研究从 1985 年开始并得到了英国政府许多部门和机构的支持。

该模型用于分析各种活动对农业的影响,比如,投入或产出价格变化、津贴水平变化、减少或增加税收、增加配额、采用更有效的耕作方式、闲置土地比例变化、作物类型变化等。这与农业生产资源(劳动力、资金、肥料等)有关。其目标是,在土地条件、市场机会、政府政策等各种约束条件的限制下,从土地中获得最大的收益。

在模型中,将英格兰和威尔士的农业生产系统当做具有不同的土地类型及相应的农业生产活动的单一农场。系统根据陆地生态研究所(Institute of Terrestrial Ecology, ITE)提出的土地分级分类系统,将土地分为 15 大类,每类又包括四种主要类型:可耕地、牧草地、永久草地(Permanent Pasture)和粗放草地(Rough Grazing)。ITE 土地分类系统提供了对各种土地类型可用性的上限估计。模型提供了土地类型转化的概率。模型结构如图 7-7 所示。

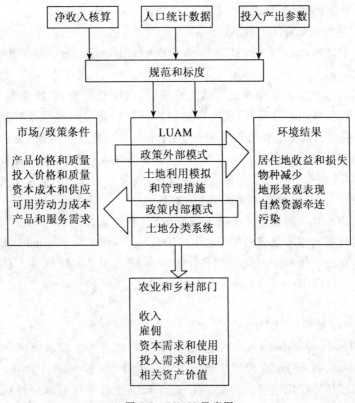

图 7-7 LUAM 示意图

LUAM 的数学结构与一般的土地优化模型相同:

$$\text{最大值}: Z = c \cdot x \tag{7-7}$$

满足:$Ax < b, x > 0$。

式中:目标函数 Z 是矢量 c 和矢量 x 的标量乘积;矢量 b 是可用资源量;矢量 c 表示利润和花费;矢量 x 是产出量。A 是投入/产出系数矩阵,其元素 a_{ij} 表示每单位产出量(j)需要的投入量(i)。

每一种土地类型中包括以下可能的生产活动和相关投入:投入包括劳动力、肥料、机械、家畜饲料、家禽饲料、农场维护、普通花费、草料等;产出包括奶制品、牛肉、羊、猪、家禽、谷类、糖、马铃薯等;资金储备包括家畜、机械投入和资金投入。每种生产活动可以分为3种强度级,反映了单位面积投入量的多少,以及相应产出多寡的可能性。模型总共分析了英格兰和威尔士地区600多种农业生产活动,正如每年部门净农业收入估算(Departmental net farm income calculation, DNIC)中所反映的收入和产出一样,这些活动利用了计算区域的"投入"从而为"产出"做出贡献。因此,总的投入产出量与所需资源量可以组成一个平衡方程,该方程可以看成模型的近似表达式。这样,给定产出量,就可以通过模型解算,分配各土地类型上的产量。

利用普通最小二乘方法估计投入/产出系数。对每一个投入值,其线性函数为:

$$I = a + b_1 Q_1 + b_2 Q_2 + \cdots + b_n Q_n + T_j \tag{7-8}$$

式中:I 表示每个农场的总投入;a 为截距;$Q_i(i=1,2,\cdots,n)$ 是企业 i 的产出值;$b_i(i=1,2,\cdots,n)$ 表示每个企业投入需求估计(系数);T_j 表示每年的一个变量。

土地利用配置模型如图7-7所示。

3. 动态(基于过程的)模拟模型(Dynamic (Process-based) Simulation Models)

1)模型概述

动态模拟模型基于对系统中变化驱动力的理解,借助控制论、系统论和信息论,研究反馈系统的结构、功能和动态行为,通过模拟生物物理和社会经济过程及其交互作用来模拟LUCC过程。该模型强调土地利用系统内各个组分之间的交互作用,将复杂的生态系统简化为少量特定格式的微分方程。其特点就在于,能够反映复杂系统结构、功能与动态行为之间的相互关系,对复杂系统进行动态仿真实验,考察复杂系统在不同情景下的变化行为和趋势,提供决策支持,但是,模型在尺度选择上存在困难。

针对土地利用和地面覆盖变化的动态模型中,具有代表性的有全球变化和陆地生态系统研究计划小组开发的地形景观模拟平台 LAMOS,Stephenne N. 和 Lambin E. F. 为西非苏丹萨赫勒地区建立的土地利用变化模型 SALU,以及纽约州立大学研究人员提出的土地利用动态变化模型 GEOMOD。

2)典型模型介绍

(1)地形景观模拟平台(LAMOS)

LAMOS(A Landscape Modelling Shell)是全球变化和陆地生态系统(Global Change and Terrestrial Ecosystem, GCTE)研究计划小组开发的一个平台,提供了一个用 Smile 编程语言开发的可视化编程环境模拟地貌的动态变化过程,研究全球变化对未来地貌结构产生的影响。在该平台中,可以对现有的各种模型进行比较,或通过组合匹配现有模型来组建新的模型。

LAMOS中,地貌动态通过四个过程表达:继承(Succession)、扰动、散布、物质(水、营养、沉积物)的横向流动。其中,继承在地块尺度上发生作用,后三个过程在区域尺度上产生作用。

LAMOS 中,植被用其功能类型(Functional Type,FT)表示。用户定义的 FT 具有生物学属性,这些属性决定了它们对环境条件的反应、竞争力、对干扰的反应、繁殖、散布和再生策略等。对于任何给定模型,都有事先确定的一系列 FT,通过这些 FT 对继承、散布、扰动动力学和横向流动进行模拟。并且,有一个环境模块管理有关地图纹理和范围、地形、土壤质量和天气的全球信息。

(2)西非荒漠草原土地利用变化模拟模型(SALU)

SALU(A Simulation Model of Land Use Changes in the Sahel)是由 Stephenne N. 和 Lambin E. F. 于 2001 年以非洲的苏丹萨赫勒地区为实验区建立的土地利用变化模型,用于分析非洲荒漠草原地区土地利用变化的驱动力和推断过去 30 年的土地利用和地面覆盖变化过程。

该模型的外部变量包括:人口(城市和农村)、家畜、降雨和谷类进口,输出量是每年分配给各类用地的土地面积(图 7-8)。模型基本机理就是不同土地利用类型的产出和资源消费之间的平衡(图 7-9),根据这一原理可以计算每年耕地、牧草地和薪材地等各类土地需求量。通过模型还可以得到过度放牧和土壤退化比率、劳动力生产率、家庭平均预算等压力指数。

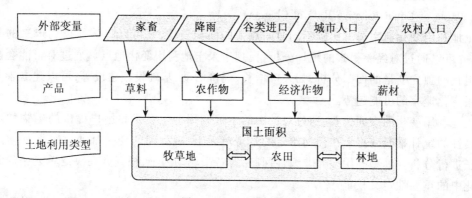

图 7-8 SALU 模型结构

该模型主要模拟了两个变化过程:第一个过程是人口、降雨等条件变化时农业用地、林地和居民地等土地利用类型之间的转化,第二个过程是人口增加所引起的农业用地强度增大、土壤退化和过度放牧等问题,同时计算相应的压力指数。

通过该模型模拟得到的土地利用变化结果与利用遥感影像分类获得的土地利用影像以及历史数据相比较发现,模型获得的结果具有相当高的可信度。

(3)土地利用变化动态模型(GEOMOD)

GEOMOD 是由纽约州立大学环境和林业科学学院的研究人员提出的,通过地理模拟预测土地利用及空间格局的变化,尤其是人类活动引起的变化。该模型可以用于理解土地利用变化的动态过程,发现可能会发生变化的地区,显示未来的环境条件,并通过规划缓解或消除有害的趋势。

该模型可以模拟各种土地利用类型的变化,但主要是用来预测"已开发土地"与"未开

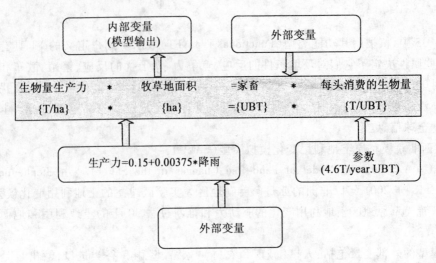

图 7-9 牧草地土地利用运算机理

发土地"之间的变化。模型假设所有的转化均是由有意识的人类活动造成的,并且假定这些人类活动及其造成的土地类型转化遵循以下几条原则:最大功率原则(Maximum Power Principle)、相邻开发原则(Adjacency Principle)、扩散原则(Dispersal Principle)和均速变化原则(Principle of Equal Relative Rate of Change)。

土地利用变化速率通过比较不同时间点上的面积获得,并可以将其外推到未来的某个时间,并可以通过对经验模式的统计分析,模拟未来土地利用变化地点。通过对可能会影响森林退化的独立变量的回归分析,如人口增长、经济活动、基础设施建设等,可以建立未来土地利用变化速率的可能趋势。

土地利用变化的空间位置,通过对过去的土地利用变化模式和用户提供的生物物理和社会属性的统计推断获得。在任何给定的景观单元上,观测到的变化都通过一系列候选驱动因子进行分析。模型利用多元非线性回归,对各个驱动因子,根据其在决定单元格局和位置变化中的重要性定义权重。

Pontius 等(2000)应用 GEOMOD 模型模拟了 Costa Rica 地区的土地利用变化,并取得了较好的结果。Taweesuk Siripun(2001)运用该模型模拟了泰国北部清迈省土地利用和地面覆盖(主要是林地)的变化。结果表明,该模型可以模拟 70% 以上的林地面积的空间格局变化。

4. CA 模型(Cellular Automation Model)

1)模型概述

CA 模型即元胞自动机模型,最早是由 Ulam 于 20 世纪 40 年代提出的,并于 20 世纪 70 年代由 Tobler 首次正式用于模拟美国底特律地区城市扩展中。CA 模型是一种时间、空间、状态都离散,空间相互作用和时间因果关系皆局部的网格动力学模型。模型将每个格子划分为大小适合的元胞,每个元胞都有一个特定的状态,遵从一个特定的转换规则。元胞状态取决于其初始状态和周围元胞的状态(见图 7-10)。该模型通过简单的局部转换规则来模拟出复杂的空间结构,能够描述局部区域中相互作用的多主体系统的集体行为随时间的演化,也能表现出区域的环境条件、周围的土地利用类型以及土地利用类型之间的相互作用关系,非常适用于地理过程模拟和预测。

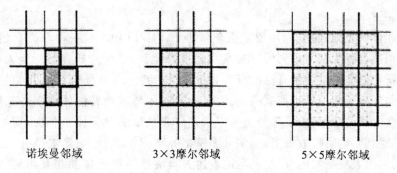

诺埃曼邻域　　　　3×3摩尔邻域　　　　5×5摩尔邻域

图 7-10　元胞邻域状态

从动力学机制来看,CA 模型是一种由局部到整体的自下而上的模型,它通过空间实体的个体行为共同创造了空间过程,空间过程重塑了空间格局,空间格局又反过来影响空间行为,如此反复,形成城市的动态发展变化。由于 CA 模型着眼于单元的局部相互作用,单元状态变化主要取决于自身和相邻单元的状态组合,尽管它可以在一定程度上反映一个土地利用系统的复杂行为,但是,往往难以有效地反映影响土地利用变化的社会、经济等宏观因素,因此,转化规则与经济因素等社会活动的关联是 CA 模型面临的一个严峻问题。CA 模拟需要以 LUCC 的特征和驱动机制的深入研究为前提,需要以高精度的标准化历史数据为基础。不同的空间尺度上,系统单元规律也不尽相同,因此,确定合适的空间分辨率是使用 CA 模型需要考虑的一个问题。另外,CA 模型与经济、人口模型、GIS 空间分析方法的集成也是其发展需要突破的瓶颈。

近年来,元胞自动机模型越来越多地应用于城市增长扩散和土地利用演化的模拟研究,并取得了许多有意义的研究成果。下面简要介绍的是 CA 城市增长模型(GeoCA-Urban)。

2) CA 城市增长模型(GeoCA-Urban)

目前,GeoCA-Urban 模型的研究大致可分为两派:一派以 Clarke 为代表,其基本思想是将城市增长视为空闲土地或农用土地向城市用地转换的结果;另一派以 Michael Batty 和 Xie Yichun 为代表,其基本思想是引入城市发展的生命特征,元胞都有生老病死现象,城市增长被视为是已有土地单元对自身的复制和变异,进而产生新的土地单元。GeoCA-Urban 模型综合利用两派的模型,在城市增长问题上同时考虑两种增长模式,一种来自作为生长点的已有城市化元胞的繁殖,另一种来自环境适宜的非城市元胞的突变,由非城市元胞转变为城市元胞。

GeoCA-Urban 模型由三部分构成:土地利用类型、交通和控制因素。在这三个部分中,土地利用类型是核心,土地利用单元的自身行为除受元胞邻域状态的影响外,其行为规则还受到交通和控制因素的影响。由此可见,GeoCA-Urban 模型的利用,主要考虑元胞邻域增长模式的选择和不同土地利用类型(居民地、商业用地、工业用地、农业用地和其他用地)及道路等行为规则的确定。需要注意的是,增长模式和行为规则的选择与确定要随实际情况的变化而变化。

5. 基于智能体的 LUCC 模型（Agent-Based Models of Land-use/Land-cover Change, ABM/LUCC）

1）模型概述

基于智能体的土地利用/地面覆盖变化模型（ABM/LUCC）是一种具有自治性、通过模拟个体行为把社会行为和土地利用方式联系起来的模型，模型的研究目标是人类活动。其中的自治性指智能体可以控制自己的行为和状态以达到预定的目标。智能体的行为是由连接自治目标和外部环境的模型控制的，模型允许智能体与其他智能体或者外部环境发生相互作用。模型包括两部分：第一部分是一个描述研究景观的单元模型，表示智能体的环境，采用细胞自动控制、空间扩散模型、马尔可夫模型等空间模拟技术；第二部分是一个基于智能体的模型，它代表决策实体，用于灵活地表述人类决策与智能体的相互作用，它通过各智能体的相互作用和支配以及外部自然环境的影响，确定智能体和环境之间的联系。因此，ABM/LUCC 非常适合于对空间过程、空间相互作用和多尺度现象的分析。基于智能体的模型经常作为多智能体系统得到实现，多智能体系统是复杂适应系统理论、人工生命以及人工智能技术的融合，目前已经成为进行复杂系统分析与模拟的重要手段。

在 LUCC 模型中，模型智能体可能是土地管理者，通过综合个人的认识和价值取向、区域土壤性质和地形信息（生物物理景观环境）以及对邻近区域的土地管理方式的评估（空间社会环境），进行土地决策。模型智能体也可能是更高级的实体或社会组织，如地方政府或国家机构。基于智能体的模型具有很强的适应性，允许考虑智能体的异质性和独立性及其环境。当基于智能体的模型与描述智能体作用的细胞模型结合使用时，非常适合于对空间过程、空间相互作用和多尺度现象的离散描述。

近年来，针对 ABM/LUCC 开展了很多研究，如 Rouchier 等（2001）利用多智能体模型研究了牧民在干旱季节寻找放牧地点以及与农民交换使用土地；Dean 等（2000）研究了美国亚利桑那州 1300 年阿那萨齐族（Anasazi）的消亡原因；Polhill 等（2001，2002）和 Gotts 等（2002）在 FEAPLUS 工程中利用基于智能体的模型模拟了土地利用可能会发生的变化的各种情形，如新法律的制定、农业市场全球化和气候变化等；Berger 等（2000，2001）利用多智能体模型模拟了西非 Volta 盆地土地利用在全球环境变化背景下的变化情况和智利某农业地区的农业生态发展情况；Peter Deadman 等利用多智能体模型研究了巴西 Altamira 附近的土地利用变化；Torrens（2001）尝试将 CA 模型与多智能体模型相结合。

但是，基于智能体的模型中难以结合其他数据进行分析，并且比较复杂，从各种各样的影响因素中选取出有效的因子融合到模型是一项非常艰巨的工作。在模型的改进上，需要进行空间邻近性、市场、智能体交互作用、学习、记忆以及数据处理和表达方面的改进。

2）典型模型介绍

（1）区域土地利用评估框架（FEARLUS）

FEARLUS（Framework for the Evaluation and Assessment of Regional Land Use Scenarios）计划始于 1998 年 4 月，该方法使用基于智能体的模拟方法，目的是评估气候变化、土地利用变化对苏格兰造成的可能影响，从而辅助政府部门的决策。该模型的主要思想是：对紧急现象采用尽可能最简单的模型进行解释。基于智能体的模拟有两种主要方法，一种是复杂系统和元胞自动机研究，另一种是分布式人工智能，它们的相互作用集中在对真实性（realism）和易处理性（tractability）的讨论上，而最终现实性的应用水平取决于模型建立的目的。在

FEARLUS 模型中,首先需要对交互作用动力学以及简单模型生成的紧急现象有比较彻底的理解,然后再考虑现实性。

FEARLUS 模型中,智能体是土地管理者,每年都要由他们确定要使用哪一块或多块土地。最终决策通过决策法则进行制定,这一法则应用于每一个单独地块而不是将整个农场看做一个整体(比如一个土地管理者拥有不止一个地块的情况)。

决策法则包括三种可能不同的策略:满意度策略、模仿策略和创新策略。满意度策略用于确定一个地块的土地利用收益是否超过了土地管理者的个人满意度临界值(比如,在这种情况下应用习惯性策略,即与前一年的土地利用收益相比较)。如果收益小于临界值,土地管理者就会有模仿别人或者进行创新的个人倾向。因此,当收益不能令人满意时,决策法则会为土地管理者指定一个创新策略或模仿策略,并且提供使用该策略的概率值。模仿策略使用相邻地块土地管理者信息,主要包括简单模仿、基于收益的习惯阈值模仿、基于收益的习惯阈值随机模仿、智能模仿等策略。比如,模型提供的模仿策略可能是大多数相邻地块管理者正在使用的方法。创新策略不使用相邻地块的信息,而是从所有土地利用信息中进行选择,目的是不使用相邻地块土地管理者正在使用的方法,主要包括随机法、土地特征(确定)最优化、土地特征(随机)最优化、前年条件最优化等策略。

所有土地管理者根据其所使用的决策法则分成不同的子样本,用于比较各种法则在不同环境下的竞争优势。决策法则的竞争等级一直是 FEARLUS 研究的重点。研究发现,不同决策法则的竞争优势取决于其物理和社会属性,而单纯的模仿策略往往不如具有创新成分的策略的表现。外界环境包括一个统一的二维网格,其中,每个单元代表一个具有单独生物物理属性的地块。这些空间分布各异的生物物理属性不受土地利用和气候的影响,且在模拟过程中保持不变。在模拟开始前,部分土地利用状况已经确定,并且,所有的土地利用状况可以由土地管理者(至少是使用创新策略的管理者)随时选择。

在模型中,土地管理者的收益是从土地利用获得的总收入减去一个收支平衡常数。当某个地块的收益为负值时,该地块就以一个固定价格销售出去。从系统中删除售出的所有地块,不再参与模拟。销售出的地块通过随机分配转移到与其相邻并可以收购该地块的管理者手中。并且,该管理者无权拒绝这种分配。

其后的工作重点主要包括:土地利用行为对相邻地块直接影响的表达能力,土地利用对土地生物物理属性的回馈效应,对水体和水流动的表达,对土地管理者选择的土地利用策略更灵活、更成熟的表达,对地块获取和销售的土地管理策略的介绍。

模型的计算流程如图 7-11 所示。

(2)亚马逊土地利用变化模型(Land Use Change in the Amazon, LUCITA)

LUCITA 模型采用基于智能体的模型模拟亚马逊河 Altamira 地区的土地利用和地面覆盖变化,研究该地区各种与自然、人口统计和制度因素有关的土地利用变化问题。该模型利用空间参考元胞将各种生态过程和人类系统模型集成到一个原型模拟系统中,研究家庭特征、政策和环境条件的变化对区域土地利用变化的影响。该模型下一步的目标是研究智能体决策模型变化影响的模拟,将其他内部因素对生物物理、制度和社会经济的影响并入到模型中。

模型中,智能体是研究区内具有各种属性的家庭以及地方或国家政府机构。

LUCITA 模型由两个单独的模拟系统组成:环境系统和人类系统。环境系统使用方形

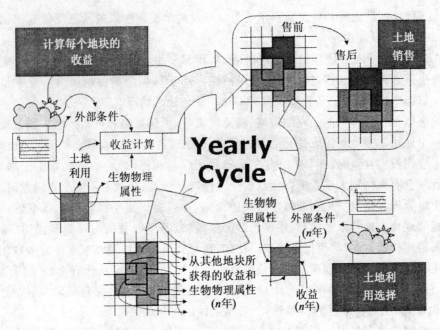

图 7-11 模型计算流程

地块直接嵌入 GIS 和卫星数据来模拟,方格单元表示地形特征(坡度、坡向和高程)、土地利用/地面覆盖、土壤和地面景观,且每个单元包含一个地面覆盖对象或土壤类型对象。系统表示模拟中发生的自然过程,也就是不同土地利用的土壤质量变化、不同土壤条件下农作物收成变化和间接继承的阶段变化。人类系统使用一个加入了决策、记忆、学习、交流和处理功能的透明结构,采用基于智能体的方法进行模拟。在土地利用/地面覆盖类型选择中使用启发式决策方法。环境系统和人类系统通过相互提供输入输出的循环反馈过程耦合形成一个"人类-环境"系统,如图 7-12 所示。模型用于模拟从 1971 年开始 30 年内的土地利用状况,土地利用/地面覆盖类型转换取决于前期土地利用状况和地块连续使用年数。

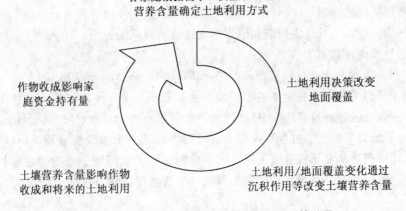

图 7-12 人类和环境系统交互作用的循环反馈过程

初始模拟时应用 bucket-brigade 分配 credit 运算法则确定土地利用策略值或适合度,适合度是一个表示种植特定农作物的收益函数。这样,家庭智能体具有调整能力,根据特定农作物的收益以及家庭人口统计和经济特点调整土地利用策略。当一个家庭有剩余劳动力和资金时,就清除一个土地单元,并由分类系统分配一个土地利用类型。土地利用分配完毕后,计算给定属性条件下的土壤变化。对于给定的土地利用/地面覆盖,使用 KPROG2 方程计算土壤参数变化,据此计算农作物收成并输入分类系统。在模型中,可以模拟特定事件发生如收割或烧荒等及其对景观的影响。

模型提供两种版本:单个家庭版本和地形景观版本。前者是对局部尺度上的模拟,模拟智能体如何决策、环境变化对决策的影响以及各子模型之间的关系或回馈循环等。后者是区域尺度上的模拟,模拟区域土地利用趋势。该模型具有可扩展性和灵活性,通过加入其他的对象和智能体,也可以应用于其他地区。该模型与其他模型一样,是对现实的简化,因此,也不能非常准确地模拟或预测。

6. 混和/集成模型(Hybrid/Integrated Models)

1)模型概述

在发展各种新模型的过程中,人们也不断尝试将已有的各种模型以合适的方式组合应用解决一些特定问题,从而产生了一种新的模型,通常称为集成模型。有些模型由于集成度不够高,所以也通常称做混和模型。White et al. (1997) 提出了一种将随机的、元胞自动机方法与区域经济动态系统模型结合的土地利用变化模型;Alcamo et al. (1998) 提出的 IMAGE 是一个描述土地利用变化的全球综合评价模型;Rounsevell et al. (1998) 结合基于过程的动态模型和最优化技术改进了土地利用预测模型 IMPELU(Integrated Model to Predict European Land Use),用于评估气候变化对农业土地利用空间分布的影响;Wassenaar et al. (1999) 通过提取农作物生产力产出与土壤参数之间的统计关系,在区域尺度上的应用基于过程的动态作物模型。这些混和/集成模型能够更好地理解和预测复杂的土地利用系统,也使得模型研究不再局限于某一个单独的领域,而是延伸到各个学科。

2)典型模型介绍

(1)IMAGE 模型

IMAGE(Integrated Model to Access the Global Environment)模型是一个描述土地利用和地面覆盖变化的全球综合评价模型,它通过量化社会-生物圈-气候系统中的主要过程和相互作用的相对重要性,从而达到对系统的科学理解并辅助决策的目的。模型可用于评估人类活动对环境的影响(主要是温室效应),研究全球环境变化机制,并试图为构造农业需求、植被情况、土地覆被变化和生物圈-大气圈的温室气体交换等方面的全球变化模型提供一个框架。IMAGE 的总体目标是以一种地理关系明确的形式,把全球能源和农业系统中的人类活动与气候和生物圈的变化联系起来。IMAGE 模型提供了对全球变化系统结果的动力学和长期的视角,提供了认识全球变化影响以及分析全球变化对各种政策的相对效力的定量基础。

IMAGE2.2 框架结构如图 7-13 所示,它包括三个子系统:能量-工业系统(Energy-industry System,EIS),计算区域能量消费、能量功效改进、燃料替代、旧燃料供应和贸易以及可更新能量技术,在能量使用和工业生产基础上,系统计算温室气体、臭氧前体和酸化混合物的释放;地形环境系统(Terrestrial Environment System,TES),在区域消费、食品生产和贸易、动物饲养、草料、草地、木材,当地气候和地形特征的基础上,计算土地利用变化、自然生态系统、农业生产系统的 CO_2 释放,以及陆地生态系统和大气间的 CO_2 交换;大气海洋系统(Atmospheric Ocean System,AOS),使用前两个系统中的释放量和其他因素,同时还要考虑海洋释放 CO_2 和大气化学作用,计算大气组分变化,然后,通过分解由温室气体、悬浮物质和海洋热交换造成的辐射变化计算气候属性变化。

模型采用了全面的平衡经济模型 WordScan、人口模型 PHOENIX,应用了世界 17 个地区以及格陵兰岛和南极洲的人口和经济发展基本信息。模型利用 1765~1995 年的数据初始化碳循环和气候系统,采用 1970~1995 年的数据校准 EIS 和 TES。IMAGE2.2 模型基于景观假定(scenario assumptions)如人口统计、食品、能源消费、技术和贸易,模拟了 1970~2100 年的变化。尽管该模型应用于全球,它的许多计算都是基于 0.5 度×0.5 度的高分辨率陆地景观(土地利用/地面覆盖)或者世界 17 个地区(人口、能量、贸易和工业)进行的。

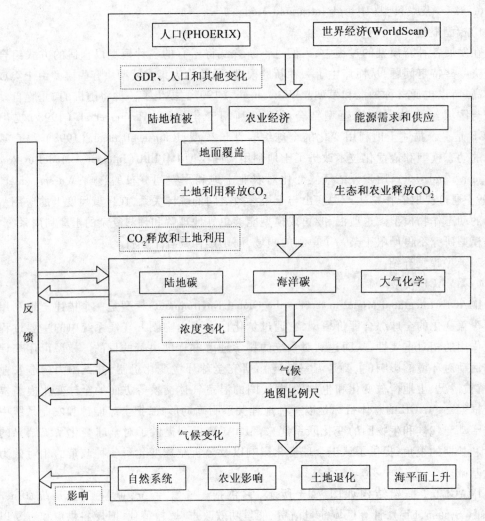

图 7-13　IMAGE 2.2 模型框架

（2）MODULUS 模型

MODULUS 模型是一个集成的用于环境政策决策的空间建模工具，它是1998年欧盟启动的 EU-DG12"环境和气候计划"的一部分，它将该计划中获得的大量新知识和研究资料有效地利用起来，为公共政策决策者提供一个区域级规划或管理工具。MODULUS 模型集成了欧盟计划中，北地中海海岸带地区关于土地退化和荒漠化的物理、经济和社会方面的模型，并组合成一个多尺度、多时相的动态模拟框架。这个集成的新工具，对欧洲地中海地区造成土地退化和荒漠化的过程有了更好的理解，并有助于减轻土地退化和荒漠化带来的后果。MODULUS 模型结构如图 7-14 所示。这些单独的模型在不同的时间和地理尺度上运行，最小的时间尺度可以表达几分钟的过程，最小的地理尺度是基于栅格 GIS 图层的动力学模型。

决策支持系统(Decision Support System, DSS)是 MODULUS 模型的核心部分，是一个交互式的(地理)绘图工具。它不仅仅是一个模型，还是一个成熟的信息系统，包括模型库、工具库、数据库和用户接口，如图 7-15 所示。用户界面是一个图形界面，用户可以忽略技术复杂性，直接访问各种模型、工具和数据。模型库存储了系统所需的所有模型，工具库中存储了所有使用模型所需的技术、工具和方法，数据库中存储了描述所有问题所需的数据，包括 GIS 数据和其他数据。MODULUS DSS 系统的使用如图 7-16 所示。

该决策支持系统已经在希腊的 Argolidas 和西班牙的 Marina Baixa 地区得到成功应用，同时，对于地中海区域具有类似问题的其他地区也具有应用性。当地规划和决策机构相关人员也积极参与了该项计划，并就决策者所关注的问题以及决策所需考虑的参数、变量和政策指标等问题，都提出了改进意见。

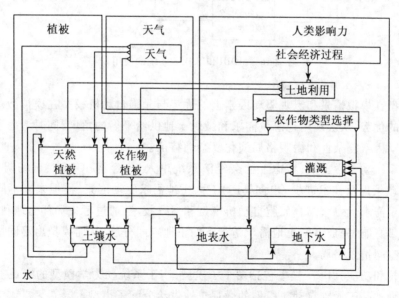

图 7-14 MODULUS 模型结构

（3）土地利用情景变化动力学模型(Land Use Scenarios Dynamics Model, LUSD)

土地利用情景变化动力学模型是北京师范大学的何春阳等于 2005 年提出的，它结合系

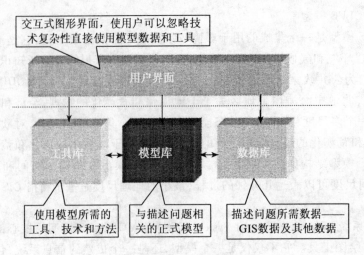

图 7-15 DSS 组成

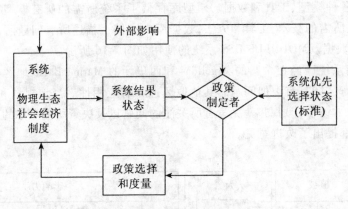

图 7-16 MODULUS DSS 系统的使用

统动力学模型在模拟情景和宏观驱动因素上的优势与元胞自动机模型在模拟微观土地利用空间格局上的优势,从宏观用地总量需求和微观土地供给平衡的角度,同时考虑了土地利用系统宏观驱动因素复杂性和微观格局演化复杂性特征。

模型从系统动力学出发,考虑了社会经济系统中人口、经济(GDP)、市场调节(粮食自给率)、土地政策以及技术进步(粮食单产)五大土地需求驱动因素,模拟未来不同发展情景下的土地总量需求,然后,结合元胞自动机模型和 GIS 技术,通过考虑局部土地利用继承性、适宜性和邻域影响,完成不同土地需求情景下的土地空间分配,从而模拟出不同情景驱动下的土地利用空间情景格局。

模型结构和功能:LUSD 模型包括两个子模型,基于系统动力学模型的宏观土地利用情景需求子模型和基于元胞自动机模型的微观土地供给分配子模型。

系统动力学子模型的基本目标是,模拟研究区域未来不同社会经济情景下土地利用总量的需求变化,模型假定人文因素变化是影响土地利用变化的唯一因素,并将模拟区域看成一个相对独立的区域系统。模型以社会经济中的人口等五大因素为基础,以供求平衡为条件驱动土地利用子系统,预测土地情景需求。该子模型的实现使用系统动力学仿真软件

Stella5.0。

微观土地供给分配子模型可以简化为如下表达式：

$$^tP_{K,x,y} = f(^tS_{K,x,y}, ^tN_{K,x,y}, ^tI_{K,x,y}, v) \tag{7-10}$$

该式也可以表示为：

$$^tP_{K,x,y} = ((1 + ^tS_{K,x,y}) \times (1 + ^tN_{K,xy}) + ^tI_{K,x,y}, v)^tv \tag{7-11}$$

$$^tS_{K,x,y} = \left(\sum W_{i,K,x,y} \times ^tS_{i,K,x,y}\right) \prod_{r=1}^{n} {^tC_{r,K,x,y}} \tag{7-12}$$

$$^tN_{K,x,y} = \sum_c \sum_l W_{K,L,C} {^tG_{c,l}} = \sum_c \sum_l \frac{W_{K,L} {^tC_{c,l}}}{c} \tag{7-13}$$

$$v = 1 + [-\ln(\text{rand})]^a \tag{7-14}$$

式中：$^tP_{K,x,y}$ 是单元 (x,y) 被某种土地利用类型 K 在时刻 t 占有的概率，$^tS_{K,x,y}$ 是单元 (x,y) 在时刻 t 对土地利用类型 K 的适宜性，$^tN_{K,x,y}$ 表示周围土地单元对单元 (x,y) 在时刻 t 转化为土地利用类型 K 的影响，$^tI_{K,x,y}$ 表示单元 (x,y) 在时刻 t 保持为土地利用类型 K 的惯性（继承性，通常为了简化计算定义为 0 到 1 之间的一个常数），v 是随机干扰因素。$^tS_{i,K,x,y}$ 表示一般适宜性因素 i 在单元 (x,y) 对土地利用类型 K 的标准化值，$W_{i,K,x,y}$ 是其权重；$\prod_{r=1}^{n} {^tC_{r,K,x,y}}$ 表示对土地利用类型 K 的强制性适宜因素的一系列二值变量乘积。$W_{K,L,C}$ 表示土地利用类型是 K 的单元与邻域中距离为 C 的土地利用类型为 L 的单元之间相互作用强弱关系的权重参数。rand 是 0~1 之间的一个随机数，a 是一个表示干扰程度大小的常数。

得到 $^tP_{K,x,y}$ 后，根据概率的大小对土地单元进行分配。5 年模拟周期内，按照事先确定的顺序，一个土地利用类型需求总量满足后再分配下一种。并且，一种土地利用类型发生转化后，在模拟周期内不再转化为其他类型。该模型用于模拟中国北方 13 省区域未来 20 年的土地利用情景变化过程，可在一定程度上提高土地利用情景模型的可靠性。

7.4 总结与展望

本章从全球变化的背景出发，介绍了 LUCC 研究的主要内容、方法和进展。LUCC 研究至今已经历了上百年的时间，并依然在蓬勃发展，取得了丰硕的研究成果。但是我们也需要看到，LUCC 的研究理论和方法还远不成熟，在今后相当长的一段时间内，还需要进一步的发展和完善，其研究成果也需要进一步应用到实际当中，为土地利用决策提供有力的支持。结合 LUCC 研究的现状和需要，今后 LUCC 研究将会重点解决以下一些关键问题：

（1）多学科交叉和综合研究。LUCC 研究的对象是一个巨大的跨时空的人地大系统，研究内容涉及自然、社会等多个学科领域，需要多个学科相互协调与配合，进行跨学科的综合研究。现在已经提出的大量的 LUCC 模型也都是基于不同的学科背景的，如何评价和综合利用这些从不同背景和角度提出的模型，如何加强各学科对 LUCC 研究的协作，是未来 LUCC 研究的一个重要发展方向。

（2）人类与环境耦合系统的研究。事实上，人类对生态系统和陆地景观的改变是地球环境变化的最大根源，直接影响着生物圈维持生命的能力。此外，人类决策、土地利用和地面覆盖变化与全球环境变化之间也是一个相互影响的过程。因此，需要更好地理解人类活动影响陆地生物圈的自然过程,并评估这些变化的后果。

(3) 方法与实践的结合。整合多学科知识,运用多尺度数据,创造一致性的理论和方法来指导未来 LUCC 研究,并应用于实践,使 LUCC 研究朝着可持续发展的方向发展下去。理论、方法或具体实践内容的整合都非常必要,因为,它可以提高 LUCC 研究成果的利用效率,紧密有效地连接 LUCC 研究的各个方面,为建立一个完整的 LUCC 研究体系而发挥作用。

(4) 尺度推绎研究。LUCC 研究总是定位在具体的时空尺度上,下一步的研究除了对同一尺度下 LUCC 机制的研究之外,还需要将某一尺度下的研究成果推广应用到其他地区和尺度上,使得研究结果具有更好的普适性,所以,需要加强尺度转换研究,并充分考虑 LUCC 对政策、技术进步、人口增长、经济发展、市场变化等社会变量的灵敏性。

此外,遥感数据作为 LUCC 研究的主要数据源,随着计算机和传感技术的进步,高空间分辨率和高光谱数据逐渐丰富,遥感分类方法和体系上都亟待取得突破。

参 考 文 献

[1] 摆万奇,赵士洞. 土地利用和土地覆盖变化研究模型综述. 自然资源学报,1997,12(2):169-175.

[2] 邓湘金. 基于模式识别知识的遥感图像变化检测研究. 中国科学院研究生院(电子学研究所)博士学位论文,2003.

[3] 何英彬,陈佑启. 土地利用/覆盖变化研究综述. 中国农业资源与规划,2004,25(2):58-62.

[4] 蔺卿,罗格平,陈曦. LUCC 驱动力模型研究综述. 地理科学进展,2005,24(5):79-87.

[5] 刘英,赵荣钦. 土地利用/覆盖变化研究的现状与趋势. 河北师范大学学报(自然科学版),2004,28(3):310-315.

[6] 裴相斌,赵冬至. 基于 GIS-SD 的大连湾水污染时空模拟与调控策略研究. 遥感学报,2000,4(22):118-124.

[7] 史培军等,土地利用/覆盖变化研究的方法与进展,2000.

[8] 唐德可. 一种基于不确定性推理模型的高分辨率遥感影像变化检测方法研究. 中国科学院研究生院(电子学研究所)博士论文,2005.

[9] 王其藩. 系统动力学. 北京:清华大学出版社,1993.

[10] 郑海金,华珞,欧立业. 中国土地利用/土地覆盖变化研究综述. 首都师范大学学报(自然科学版),2003,24(3):89-95.

[11] 张晓东. 基于遥感影像与 GIS 数据的变化检测理论和方法研究. 武汉大学博士论文,2005.

[12] 张永民,赵士洞,P. H. Verburg. CLUE-S 模型及其在奈曼旗土地利用时空动态变化模拟中的应用. 自然资源学报,2003,18(3):310-318.

[13] 周成虎,孙战利,谢一春. 地理元胞自动机研究. 北京:科学出版社,2001.

[14] Adams, D. M., R. Alig, J. M. Callaway, and B. A. McCarl. Forest and Agriculture Sector Optimization Model: Model Description. RCG/Hagler Bailly, PO Drawer O, Boulder, 1994. Co. 80306-1906.

[15] Adger, N. W. Social and ecological resilience: are they related? Progress in Human Geography. 2000, 24(3):347-364.

[16] Agarwal, C., Green, G. M., Grove, J. M., Evans, T. P., and Schweik, C. M. A Review and Assessment of Land-Use Change Models. Dynamics of Space, Time, and Human Choice. 2001. Bloomington and South Burlington, Center for the Study of Institutions, Population, and Environmental Change, Indiana University and USDA Forest Service. CIPEC Collaborative Report Series 1.

[17] Alcamo, J., Leemans, R., Kreileman, E., Global Change Scenarios of the 21st Century. Pergamon, Oxford, 1998,296.

[18] Aplin, P., Atkinson, P., Curran, P.. Per-field Classification of Land Use using the Forthcoming Very Fine Resolution Satellite sensors problems and potential solutions [A]. Advances in Remote Sensing and GIS Analysis. Wiley & Son, Chichester. 1999:219-239.

[19] Batty M., Xie Y. Modeling inside GIS: Part1. Model structures, exploratory spatial data analysis and aggregation; Part2. Selecting and calibrating urban models using ARC/INFO. International Journal of Geographical Information Systems, 1994, 8: 291-307, 451-470.

[20] Berger, T. Agent-based spatial models applied to agriculture: A simulation tool for technology diffusion, resource use changes, and policy analysis. Agricultural Economics. 2001,25 (2-3): 245-260.

[21] Bockstael, N. Modeling Economics and Ecology: The Importance of a Spatial Perspective. American Journal of Agricultural Economics. 1996,78(5): 1168-1180.

[22] Bockstael, N. and K. Bell. Land Use Patterns and Water Quality: The Effect of Differential Land Management Controls. In International Water and Resource Economics Consortium, Conflict and Cooperation on Transboundary Water Resources, eds. R. Just and S. Netanyahu, XX-XX. Dordrecht: Kluwer Publishing. 1997.

[23] Bockstael, N. E. and Irwin, E. G. Economics and the Land Use-Environment Link. In The International Yearbook of Environmental and Resource Economics 1999/2000 (H. Folmer and T. Tietenberg, Eds.), Edward Elgar Publishing. 2000.

[24] Briassoulis, H. Analysis of Land Use Change: Theoretical and Modeling Approaches. In The Web Book of Regional Science (S. Loveridge, Ed.), West Virginia University, Morgantown. 2000. http://www.rri.wvu.edu/WebBook/Briassoulis/contents.html.

[25] Chapin, F. S., and S. F. Weiss. A Probabilistic Model for Residential Growth. Transportation Research, 1968,2: 375-390.

[26] Clarke K. C., Hoppen S. and Hoppen S.. A self-modifying cellular automaton model of historical urbanization in the San Francisco Bay area. Environment and Planning B: Planning and Design. 1997,24: 237-261.

[27] Clarke, Keith C., Stacy Hoppen, and Leonard J. Gaydos. Methods and Techniques for Rigorous Calibration of a Cellular Automaton Model of Urban Growth. Accessed June 20, 2000, 1998. http://geo.arc.nasa.gov/usgs/clarke/calib.paper.html.

[28] Cornell, J. Assessing the role of parks for protecting forest resources using GIS and spatial modeling. Chapter. 19, in C. A. S. Hall, (Ed.) Quantifying Sustainable Development: the Future of Tropical Economies. Academic Press, San Diego, CA. 2000.

[29] D. Lu P. Musel, Brondizio E. and Moran E. Change Detection Techniques. International Journal of Remote Sensing, 2004,25(12):2365-2407.

[30] Dawn C. Parker, Thomas Berger, and Steven M. Manson. Agent-Based Models of Land-Use and Land-Cover Change, Report and Review of an International Workshop, Irvine, California, USA,2001.

[31] David Martin and Fulong Wu, Empirical CA simulation from a high resolution population surface, Proceedings of the 4th International Conference on GeoComputation, 1999, http://www.geovista.psu.edu/sites/geocomp99/Gc99/026/gc_026.html.

[32] Dean, J. S., G. J. Gumerman, J. M. Epstein, R. L. Axtell, A. C. Swedlund, M. T. Parket, and S. McCarroll. Understanding Anasazi cultural change through agent-based modeling. Pages 179-206 in T. A. Kohler and G. J. Gumerman, eds. Dynamics in Human and Primate Societies. Oxford University Press,2000.

[33] Deer P. J. Digital change detection techniques: civilian and military applications. International Symposium on Spectral Sensing Research Report. 1995. http://www.gsfc.nasa.gov/ISSSR-951digitalc.html.

[34] Deer P. J. Digital change detection in remotely sensed imagery using fuzzy set theory. PhD Thesis, Department of Geography and Department of Computer Science, University of Adelaide, Australia, 1998.

[35] Derek Thomas Robinson. Modelling Farmer Household Decision-making and Its Effects on Land use/cover Change in the Altamira Region, Pàrà, Brazil. Master thesis for University of Waterloo, Ontario, Canada, 2003.

[36] Dhakal A. S., Amada T., Aniya M. and Sharma R. R., Detection of areas Landsat TM data. Photo etric Engineering and Remote Sensing, 2002, 68:233-240.

[37] Engelen G., et al., MODULUS: A SPATIAL MODELLING TOOL FOR INTEGRATED ENVIRONMENTAL DECISION-MAKING, Volume II,282.
http://www.riks.nl/RiksGeo/projects/modulus/Report_Vol2.pdf.
http://www.geo.ucl.ac.be/LUCC/MODLUC_Course/Presentations/Guy_engelen/MODULUS_LLN.ppt.

[38] Fearnside, P. M. Human Carrying Capacity of the Brazilian Rainforest. New York: Columbia University Press. 1986.

[39] Fischer, G., Ermoliev, Y., Keyzer, M. A. and Rosenzweig, C. Simulating the Socio-Economic and Biogeophysical Driving Forces of Land-Use and Land-Cover Change. WP-96-010. Laxenburg: IIASA,1996.

[40] GLP Science Plan and Implementation Strategy. IGBP Report No. 53/ IHDP Report No. 19. IGBP Secretariat, Stockholm, 64,2005.

[41] Goldspink, C., Modelling social systems as complex: Towards a social simulation meta-

model. Journal of Artificial Societies and Social Simulation, 2000. http://www.soc.surrey.ac.uk/JASSS/3/2/1.html.

[42] Gotts, N. M, J. G. Polhill, and A. N. R. Law. Modelling Land Use Change Using Standard and Modified Cellular Automata. Working paper. Macaulay Land Use Research Institute, Aberdeen, Scotland, UK,2002.

[43] Hall, C. A. S., H. Tian, Y. Qi, G. Pontius, J. Cornell and J. Uhlig, Spatially explicit models of land use change and their application to the tropics. DOE Research Summary, No. 31. (Ed. By CDIAC, Oak Ridge National Lab). 1995a.

[44] Hall C. A. S., H. Tian, Y. Qi, G. Pontius, J. Cornell and J. Uhlig, Modeling spatial and temporal patterns of tropical land use change. J. of Biogeography, 1995b, 22, 753-757.

[45] Hall M. H. P., C. Hall A. S., and Taylor M. R. Geographical Modeling: The Synthesis of GIS and Simulation Modeling, Chapter. 7, in C. A. S. Hall, (Ed.) Quantifying Sustainable Development: the Future of Tropical Economies. Academic Press, San Diego, CA. 2000.

[46] Herbert, J. and B. H. Stevens. "A Model for the Distribution of Residential Activity in Urban Areas." Journal of Regional Science. 1960,2: 21-36.

[47] Holling and Sanderson, Dynamics of (dis)harmony in ecological and social system. Pages 57-86. In: S. Hanna, C. Folke, K. G. Maler, and A. Jansson (eds.) Rights to nature: ecological, economic, cultural, and political principles of institutions for the environment. Island Press, Washington,1996.

[48] Hopkins, L. D., E. D. Brill, Jr., J. C. Liebman, and H. G. Wenzel. Land Use Allocation Model for Flood Control. Journal of the Water Resources Planning and Management Division of ASCE, WR1, 1978: 93-104.

[49] Huang H. P, Wu B. F, Fan J. L. Analysis to the Relationship of Classification Accuracy Segmentation Scale Image Resolution [EB/OL]. 2005. http://www.definiens.com/pdf/publications/I_D08_07.PDF.

[50] Irwin, E. and N. E. Bockstael. Interacting Agents, Spatial Externalities, and the Endogenous Evolution of Land Use Pattern. Working Paper, Department of Agricultural and Resource Economics, University of Maryland. 1999.

[51] Kaimowitz, D. and Angelsen, A. Economic Models of Tropical Deforestation—A Review. Bogor. Center for International Forestry Research,1998.

[52] Kitamura, T., M. Kagatsume, S. Hoshino, H. Morita. A Theoretical Consideration on the Land Use Change Model for the Japan Case Study Area. Interim Report IR-97-064. Laxenburg: International Institute for Applied Systems Analysis, 1997.

[53] Lambin, E. F. Modelling and monitoring land-cover change processes in tropical regions. Progress in Physical Geography,1997,21: 375-393.

[54] Lambin E. F., Rounsevell M. D. A., Geist H. J., Are agricultural land-use models able to predict changes in land-use intensity? Agriculture, Ecosystems and Environment, 2000,

82: 321-331.

[55] Lim, K., P. J. Deadman, E. Moran, E. Brondízio, and S. McCracken. Agent-Based Simulations of Household Decision Making and Land Use Change near Altamira, Brazil. In Integrating Geographic Information Systems and Agent-Based Modeling: Techniques for Simulating Social and Ecological Processes, 277-310. Santa Fe Institute Studies in the Sciences of Complexity series. New York: Oxford University Press,2002.

[56] Loucks, O. L. Emergence of research on agro-ecosystems. Annual Review of Ecology and System,1977,8:173-192.

[57] Lunetta, R. S. Applications, project formulation and analytical approach. In Remote sensingchange detection: Environmental monitoring methods and applications, 1999,1-19.

[58] Macleod R. D., Congalton R. Cx. A quantitative comparison of change-detection algorithm for monitoring eelgrass from remote sensed data. Photogrammetric Engineering and Remote Sensing,1998, 64(3): 207-216.

[59] Martin, D. and Wu, F. Empirical CA simulation from a high resolution population surface, The IV International Conference on GeoComputation, Mary Washington College in Fredericksburg, VA, USA,1999.

[60] Mas J. F. Monitoring land-cover changes in the Terminos Lagoon Region Mexico: a comparison of change detection techniques. Proceedings of the IV International Conference on Sensing for Marine and Coastal Environments,Orlandao,FL,USA(Amsterdam: National Aerospace Laboratory),1997, 1:159-167.

[61] Mauro C, Eufemia T. Accuracy Assessment of Per-Field Classification Integrating Very Fine Spatial Resolution Satellite Imagery with Topographic Data. Journal of Geospatial Engineering, 2001, 3(2):127-134.

[62] Miller, E. J., Kriger, D. S., and Hunt, J. D. TCRP Web Document 9: Integrated Urban Models for Simulation of Transit and Land-Use Policies: Final Report, University of Toronto Joint Program in Transportation and DELCAN Corporation, Toronto,1999.

[63] Morita, H., S. Hoshino, M. Kagatsume, and K. Mizuno. An Application of the Land Use Change Model for the Japan Case Study Area. Interim Report IR-97-065, November. Laxenburg, Austria: International Institute for Applied Systems Analysis, 1997.

[64] Muchoney D. M., Haack D. N., Change detection for monitoring forest defoliation -n. Photogrammetric Engineering and Remote Sensing, 1994,60(10): 1243-1251.

[65] Nick Gotts, FEARLUS. Agent-Based Social Simulation of Land Use Selection, MODLUC advanced study course on models of land use change, http://www. geo. ucl. ac. be/LUCC/ MODLUC_Course/Presentations/Nick_Gotts/FEARLUS_agent_based_models. ppt.

[66] Nijkamp, P. Environmental Policy Analysis. New York: John Wiley,1980.

[67] Peter H. Verburg, Paul Schot, Martin Dijst, A. Veldkamp. Land use change modeling: current practice and research priorities. GeoJournal, 2004, 61(4):309-324.

[68] Peter Verburg and Tom Veldkamp, MODLUC European Advanced Study Course Modelling Land Use Change—The Conversion of Land Use and its Effects model version for regional

extent (CLUE-S version 2.0; July 2002) ,Louvain-La-Neuve,2002.

[69] Polhill, J. G. , N. M. Gotts, and A. N. R. Law. Imitative versus nonimitative strategies in a land-use simulation. Cybernetics and Systems,2001,32 (1): 285-307.

[70] Polhill, J. G. , N. M. Gotts, and A. N. R. Law. Artifacts in the Representation of Space in a Land Use Simulation. Working paper. Macaulay Land Use Research Institute, Aberdeen, Scotland, UK,2002.

[71] R. G. Pontius Jr. Quantification error versus location error in comparison of categorical maps. Photogrammetric Engineering & Remote Sensing,2000,66 (8):1011-1016.

[72] Rogan J. , Franklin J. , Roberts D. A. , A comparison of methods for monitoring multi-temporal vegetation change using thematic imagery. Remote Sensing of Environment, 2002, 80(1):143-156.

[73] Rouchier, J. , F. Bousquet, M. Requier-Desjardins, and M. Antona. A multi-agent model for describing transhumance in North Cameroon: Comparison of different rationality to develop a routine. Journal of Economic Dynamics and Control,2001,25: 527-559.

[74] Rounsevell, M. D. A. , Evans, S. P. , Mayr, T. R. , Audsley, E. Integrating biophysical and socio-economic models for land use studies. In: Proceedings of the ITC-ISSS Conference on Geo-information for Sustainable Land management, 1998,368.

[75] Singh A. Digital change detection techniques using remotely sensed data. Int. J. Remote Sensing, 1989, 10(6):989-1003.

[76] Steffen W. , Sanderson A. , Tyson PD, Jäger J, Matson PA, Moore B III, Oldfield F, Richardson K. , Schnellhuber H-J, Turner B. L II and Wasson R. J. Global Change and the Earth System: A Planet Under Pressure. Springer-Verlag, Berlin, 2004,336.

[77] Strengers B. ; Leemans R. ; Eickhout B. ; Vries B de ; Bouwman L. The land use projections in the IPCC SRES scenarios as simulated by the IMAGE 2.2 model. Geojournal, Special issue nav IGBP-symposium in A'dam,2004,61:381-393.

[78] Stephenne N. , Lambin E. F. , A dynamic simulation model of land-use changes in Sudano-sahelian countries of Africa (SALU). Agriculture, ecosystems and environment, 2001, 85 (1-3 (2 p.1/4)): 145-161.

[79] Taweesuk Siripun. Dynamic simulation modeling of the land use, economy and environment in Chiang Mai, Thailand using GIS and remote sensing, 美国纽约州立大学博士学位论文,2001.

[80] Taylor, Christopher M ,Lambin. The Influence of Land Use Change on Climate in the Sahel [J]. Journal of Climate ,2002 ,15 (24) :3615-3629.

[81] The International Biosphere Program. A Study of Global Change, Report No. 12 [R]. 1990

[82] Torrens, Paul M. , Can geocomputation save urban simulation? Throw some agents into the mixture, simmer and wait ... CASA Working Papers No. 32. Working paper. Centre for Advanced Spatial Analysis (UCL), London, UK,2001.

[83] Townshend J. R. G, C. O. Justice, C. Gurney. The impact of misregistration on change

detection. IEEE Transactions on Geoscience and Remote Sensing, 1992, 30 (S): 1054-1060.

[84] Veldkamp A., Fresco L. CLUE-CR: an integrated multiscale model to simulate land use change scenarios in Costa Rica [J] Ecol. Model, 1996, 91:231-248.

[85] Verburg P. H., A Veldkamp, G H J de Koning, et al. A spatial explicit allocation procedure for modeling the pattern of land use change based upon actual land use [J]. Ecological Modeling, 1999, 116: 45-61.

[86] Wassenaar, T., Lagacherie, P., Legros, J.-P., Rounsevell, M. D. A., Modelling wheat yield responses to soil and climate variability at the regional scale. Clim. Res. 1999,11: 209-220.

[87] White, R., Engelen, D., Uljee, I., The use of constrained cellular automata for high-resolution modelling of urban land-use dynamics. Environment and Planning B, 1997, 24 (3): 323-343.

[88] White RW. Cellular automata and fractal urban form: a cellular modeling approach to the evolution of urban land use patterns. Environment and Planning A, 1993, 25: 1175-1189.

[89] Wu F. L. SimLand: A prototype to simulate land conversion through the integrated GIS and CA with AHP-Drived transition rules. Int. J. Geographical Information Science, 1998, 12 (1): 63-82.

[90] Xiaolong Dai and Siamak Khorrram. Requirements and Techniques for an Automated Change Detection System. Proceedings of IEEE International Geoscience and Remote Sensing Symposium, 1998, 6:2752-2754.

[91] Xie Y.. A generlized model for cellular urban dynamics. Geographical Analysis, 1997, 28: 350-373.

[92] Yeh, A., Li X.. A constrained CA model for the simulation and planning of sustainable urban forms by using GIS, Environment and Planning B:Planning and Design,2001, 28: 733-753.